中 国 环 境 统 计 年 鉴

CHINA STATISTICAL YEARBOOK ON ENVIRONMENT

2015

国 家 统 计 局 编
环 境 保 护 部

Compiled by
National Bureau of Statistics
Ministry of Environmental Protection

中国统计出版社
China Statistics Press

中国环境统计年鉴.2015：汉英对照 / 国家统计局，环境保护部编 . -- 北京：中国统计出版社，2015.12

ISBN 978-7-5037-7732-5

Ⅰ.①中 … Ⅱ.①国 … ②环 … Ⅲ.①环境统计 – 统计资料 – 中国 – 2015 – 年鉴 – 汉、英 Ⅳ.① X508.2-54

中国版本图书馆 CIP 数据核字 (2015) 第 315481 号

中国环境统计年鉴—2015

作　　者 / 国家统计局　环境保护部
责任编辑 / 许立舫　任宝莹
封面设计 / 张　冰
出版发行 / 中国统计出版社
通信地址 / 北京市丰台区西三环南路甲 6 号　邮政编码 /100073
电　　话 / 邮购（010）63376909　书店（010）68783171
网　　址 / http://www.zgtjcbs.com/
印　　刷 / 北京印刷集团有限责任公司
经　　销 / 新华书店
开　　本 / 880×1230 毫米　1/16
字　　数 / 480 千字
印　　张 / 17.5
版　　别 / 2015 年 12 月第 1 版
版　　次 / 2015 年 12 月第 1 次印刷
定　　价 / 260.00 元

如有印装差错，由本社发行部调换。

《中国环境统计年鉴—2015》

编委会和编辑工作人员

CHINA STATISTICAL YEARBOOK
ON ENVIRONMENT—2015
EDITORIAL BOARD AND STAFF

编 者 说 明

一、《中国环境统计年鉴—2015》是国家统计局和环境保护部及其他有关部委共同编辑完成的一本反映我国环境各领域基本情况的年度综合统计资料。本书收录了2014年全国各省、自治区、直辖市环境各领域的基本数据和主要年份的全国主要环境统计数据。

二、本书内容共分为十二个部分，即：1. 自然状况；2. 水环境；3. 海洋环境；4. 大气环境；5. 固体废物；6. 自然生态；7. 土地利用；8. 林业；9. 自然灾害及突发事件；10. 环境投资；11. 城市环境；12. 农村环境。同时附录六个部分：人口资源环境主要统计指标、"十二五"主要环境保护指标、东中西部地区主要环境指标、世界主要国家和地区环境统计指标、2015年上半年各省、自治区、直辖市主要污染物排放量指标公报、主要统计指标解释。

三、本书中所涉及的全国性统计指标，除国土面积和森林资源数据外，均未包括香港特别行政区、澳门特别行政区和台湾省数据；取自国家林业局的数据中，大兴安岭由国家林业局直属管理，与各省、自治区、直辖市并列，数据与其他省没有重复。

四、有关符号说明：

"…"表示数据不足本表最小单位数；

"空格"表示该项统计指标数据不详或无该项数据；

"#"表示是其中的主要项。

五、参与本书编辑的单位还有水利部、住房和城乡建设部、国土资源部、农业部、国家卫生和计划生育委员会、民政部、交通运输部、国家林业局、国家海洋局、中国气象局、中国地震局。对上述单位有关人员在本书编辑过程中给予的大力支持与合作，表示衷心的感谢。

EDITOR'S NOTES

I. *China Statistical Yearbook on Environment—2015* is prepared jointly by the National Bureau of Statistics, Ministry of Environmental Protection and other ministries. It is an annual statistics publication, with comprehensive data in 2014 and selected data series in major years at national level and at provincial level (province, autonomous region, and municipality directly under the central government) and therefore reflecting various aspects of China's environmental development.

II. *China Statistical Yearbook on Environment—2015* contains 12 chapters: 1. Natural Conditions; 2. Freshwater Environment; 3. Marine Environment; 4. Atmospheric Environment; 5. Solid Wastes; 6. Natural Ecology; 7. Land Use; 8. Forestry; 9. Natural Disasters & Environmental Accidents; 10. Environmental Investment; 11. Urban Environment; 12. Rural Environment. Six chapters listed as Main Indicators of Population, Resource and Environment; Main Environmental Indicators in the 12th Five-year Plan Period; Main Environmental Indicators by Eastern, Central and Western; Main Environmental Indicators of the World's Major Countries and Regions; The Main Pollutants Emission Indicators Communiqué of the Provinces, Autonomous Regions, Municipality Directly under the Central Government in the First Half of 2015; Explanatory Notes on Main Statistical Indicators.

III. The national data in this book do not include that of Hong Kong Special Administrative Region, Macao Special Administrative Region and Taiwan Province except for territory and forest resources. The information gathered from the State Forestry Administration. Daxinganling is affiliated to the State Forestry Administration, tied with the provinces, autonomous regions, municipalities under the central government, without duplication of data.

IV. Notations used in this book:

" ..." indicates that the figure is not large enough to be measured with the smallest unit in the table;

"(blank) " indicates that the data are not available;

" # " indicates the major items of the total.

V. The institutions participating in the compilation of this publication include: Ministry of Water Resource, Ministry of Housing and Urban-Rural Development, Ministry of Land and Resource, Ministry of Agriculture, National Health and Family Planning Commission, Ministry of Civil Affairs, Ministry of Transport, State Forestry Administration, State Oceanic Administration, China Meteorological Administration, China Earthquake Administration. We would like to express our gratitude to these institutions for their cooperation and support in preparing this publication.

目　录
CONTENTS

三、海洋环境
Marine Environment

四、大气环境
Atmospheric Environment

五、固体废物
Solid Wastes

六、自然生态
Natural Ecology

七、土地利用
Land Use

八、林业
Forestry

九、自然灾害及突发事件
Natural Disasters & Environmental Accidents

十、环境投资
Environmental Investment

十一、城市环境
Urban Environment

十二、农村环境
Rural Environment

附录一、人口资源环境主要统计指标 ·· 179
APPENDIX Ⅰ. Main Indicators of Population, Resources & Environment Statistics

附录二、"十二五"时期主要环境保护指标
APPENDIX Ⅱ. Main Environmental Indicators in the 12th Five-year Plan

附录三、东中西部地区主要环境指标
APPENDIX Ⅱ.　Main Environmental Indicators by Eastern, Central & Western

附录四、世界主要国家和地区环境统计指标
APPENDIX Ⅳ. Main Environmental Indicators of the World's Major Countries and Regions

一、自然状况

Natural Conditions

1-1 自然状况
Natural Conditions

项　　目		Item		2014
国土		**Territory**		
国土面积	（万平方公里）	Area of Territory	(10 000 sq.km)	960
海域面积	（万平方公里）	Area of Sea	(10 000 sq.km)	473
海洋平均深度	（米）	Average Depth of Sea	(m)	961
海洋最大深度	（米）	Maximum Depth of Sea	(m)	5377
岸线总长度	（公里）	Length of Coastline	(km)	32000
大陆岸线长度		Mainland Shore		18000
岛屿岸线长度		Island Shore		14000
岛屿个数	（个）	Number of Islands		5400
岛屿面积	（万平方公里）	Area of Islands	(10 000 sq.km)	3.87
气候		**Climate**		
热量分布	（积温≥0℃）	Distribution of Heat (Accumulated Temperature≥0℃)		
黑龙江北部及青藏高原		Northern Heilongjiang and Tibet Plateau		2000-2500
东北平原		Northeast Plain		3000-4000
华北平原		North China Plain		4000-5000
长江流域及以南地区		Changjiang (Yangtze) River Drainage Area and the Area to the south of it		5800-6000
南岭以南地区		Area to the South of Nanling Mountain		7000-8000
降水量	（毫米）	Precipitation	(mm)	
台湾中部山区		Mid-Taiwan Mountain Area		≥4000
华南沿海		Southern China Coastal Area		1600-2000
长江流域		Changjiang River Valley		1000-1500
华北、东北		Northern and Northeastern Area		400-800
西北内陆		Northwestern Inland		100-200
塔里木盆地、吐鲁番盆地和　柴达木盆地		Tarim Basin, Turpan Basin and Qaidam Basin		≤25
气候带面积比例	（国土面积=100）	Percentage of Climatic Zones to Total Area of Territory		
湿润地区	（干燥度<1.0）	Humid Zone	(aridity<1.0)	32
半湿润地区	（干燥度=1.0-1.5）	Semi-Humid Zone	(aridity 1.0-1.5)	15
半干旱地区	（干燥度=1.5-2.0）	Semi-Arid Zone	(aridity 1.5-2.0)	22
干旱地区	（干燥度>2.0）	Arid Zone	(aridity>2.0)	31

注：1.气候资料为多年平均值。
　　2.岛屿面积未包括香港、澳门特别行政区和台湾省。

Notes: a) The climate data refer to the average figures in many years.
　　 b) Island area does not include that of Hong Kong Special Administrative Region, Macao Special Administrative Region and Taiwan Province.

1-2 土地状况
Land Characteristics

项 目	Item	面 积 (万平方公里) Area (10 000 sq.km)	占总面积(%) Percentage to Total Area (%)
总面积	**Total Land Area**	**960**	**100.00**
#农用地	Land for Agriculture Use	645.74	67.26
耕地	Cultivated Land	135.06	14.07
园地	Garden Land	14.38	1.50
林地	Forests Land	253.07	26.36
草地	Area of Grassland	219.47	22.86
其他农用地	Other Land for Agriculture Use	23.77	2.48
#建设用地	Land for Construction	38.11	3.97
居民点及独立工矿用地	Land for Inhabitation, Mining and Manufacturing	31.06	3.24
交通运输用地	Land for Transport Facilities	3.50	0.36
水利设施用地	Land for Water Conservancy Facilities	3.56	0.37

注: 本表数据来源于国土资源部。
Note: Figures in this table were obtained from the Ministry of Land and Resources.

1-3 主要山脉基本情况
Main Mountain Ranges

名 称	Mountain Range	山峰高程(米) Height of Mountain Peak (m)	雪线高程(米) Height of Snow Line (m)	冰川面积 (平方公里) Glacier Area (sq.km)
阿尔泰山	Altay Mountains	4374	3000--3200	287
天山	Tianshan Mountains	7435	3600--4400	9548
祁连山	Qilian Mountains	5826	4300--5240	2063
帕米尔	Pamirs	7579		2258
昆仑山	Kunlun Mountains			11639
喀喇昆仑山	Karakorum Mountain	8611	5100--5400	3265
唐古拉山	Tanggula Mountains	6137		2082
羌塘高原	Qiangtang Plateau	6596		3566
念青塘古拉山	Nyainqentanglha Mountains	7111	4500--5700	7536
横断山	Hengduan Mountains	7556	4600--5500	1456
喜玛拉雅山	The Himalayas	8844.43	4300--6200	11055
冈底斯山	Gangdisi Mountains	7095	5800--6000	2188

1-4 主要河流基本情况
Major Rivers

名　　称	River	流域面积 （平方公里） Drainage Area (sq.km)	河　长 （公里） Length (km)	年径流量 （亿立方米） Annual Flow (100 million cu.m)
长　江	Changjiang River (Yangtze River)	1782715	6300	9857
黄　河	Huanghe River (Yellow River)	752773	5464	592
松花江	Songhuajiang River	561222	2308	818
辽　河	Liaohe River	221097	1390	137
珠　江	Zhujiang River (Pearl River)	442527	2214	3381
海　河	Haihe River	265511	1090	163
淮　河	Huaihe River	268957	1000	595

1-5 主要矿产基础储量(2014年)
Ensured Reserves of Major Mineral (2014)

项　　目		Item		2014
石油	（万吨）	Petroleum	(10 000 tons)	343335.0
天然气	（亿立方米）	Natural Gas	(100 million cu.m)	49451.8
煤炭	（亿吨）	Coal	(100 million tons)	2399.9
铁矿	（矿石，亿吨）	Iron	(Ore, 100 million tons)	206.6
锰矿	（矿石，万吨）	Manganese	(Ore, 10 000 tons)	21415.4
铬矿	（矿石，万吨）	Chromium Ore	(Ore, 10 000 tons)	419.8
钒矿	（万吨）	Vanadium	(10 000 tons)	900.2
原生钛铁矿	（万吨）	Titanium Ore	(10 000 tons)	21611.2
铜矿	（铜，万吨）	Copper	(Metal, 10 000 tons)	2836.4
铅矿	（铅，万吨）	Lead	(Metal, 10 000 tons)	1720.8
锌矿	（锌，万吨）	Zinc	(Metal, 10 000 tons)	4034.1
铝土矿	（矿石，万吨）	Bauxite	(Ore, 10 000 tons)	98321.9
镍矿	（镍，万吨）	Nickel	(Metal, 10 000 tons)	253.0
钨矿	（WO_3，万吨）	Tungsten	(WO_3, 10 000 tons)	233.3
锡矿	（锡，万吨）	Tin	(Metal, 10 000 tons)	110.6
钼矿	（钼，万吨）	Molybdenum	(Metal, 10 000 tons)	836.6
锑矿	（锑，万吨）	Antimony	(Metal, 10 000 tons)	53.2
金矿	（金，吨）	Gold	(Metal, tons)	2016.7
银矿	（银，吨）	Silver	(Metal, tons)	38504.0
菱镁矿	（矿石，万吨）	Magnesite Ore	(Ore, 10 000 tons)	108367.0
普通萤石	（矿物，万吨）	Fluorspar Mineral	(Mineral, 10 000 tons)	3975.8
硫铁矿	（矿石，万吨）	Pyrite Ore	(Ore, 10 000 tons)	133859.9
磷矿	（矿石，亿吨）	Phosphorus Ore	(Ore,100 million tons)	30.7
钾盐	（KCl，万吨）	Potassium KCl	(KCl, 10 000 tons)	59475.9
盐矿	（NaCl，亿吨）	Sodium Salt NaCl	(NaCl, 100 million tons)	831.7
芒硝	（Na_2SO_4，亿吨）	Mirabilite	(Na_2SO_4, 100 million tons)	55.1
重晶石	（矿石，万吨）	Barite Ore	(Ore, 10 000 tons)	3029.1
玻璃硅质原料	（矿石，万吨）	Silicon Materials For Glass Ore	(Ore, 10 000 tons)	190392.1
石墨	（矿石，万吨）	Graphite Mineral (Crystal)	(Mineral, 10 000 tons)	4129.0
滑石	（矿石，万吨）	Talc Ore	(Ore, 10 000 tons)	8395.4
高岭土	（矿石，万吨）	Kaolin Ore	(Ore, 10 000 tons)	57521.2

注：本表资料由国土资源部提供。其中，石油和天然气的数据为剩余技术可采储量(下表同)。

Note: The data in the table are provided by the Ministry of Land and Resources. The data for petroleum and natural gas are the remaining technical recoverable reserves. The same applies to the table following.

1-6 各地区主要能源、黑色金属矿产基础储量(2014年)
Ensured Reserves of Major Energy and Ferrous Metals by Region (2014)

地 区 Region	石油 (万吨) Petroleum (10 000 tons)	天然气 (亿立方米) Natural Gas (100 million cu.m)	煤炭 (亿吨) Coal (100 million tons)	铁矿 (矿石, 亿吨) Iron (Ore, 100 million tons)	锰矿 (矿石, 万吨) Manganese (Ore, 10 000 tons)	铬矿 (矿石, 万吨) Chromite (Ore, 10 000 tons)	钒矿 (万吨) Vanadium (10 000 tons)	原 生 钛铁矿 (万吨) Titanium (10 000 tons)
全 国 National Total	343335.00	49451.78	2399.93	206.56	21415.44	419.75	900.17	21611.22
北 京 Beijing			3.75	1.33				
天 津 Tianjin	3048.60	278.53	2.97					
河 北 Hebei	26724.90	324.49	40.97	28.54	7.05	4.64	10.28	283.68
山 西 Shanxi		75.95	920.89	16.92	12.90			
内蒙古 Inner Mongolia	8354.40	8098.14	490.02	25.32	567.55	56.29	0.77	
辽 宁 Liaoning	15777.40	156.57	27.57	51.67	1386.50			
吉 林 Jilin	18122.30	667.81	9.71	4.67	0.40			
黑龙江 Heilongjiang	45373.80	1344.51	62.12	0.35				
上 海 Shanghai								
江 苏 Jiangsu	2965.40	24.02	10.71	1.72			4.51	
浙 江 Zhejiang			0.43	0.54			3.75	
安 徽 Anhui	253.10	0.26	83.96	8.75	4.06		5.89	
福 建 Fujian			4.22	3.24	132.04			
江 西 Jiangxi			3.43	1.47			6.52	
山 东 Shandong	32627.40	348.35	77.22	9.06				786.87
河 南 Henan	4876.80	70.79	86.49	1.36	0.82			0.46
湖 北 Hubei	1284.90	4.42	3.19	4.51	657.44		29.22	1053.23
湖 南 Hunan			6.68	1.78	1913.92		2.90	
广 东 Guangdong	13.80	0.50	0.23	1.00	75.23			
广 西 Guangxi	131.60	1.32	2.27	0.29	8486.60		171.49	
海 南 Hainan	277.90	3.69	1.19	0.90				
重 庆 Chongqing	267.70	2456.55	18.03	0.13	1393.33			
四 川 Sichuan	661.80	11708.56	54.10	25.92	100.04		567.27	19438.13
贵 州 Guizhou		6.31	93.98	0.13	4417.10			
云 南 Yunnan	12.20	0.80	59.47	4.18	1152.27		0.07	3.12
西 藏 Tibet			0.12	0.17		169.22		
陕 西 Shaanxi	36300.80	8047.88	95.48	3.98	289.02		7.47	
甘 肃 Gansu	21878.40	256.09	32.86	3.39	259.00	141.24	89.87	
青 海 Qinghai	7524.50	1457.94	11.82	0.03		3.68		
宁 夏 Ningxia	2180.60	272.76	38.04					
新 疆 Xinjiang	58878.60	9746.20	158.01	5.21	560.17	44.68	0.16	45.73
海 域 Ocean	55798.20	4099.34						

1-7　各地区主要有色金属、非金属矿产基础储量(2014年)
Ensured Reserves of Major Non-ferrous Metal and Non-metal Mineral by Region (2014)

地　区　Region	铜矿(铜,万吨) Copper (Metal, 10 000 tons)	铅矿(铅,万吨) Lead (Metal, 10 000 tons)	锌矿(锌,万吨) Zinc (Metal, 10 000 tons)	铝土矿(矿石,万吨) Bauxite (Ore, 10 000 tons)	菱镁矿(矿石,万吨) Magnesite Ore (Ore, 10 000 tons)	硫铁矿(矿石,万吨) Pyrite Ore (Ore, 10 000 tons)	磷矿(矿石,亿吨) Phosphorus Ore (Ore, 100 million tons)	高岭土(矿石,万吨) Kaolin Ore (Ore, 10 000 tons)
全　国　National Total	**2836.36**	**1720.82**	**4034.06**	**98321.90**	**108366.98**	**133859.93**	**30.73**	**57521.17**
北　京　Beijing	0.02							
天　津　Tianjin								
河　北　Hebei	13.54	23.69	72.92	28.01	882.34	1089.31	1.93	58.30
山　西　Shanxi	156.01	0.46	0.17	14481.50		1058.11	0.17	160.20
内蒙古　Inner Mongolia	415.67	584.78	1178.88			14865.81	0.11	4813.18
辽　宁　Liaoning	29.26	13.19	46.74		92453.66	1240.03	0.81	536.93
吉　林　Jilin	20.65	13.95	18.92		1.10	730.70		47.90
黑龙江　Heilongjiang	111.45	6.37	26.61			48.20		
上　海　Shanghai								
江　苏　Jiangsu	5.75	24.34	40.51			566.97	0.13	148.99
浙　江　Zhejiang	5.33	8.21	18.44			461.66		830.02
安　徽　Anhui	167.01	13.27	12.63			14848.78	0.20	176.51
福　建　Fujian	127.02	28.10	69.96			1160.20		5363.15
江　西　Jiangxi	576.82	53.18	77.56			13996.05	0.62	2975.75
山　东　Shandong	8.83	0.63	0.75	158.90	14793.49	3.18		314.08
河　南　Henan	11.23	57.74	46.37	14933.61		5960.77	0.03	
湖　北　Hubei	102.14	5.13	20.23	502.87		4717.38	8.00	418.37
湖　南　Hunan	10.11	51.13	73.12	311.43		728.04	0.24	1986.07
广　东　Guangdong	30.11	119.38	210.48			16013.29		5396.73
广　西　Guangxi	3.33	44.54	147.08	46644.67		6141.93		31906.65
海　南　Hainan	3.52	6.68	16.99					1916.80
重　庆　Chongqing		5.41	17.30	6409.21		1453.10		0.40
四　川　Sichuan	67.77	99.28	231.42	51.60	186.49	37956.92	4.70	56.10
贵　州　Guizhou	0.28	9.53	85.24	13322.27		5721.90	6.64	15.00
云　南　Yunnan	295.59	213.43	905.84	1476.94		4878.86	6.48	311.10
西　藏　Tibet	274.40	92.93	43.34					
陕　西　Shaanxi	19.95	29.92	72.19	0.89		108.30	0.06	81.10
甘　肃　Gansu	144.62	76.60	312.75			1.00		
青　海　Qinghai	25.08	51.58	109.74		49.90	50.08	0.60	
宁　夏　Ningxia							0.01	
新　疆　Xinjiang	210.87	87.37	177.88			59.36		7.84
海　域　Ocean								

1-8 主要城市气候情况(2014年)
Climate of Major Cities (2014)

城 市 City	年平均气温(摄氏度) Annual Average Temperature (℃)	年极端最高气温(摄氏度) Annual Maximum Temperature (℃)	年极端最低气温(摄氏度) Annual Minimum Temperature (℃)	年平均相对湿度(%) Annual Average Humidity (%)	全年日照时数(小时) Annual Average Sunshine Hours (hour)	全年降水量(毫米) Annual Average Precipitation (millimeter)
北 京 Beijing	14.1	41.1	-11.2	52	2344.1	461.5
天 津 Tianjin	14.0	40.5	-11.2	59	2265.6	441.4
石 家 庄 Shijiazhuang	14.9	42.8	-8.9	55	1585.4	294.8
太 原 Taiyuan	10.9	36.5	-16.8	58	2513.5	428.7
呼和浩特 Hohhot	7.7	33.9	-20.8	46	2517.2	394.8
沈 阳 Shenyang	9.2	35.4	-25.9	59	2690.0	362.9
长 春 Changchun	7.1	34.4	-26.9	57	2674.5	446.0
哈 尔 滨 Harbin	5.1	36.2	-32.7	63	2055.9	415.8
上 海 Shanghai	17.0	35.2	-4.1	73	1612.6	1295.3
南 京 Nanjing	16.4	36.5	-5.6	74	1863.8	1091.1
杭 州 Hangzhou	17.5	37.9	-3.3	73	1407.2	1359.9
合 肥 Hefei	16.5	37.7	-6.4	76	1539.4	1180.2
福 州 Fuzhou	20.8	37.9	2.0	72	1591.7	1628.0
南 昌 Nanchang	18.8	37.2	-2.6	74	1810.5	1890.5
济 南 Jinan	15.4	39.1	-11.2	55	2168.0	521.4
郑 州 Zhengzhou	16.3	39.7	-8.8	58	1894.2	551.6
武 汉 Wuhan	16.7	37.1	-6.4	79	1596.3	1208.6
长 沙 Changsha	18.6	38.0	-3.5	69	1634.4	1386.8
广 州 Guangzhou	21.7	37.2	1.3	79	1613.6	2234.0
南 宁 Nanning	21.6	36.8	-1.2	82	1416.4	1234.7
海 口 Haikou	24.7	37.0	8.3	83	2112.0	1861.3
重 庆 Chongqing	18.6	40.5	2.3	79	598.4	1452.1
成 都 Chengdu	16.0	35.6	-3.3	82	875.8	975.0
贵 阳 Guiyang	14.7	32.1	-5.5	83	956.0	1562.0
昆 明 Kunming	16.4	32.8	-1.8	66	2636.4	1078.3
拉 萨 Lhasa	9.4	29.3	-11.2	36	3053.5	637.8
西 安 Xi'an	15.2	40.6	-6.0	61	1941.8	660.2
兰 州 Lanzhou	7.7	35.0	-20.4	59	2492.8	355.6
西 宁 Xining	5.7	31.4	-20.9	59	2571.3	446.5
银 川 Yinchuan	10.7	37.5	-16.9	50	2738.8	169.2
乌鲁木齐 Urumqi	7.4	36.7	-24.6	54	2986.9	297.0

资料来源：中国气象局。
Source: China Meteorological Administration.

二、水环境

Freshwater Environment

2-1 全国水环境情况(2000-2014年)
Freshwater Environment(2000-2014)

年 份 Year	水资源总量 (亿立方米) Total Amount of Water Resources (100 million cu.m)	地表水资源量 Surface Water Resources	地下水资源量 Ground Water Resources	地表水与地下水资源重复量 Duplicated Measurement of Surface Water and Groundwater	降水量 (亿立方米) Precipitation (100 million cu.m)	人均水资源量 (立方米/人) Per Capita Water Resources (cu.m/person)
2000	27701	26562	8502	7363	60092	2193.9
2001	26868	25933	8390	7456	58122	2112.5
2002	28261	27243	8697	7679	62610	2207.2
2003	27460	26251	8299	7090	60416	2131.3
2004	24130	23126	7436	6433	56876	1856.3
2005	28053	26982	8091	7020	61010	2151.8
2006	25330	24358	7643	6671	57840	1932.1
2007	25255	24242	7617	6604	57763	1916.3
2008	27434	26377	8122	7065	62000	2071.1
2009	24180	23125	7267	6212	55959	1816.2
2010	30906	29798	8417	7308	65850	2310.4
2011	23257	22214	7214	6171	55133	1730.2
2012	29529	28373	8296	7141	65150	2186.2
2013	27958	26839	8081	6963	62674	2059.7
2014	27267	26264	7745	6742		1998.6

注：1.2011年环境保护部对统计制度中的指标体系、调查方法及相关技术规定等进行了修订，统计范围扩展为工业源、农业源、城镇生活源、机动车、集中式污染治理设施5个部分。
2.生态环境补水仅包括人为措施供给的城镇环境用水和部分河湖、湿地补水。
Note: a)In 2011, indicators of statistical system, method of survey, and related technologies were revised by Ministry of Environmental Protection, statistical scope expands to 5 parts: industry source, agricultural source, urban living source, automotive vehicle, centralized pollution abatement.
b)Water use of Eco-environment only includes supply of water to some rivers, lakes, wetland and water used for urban environment.

2-1 续表 1 continued 1

年 份 Year	供水总量 (亿立方米) Total Amount of Water Supply (100 million cu.m)	地表水 Surface Water	地下水 Ground-water	其他 Other	用水总量 (亿立方米) Total Amount of Water Use (100 million cu.m)	农业用水 Agriculture	工业用水 Industry
2000	5530.7	4440.4	1069.2	21.1	5497.6	3783.5	1139.1
2001	5567.4	4450.7	1094.9	21.9	5567.4	3825.7	1141.8
2002	5497.3	4404.4	1072.4	20.5	5497.3	3736.2	1142.4
2003	5320.4	4286.0	1018.1	16.3	5320.4	3432.8	1177.2
2004	5547.8	4504.2	1026.4	17.2	5547.8	3585.7	1228.9
2005	5633.0	4572.2	1038.8	22.0	5633.0	3580.0	1285.2
2006	5795.0	4706.7	1065.5	22.7	5795.0	3664.4	1343.8
2007	5818.7	4723.9	1069.1	25.7	5818.7	3599.5	1403.0
2008	5910.0	4796.4	1084.8	28.7	5910.0	3663.5	1397.1
2009	5965.2	4839.5	1094.5	31.2	5965.2	3723.1	1390.9
2010	6022.0	4881.6	1107.3	33.1	6022.0	3689.1	1447.3
2011	6107.2	4953.3	1109.1	44.8	6107.2	3743.6	1461.8
2012	6131.2	4952.8	1133.8	44.6	6131.2	3902.5	1380.7
2013	6183.4	5007.3	1126.2	49.9	6183.4	3921.5	1406.4
2014	6094.9	4920.5	1116.9	57.5	6094.9	3869.0	1356.1

2-1 续表 2 continued 2

年 份 Year	生活用水 Household and Service	生态环境补水 Eco-environment	人均用水量 （立方米） Water Use per Capita （cu.m）	单位GDP用水量 （立方米/万元） Water Use/ GDP （cu.m/ 10 000 yuan）	单位工业增加值用水量 （立方米/万元） Water Usc/ Value Added of Industry （cu.m/ 10 000 yuan）	废水排放总量 （亿吨） Waste Water Discharge （100 million tons）	#工业 Industrial Discharge	#生活 Household Discharge
2000	574.9		435.4	551	285	415.2	194.2	220.9
2001	599.9		437.7	518	262	432.9	202.6	230.2
2002	618.7		429.3	469	239	439.5	207.2	232.3
2003	630.9	79.5	412.9	413	218	459.3	212.3	247.0
2004	651.2	82.0	428.0	391	204	482.4	221.1	261.3
2005	675.1	92.7	432.1	356	191	524.5	243.1	281.4
2006	693.8	93.0	442.0	277	155	536.8	240.2	296.6
2007	710.4	105.7	441.5	243	140	556.8	246.6	310.2
2008	729.3	120.2	446.2	225	127	571.7	241.7	330.0
2009	748.2	103.0	448.0	208	116	589.1	234.4	354.7
2010	765.8	119.8	450.2	190	108	617.3	237.5	379.8
2011	789.9	111.9	454.4	136	81	659.2	230.9	427.9
2012	739.7	108.3	453.9	127	71	684.8	221.6	462.7
2013	750.1	105.4	455.5	119	67	695.4	209.8	485.1
2014	766.6	103.2	446.7	109	61	716.2	205.3	510.3

2-1 续表 3 continued 3

年 份 Year	化学需氧量排放总量 （万吨） COD Discharge （10 000 tons）	#工业 Industrial Discharge	#生活 Household Discharge	氨 氮排放量 （万吨） Ammonia Nitrogen Discharge （10 000 tons）	#工业 Industrial Discharge	#生活 Household Discharge
2000	1445.0	704.5	740.5			
2001	1404.8	607.5	797.3	125.2	41.3	83.9
2002	1366.9	584.0	782.9	128.8	42.1	86.7
2003	1333.9	511.8	821.1	129.6	40.4	89.2
2004	1339.2	509.7	829.5	133.0	42.2	90.8
2005	1414.2	554.7	859.4	149.8	52.5	97.3
2006	1428.2	541.5	886.7	141.4	42.5	98.9
2007	1381.8	511.1	870.8	132.3	34.1	98.3
2008	1320.7	457.6	863.1	127.0	29.7	97.3
2009	1277.5	439.7	837.9	122.6	27.4	95.3
2010	1238.1	434.8	803.3	120.3	27.3	93.0
2011	2499.9	354.8	938.8	260.4	28.1	147.7
2012	2423.7	338.5	912.8	253.6	26.4	144.6
2013	2352.7	319.5	889.8	245.7	24.6	141.4
2014	2294.6	311.4	864.4	238.5	23.2	138.2

2-2 各流域水资源情况(2014年)
Water Resources by River Valley (2014)

单位: 亿立方米 　　　　　　　　　　　　　　　　　　　　　　　　　　　　　　　　(100 million cu.m)

流域片	River Valley	水资源总量 Total Amount of Water Resources	地表水资源量 Surface Water Resources	地下水资源量 Ground Water Resources	地表水与地下水资源重复量 Duplicated Measurement of Surface Water and Groundwater
全 国	**National Total**	**27266.9**	**26263.9**	**7745.0**	**6742.0**
松花江区	Songhuajiang River	1613.5	1405.5	486.3	278.3
#松花江	Songhuajiang River	1070.4	915.9	338.7	184.2
辽河区	Liaohe River	239.7	167.0	161.8	89.1
#辽河	Liaohe River	141.8	73.7	111.7	43.5
海河区	Haihe River	216.2	98.0	184.5	66.2
#海河	Haihe River	181.0	73.9	159.3	52.2
黄河区	Huanghe River	653.7	539.0	378.4	263.8
淮河区	Huaihe River	748.0	510.1	355.9	118.1
#淮河	Huaihe River	688.7	471.0	315.2	97.5
长江区	Changjiang River	10150.3	10020.3	2542.1	2412.1
#太湖	Taihu Lake	228.9	204.0	46.4	21.5
东南诸河区	Southeastern Rivers	2222.2	2212.4	520.9	511.1
珠江区	Zhujiang River	4786.4	4770.9	1092.6	1077.1
#珠江	Zhujiang River	3434.2	3430.0	749.1	745.0
西南诸河区	Southwestern Rivers	5449.5	5449.5	1286.9	1286.9
西北诸河区	Northwestern Rivers	1187.4	1091.1	735.6	639.3

资料来源:水利部(以下各表同)。
Source:Ministry of Water Resource (the same as in the following tables).

2-3 各流域节水灌溉面积(2014年)
Water Conservation Irrigated Area by River Valley (2014)

单位: 千公顷 　　　　　　　　　　　　　　　　　　　　　　　　　　　　　　　　(1 000 hectares)

流域片	River Valley	节水灌溉面积合计 Water Conservation Irrigated Area	#喷滴灌 Jetting and Dropping Irrigation	#微 灌 Tiny Irrigation	#低压管灌 Low Pressure Pipe Irrigation
全 国	**National Total**	**29018.8**	**3162.0**	**4681.5**	**8271.0**
松花江区	Songhuajiang River	2277.8	1608.1	258.0	195.6
辽河区	Liaohe River	1396.1	194.8	586.7	396.3
海河区	Haihe River	4741.0	289.1	150.2	3344.6
黄河区	Huanghe River	3641.1	242.3	229.8	1250.3
淮河区	huaihe River	4619.6	302.8	74.7	1850.6
长江区	Changjiang River	5051.9	223.0	198.2	652.5
东南诸河区	Southeastern Rivers	1367.9	155.5	64.8	140.6
珠江区	zhujiang River	1450.5	54.3	61.0	127.9
西南诸河区	Southwestern Rivers	356.8	4.3	5.1	71.6
西北诸河区	Northwestern Rivers	4115.9	87.7	3053.0	241.0

2-4 各流域供水和用水情况(2014年)

Water Supply and Use by River Valley (2014)

单位: 亿立方米 (100 million cu.m)

流域片	River Valley	供水总量 Total Amount of Water Supply	地表水 Surface Water	地下水 Groundwater	其 他 Other
全 国	**National Total**	**6094.9**	**4920.5**	**1116.9**	**57.5**
松花江区	Songhuajiang River	507.9	288.5	218.6	0.9
#松花江	Songhuajiang River	371.9	235.4	135.8	0.7
辽河区	Liaohe River	204.8	97.7	103.7	3.4
#辽河	Liaohe River	147.4	60.9	85.3	1.2
海河区	Haihe River	370.4	132.9	219.7	17.8
#海河	Haihe River	334.3	118.0	199.1	17.2
黄河区	Huanghe River	387.5	254.6	124.7	8.2
淮河区	Huaihe River	617.4	452.6	156.4	8.3
#淮河	Huaihe River	548.7	414.2	128.3	6.2
长江区	Changjiang River	2012.7	1919.7	81.3	11.7
#太湖	Taihu Lake	343.5	338.2	0.3	5.0
东南诸河区	Southeastern Rivers	336.5	326.9	8.3	1.4
珠江区	Zhujiang River	861.6	824.6	33.1	3.9
#珠江	Zhujiang River	611.9	592.4	15.7	3.7
西南诸河区	Southwestern Rivers	103.8	98.7	5.0	0.1
西北诸河区	Northwestern Rivers	692.2	524.4	166.3	1.6

2-4 续表 continued

单位: 亿立方米 (100 million cu.m)

流域片	River Valley	用水总量 Total Amount of Water Use	农业用水 Agriculture	工业用水 Industry	生活用水 Household	生态环境补水 Eco- environment
全 国	**National Total**	**6094.9**	**3869.0**	**1356.1**	**766.6**	**103.2**
松花江区	Songhuajiang River	507.9	414.7	54.7	29.8	8.8
#松花江	Songhuajiang River	371.9	293.5	48.4	25.6	4.4
辽河区	Liaohe River	204.8	135.7	32.6	30.2	6.3
#辽河	Liaohe River	147.4	105.7	18.8	18.5	4.4
海河区	Haihe River	370.4	239.5	54.0	59.3	17.6
#海河	Haihe River	334.3	216.4	46.9	54.2	16.9
黄河区	Huanghe River	387.5	274.5	58.6	43.1	11.3
淮河区	Huaihe River	617.4	421.0	105.9	81.2	9.3
#淮河	Huaihe River	548.7	382.7	93.1	66.1	6.8
长江区	Changjiang River	2012.7	1002.6	708.2	282.2	19.7
#太湖	Taihu Lake	343.5	81.9	206.6	52.8	2.3
东南诸河区	Southeastern Rivers	336.5	150.2	115.1	63.9	7.3
珠江区	Zhujiang River	861.6	504.6	196.1	152.6	8.3
#珠江	Zhujiang River	611.9	328.4	165.7	110.7	7.0
西南诸河区	Southwestern Rivers	103.8	84.6	10.0	8.6	0.7
西北诸河区	Northwestern Rivers	692.2	641.5	21.0	15.8	13.8

2-5 各地区水资源情况(2014年)

Water Resources by Region(2014)

单位: 亿立方米 (100 million cu.m)

地 区	Region	水资源总量 Total Amount of Water Resources	地表水资源量 Surface Water Resources	地下水资源量 Ground Water Resources	地表水与地下水资源重复量 Duplicated Measurement of Surface Water and Groundwater	人均水资源量（立方米／人） per Capita local Water Resources (cu.m/person)
全 国	National Total	27266.9	26263.9	7745.0	6742.0	1998.6
北 京	Beijing	20.3	6.5	16.0	2.2	95.1
天 津	Tianjin	11.4	8.3	3.7	0.6	76.1
河 北	Hebei	106.2	46.9	89.3	30.1	144.3
山 西	Shanxi	111.0	65.2	97.3	51.4	305.1
内蒙古	Inner Mongolia	537.8	397.6	236.3	96.1	2149.9
辽 宁	Liaoning	145.9	123.7	82.3	60.1	332.4
吉 林	Jilin	306.0	251.0	120.2	65.2	1112.2
黑龙江	Heilongjiang	944.3	814.4	295.4	165.5	2463.1
上 海	Shanghai	47.1	40.1	10.0	3.0	194.8
江 苏	Jiangsu	399.3	296.4	118.9	16.0	502.3
浙 江	Zhejiang	1132.1	1118.2	231.8	217.9	2057.3
安 徽	Anhui	778.5	712.9	178.9	113.3	1285.4
福 建	Fujian	1219.6	1218.4	330.5	329.3	3218.0
江 西	Jiangxi	1631.8	1613.3	397.2	378.7	3600.6
山 东	Shandong	148.4	76.6	116.9	45.0	152.1
河 南	Henan	283.4	177.4	166.8	60.9	300.7
湖 北	Hubei	914.3	885.9	282.0	253.6	1574.3
湖 南	Hunan	1799.4	1791.5	434.1	426.2	2680.1
广 东	Guangdong	1718.4	1709.0	420.5	411.1	1608.4
广 西	Guangxi	1990.9	1989.6	403.0	401.7	4203.3
海 南	Hainan	383.5	378.7	96.7	91.9	4266.0
重 庆	Chongqing	642.6	642.6	121.8	121.8	2155.9
四 川	Sichuan	2557.7	2556.5	606.2	605.1	3148.5
贵 州	Guizhou	1213.1	1213.1	294.4	294.4	3461.1
云 南	Yunnan	1726.6	1726.6	558.4	558.4	3673.3
西 藏	Tibet	4416.3	4416.3	985.1	985.1	140200.0
陕 西	Shaanxi	351.6	325.8	124.1	98.3	932.8
甘 肃	Gansu	198.4	190.5	112.6	104.7	767.0
青 海	Qinghai	793.9	776.0	349.4	331.5	13675.5
宁 夏	Ningxia	10.1	8.2	21.3	19.4	153.0
新 疆	Xinjiang	726.9	686.6	443.9	403.6	3186.9

2-6 各地区节水灌溉面积(2014年)

Water Conservation Irrigated Area by Region (2014)

单位：千公顷 (1 000 hectares)

地 区	Region	合 计 Total	#喷滴灌 Jetting and Dropping Irrigation	#微 灌 Tiny Irrigation	#低压管灌 Low Pressure Pipe Irrigation
全 国	National Total	29018.8	3162.0	4681.5	8271.0
北 京	Beijing	193.9	37.2	12.6	130.8
天 津	Tianjin	191.7	4.4	2.6	133.6
河 北	Hebei	3023.9	161.8	84.5	2361.1
山 西	Shanxi	857.5	73.0	38.1	522.9
内蒙古	Inner Mongolia	2279.4	454.3	458.9	539.2
辽 宁	Liaoning	728.3	136.0	308.4	149.3
吉 林	Jilin	501.4	261.0	94.3	114.8
黑龙江	Heilongjiang	1436.1	1143.9	126.4	9.1
上 海	Shanghai	140.0	3.4	0.8	65.4
江 苏	Jiangsu	2189.5	50.6	43.5	264.2
浙 江	Zhejiang	1074.3	42.2	34.6	66.0
安 徽	Anhui	862.2	91.6	14.2	47.0
福 建	Fujian	649.9	120.9	37.7	122.3
江 西	Jiangxi	466.5	17.7	29.2	23.0
山 东	Shandong	2770.2	135.3	63.7	1781.8
河 南	Henan	1475.3	123.9	27.3	847.6
湖 北	Hubei	342.0	91.0	74.4	176.6
湖 南	Hunan	336.1	3.5	0.8	7.9
广 东	Guangdong	279.8	8.5	6.2	20.9
广 西	Guangxi	879.6	24.5	31.4	33.3
海 南	Hainan	82.6	6.3	12.8	24.1
重 庆	Chongqing	191.8	12.1	1.8	37.7
四 川	Sichuan	1472.1	9.4	14.4	54.9
贵 州	Guizhou	307.7	21.8	19.0	67.1
云 南	Yunnan	681.1	12.6	16.3	90.3
西 藏	Tibet	64.4			38.2
陕 西	Shaanxi	850.6	27.5	34.2	270.8
甘 肃	Gansu	837.0	18.9	119.4	120.9
青 海	Qinghai	116.3	2.2	3.4	13.9
宁 夏	Ningxia	275.9	27.5	68.0	31.2
新 疆	Xinjiang	3461.6	38.8	2902.5	105.1

2-7　各地区供水和用水情况(2014年)

Water Supply and Use by Region (2014)

单位: 亿立方米　　　　　　　　　　　　　　　　　　　　　　　　　　　　　　(100 million cu.m)

地　区	Region	供水总量 Total Amount of Water Supply	地表水 Surface Water	地下水 Ground-water	其　他 Other	用水总量 Total Amount of Water Use	农业用水 Agriculture
全　国	**National Total**	**6094.9**	**4920.5**	**1116.9**	**57.5**	**6094.9**	**3869.0**
北　京	Beijing	37.5	9.3	19.6	8.6	37.5	8.2
天　津	Tianjin	24.1	15.9	5.3	2.8	24.1	11.7
河　北	Hebei	192.8	46.8	142.1	4.0	192.8	139.2
山　西	Shanxi	71.4	32.8	35.1	3.5	71.4	41.5
内蒙古	Inner Mongolia	182.0	89.1	90.8	2.2	182.0	137.5
辽　宁	Liaoning	141.8	80.0	58.4	3.3	141.8	89.6
吉　林	Jilin	133.0	87.5	44.9	0.6	133.0	89.8
黑龙江	Heilongjiang	364.1	196.3	167.6	0.2	364.1	316.1
上　海	Shanghai	105.9	105.9	0.1		105.9	14.6
江　苏	Jiangsu	591.3	574.7	9.7	6.9	591.3	297.8
浙　江	Zhejiang	192.9	189.7	2.2	0.9	192.9	88.2
安　徽	Anhui	272.1	239.9	30.3	1.8	272.1	142.8
福　建	Fujian	205.6	198.5	6.5	0.7	205.6	95.6
江　西	Jiangxi	259.3	248.3	9.1	2.0	259.3	168.6
山　东	Shandong	214.5	121.3	86.0	7.3	214.5	146.7
河　南	Henan	209.3	88.6	119.4	1.3	209.3	117.6
湖　北	Hubei	288.3	279.1	9.2		288.3	156.9
湖　南	Hunan	332.4	314.6	17.8	…	332.4	200.2
广　东	Guangdong	442.5	425.5	15.3	1.7	442.5	224.3
广　西	Guangxi	307.6	295.2	11.6	0.8	307.6	209.2
海　南	Hainan	45.0	41.9	3.0	0.1	45.0	33.4
重　庆	Chongqing	80.5	78.9	1.5	0.1	80.5	23.7
四　川	Sichuan	236.9	217.9	17.3	1.7	236.9	145.4
贵　州	Guizhou	95.3	90.9	2.8	1.7	95.3	50.4
云　南	Yunnan	149.4	142.5	5.8	1.1	149.4	103.3
西　藏	Tibet	30.5	26.7	3.8		30.5	27.7
陕　西	Shaanxi	89.8	55.2	33.3	1.3	89.8	57.9
甘　肃	Gansu	120.6	90.9	28.1	1.6	120.6	97.8
青　海	Qinghai	26.3	22.6	3.6	0.1	26.3	21.0
宁　夏	Ningxia	70.3	64.7	5.5	0.2	70.3	61.3
新　疆	Xinjiang	581.8	449.4	131.4	1.1	581.8	551.0

2-7 续表 continued

单位：亿立方米 (100 million cu.m)

地 区	Region	工业用水 Industry	生活用水 Household	生态环境补水 Eco-environment	人均用水量（立方米）Water Use per Capita (cu.m)
全 国	**National Total**	**1356.1**	**766.6**	**103.2**	**446.7**
北 京	Beijing	5.1	17.0	7.2	175.7
天 津	Tianjin	5.4	5.0	2.1	161.2
河 北	Hebei	24.5	24.1	5.1	262.0
山 西	Shanxi	14.2	12.2	3.4	196.1
内蒙古	Inner Mongolia	19.7	10.5	14.3	727.6
辽 宁	Liaoning	22.8	24.4	4.9	322.9
吉 林	Jilin	26.8	12.8	3.6	483.3
黑龙江	Heilongjiang	29.0	17.7	1.3	949.7
上 海	Shanghai	66.2	24.4	0.8	437.6
江 苏	Jiangsu	238.0	52.8	2.7	743.8
浙 江	Zhejiang	55.7	43.8	5.2	350.5
安 徽	Anhui	92.7	31.9	4.7	449.3
福 建	Fujian	75.3	31.5	3.2	542.6
江 西	Jiangxi	61.3	27.4	2.1	572.2
山 东	Shandong	28.6	33.4	5.8	219.8
河 南	Henan	52.6	33.4	5.7	222.1
湖 北	Hubei	90.2	40.7	0.6	496.5
湖 南	Hunan	87.7	41.8	2.7	495.1
广 东	Guangdong	117.0	96.1	5.1	414.2
广 西	Guangxi	56.8	39.2	2.4	649.4
海 南	Hainan	3.9	7.5	0.2	500.7
重 庆	Chongqing	36.7	19.1	0.9	270.0
四 川	Sichuan	44.7	42.5	4.2	291.6
贵 州	Guizhou	27.7	16.6	0.7	271.9
云 南	Yunnan	24.6	19.5	2.0	317.9
西 藏	Tibet	1.7	1.1	…	967.3
陕 西	Shaanxi	14.0	15.4	2.5	238.3
甘 肃	Gansu	12.8	8.2	1.8	466.2
青 海	Qinghai	2.4	2.5	0.4	453.8
宁 夏	Ningxia	5.0	1.7	2.3	1068.6
新 疆	Xinjiang	13.3	12.3	5.3	2550.7

2-8 流域分区河流水质状况评价结果(按评价河长统计)(2014年)
Evaluation of River Water Quality by River Valley
(by River Length) (2014)

流域分区	River	评价河长(千米) Evaluate Length (km)	分类河长占评价河长百分比(%) Classify River length of Evaluate Length (%)					
			I类 Grade I	II类 Grade II	III类 Grade III	IV类 Grade IV	V类 Grade V	劣V类 Worse than Grade V
全 国	National Total	215763	5.9	43.5	23.4	10.8	4.7	11.7
松花江区	Songhuajiang River	15300	0.5	17.6	45.3	23.2	5.0	8.4
#松花江	Songhuajiang River	11816	0.6	20.6	55.1	12.4	2.8	8.5
辽河区	Liaohe River	4938	1.5	41.6	14.7	17.9	5.1	19.2
#辽河	Liaohe River	1828		17.1	25.8	27.3	6.7	23.1
海河区	Haihe River	14468	2.6	19.4	13.4	9.7	10.7	44.2
#海河	Haihe River	11857	1.9	15.0	10.6	10.6	10.6	51.3
黄河区	Huanghe River	19066	5.3	41.6	19.1	8.0	7.1	18.9
淮河区	Huaihe River	23416	0.1	14.1	31.9	26.5	9.6	17.8
#淮河	Huaihe River	19968		14.5	32.2	28.1	10.4	14.8
长江区	Changjiang River	64553	6.2	46.4	24.9	9.0	3.9	9.6
#太湖	Taihu Lake	5886		7.3	17.1	29.1	20.4	26.1
东南诸河区	Southeastern Rivers	9616	2.3	53.6	25.0	9.3	7.0	2.8
珠江区	Zhujiang River	25796	2.3	64.4	19.2	5.2	2.8	6.1
#珠江	Zhujiang River	19188	3.0	71.6	13.6	4.5	1.9	5.4
西南诸河区	Southwestern Rivers	18419	2.0	68.0	26.2	2.2	0.2	1.4
西北诸河区	Northwestern Rivers	20191	29.4	53.8	7.6	6.3	0.1	2.8

2-9 主要水系干流水质状况评价结果(按监测断面统计)(2014年)
Evaluation of River Water Quality by Water System
(by Monitoring Sections) (2014)

主要水系	Main Water System	监测断面个数(个) Number of Monitoring Sections (unit)	分类水质断面占全部断面百分比(%) Proportion of Monitored Section Water Quality (%)					
			I类 Grade I	II类 Grade II	III类 Grade III	IV类 Grade IV	V类 Grade V	劣V类 Worse than Grade V
长 江	Changjiang River	159	4.4	51.0	32.7	6.9	1.9	3.1
黄 河	Huanghe River	62	1.6	33.9	24.2	19.3	8.1	12.9
珠 江	Zhujiang River	54	5.5	74.1	14.8	1.9		3.7
松花江	Songhuajiang River	87		6.9	55.2	28.7	4.6	4.6
淮 河	Huanhe River	94		7.5	48.9	21.3	7.4	14.9
海 河	Haihe River	64	4.7	14.1	20.3	14.1	9.3	37.5
辽 河	Liaohe River	55	1.8	34.5	5.5	40.0	10.9	7.3

资料来源：环境保护部。
Source: Ministry of Environmental Protection.

2-10 重点评价湖泊水质状况(2014年)
Water Quality Status of Lakes in Key Evaluation (2014)

主要水系	Main Water System	所属行政区 Region	总体水质状况 Categories of Overall Water Quality	营养状况 Nutritional Status
白洋淀	Baiyangdian	河北	Grade V	轻度富营养/Light Eutropher
查干湖	Chagan Lake	吉林	Grade V	轻度富营养/Light Eutropher
太湖	Taihu Lake	江苏、浙江、上海	Grade V	中度富营养/Medium Eutropher
洪泽湖	Hongze Lake	江苏	Grade III	轻度富营养/Light Eutropher
骆马湖	Luoma Lake	江苏	Grade III	中营养/Mesotropher
白马湖	Baima Lake	江苏	Grade IV	轻度富营养/Light Eutropher
高邮湖	Gaoyou Lake	江苏	Grade III	轻度富营养/Light Eutropher
邵伯湖	Shaobo Lake	江苏	Grade III	轻度富营养/Light Eutropher
宝应湖	Baoying Lake	江苏	Grade IV	轻度富营养/Light Eutropher
滆湖	Gehu Lake	江苏	Grade IV	中度富营养/Medium Eutropher
石臼湖	Shijiu Lake	江苏、安徽	Grade IV	轻度富营养/Light Eutropher
大官湖黄湖	Daguan Lake & Huanghu Lake	安徽	Grade IV	轻度富营养/Light Eutropher
黄溢河升金湖	Huangpen River & Shengjin Lake	安徽	Grade IV	中营养/Mesotropher
菜子湖	Caizi Lake	安徽	Grade IV	轻度富营养/Light Eutropher
南漪湖	Nanyi Lake	安徽	Grade III	轻度富营养/Light Eutropher
城西湖	Chengxi Lake	安徽	Grade IV	中度富营养/Medium Eutropher
城东湖	Chengdong Lake	安徽	Grade IV	轻度富营养/Light Eutropher
女山湖	Nvshan Lake	安徽	Grade V	轻度富营养/Light Eutropher
瓦埠湖	Wabu Lake	安徽	Grade IV	轻度富营养/Light Eutropher
泊湖	Bohu Lake	安徽	Grade III	中营养/Mesotropher
龙感湖	Longgan Lake	安徽、湖北	Grade IV	轻度富营养/Light Eutropher
巢湖	Chaohu Lake	安徽	Grade V	中度富营养/Medium Eutropher
鄱阳湖	Poyang Lake	江西	Grade V	中营养/Mesotropher
南四湖	Nansi Lake	山东、江苏	Grade III	轻度富营养/Light Eutropher
东平湖	Dongping Lake	山东	Grade III	轻度富营养/Light Eutropher
洪湖	Honghu Lake	湖北	Grade IV	轻度富营养/Light Eutropher
梁子湖	Liangzi Lake	湖北	Grade III	轻度富营养/Light Eutropher
斧头湖	Futou Lake	湖北	Grade III	中营养/Mesotropher
长湖	Changhu Lake	湖北	Grade V	轻度富营养/Light Eutropher
洞庭湖	Dongting Lake	湖南	Grade IV	轻度富营养/Light Eutropher
滇池	Dianchi	云南	Grade V	中度富营养/Medium Eutropher
抚仙湖	Fuxian Lake	云南	Grade II	中营养/Mesotropher
洱海	Erhai	云南	Grade III	中营养/Mesotropher
班公错	Bangongcuo	西藏	Grade III	中营养/Mesotropher
纳木错	Namucuo	西藏	Worse than Grade V	中营养/Mesotropher
普莫雍错	Pumoyongcuo	西藏	Grade III	中营养/Mesotropher
羊卓雍错	Yangzhuoyongcuo	西藏	Worse than Grade V	中营养/Mesotropher
佩枯错	Peikucuo	西藏	Worse than Grade V	中营养/Mesotropher
青海湖	Qinghai Lake	青海	Grade II	中营养/Mesotropher
克鲁克湖	Keluke Lake	青海	Grade II	中营养/Mesotropher
乌伦古湖	Wulungu Lake	新疆	Worse than Grade V	中度富营养/Medium Eutropher
赛里木湖	Sailimu Lake	新疆	Grade I	中营养/Mesotropher
艾比湖	Aibi Lake	新疆	Worse than Grade V	重度富营养/Severe Eutropher
博斯腾湖	Bositeng Lake	新疆	Grade III	中营养/Mesotropher
金沙滩	Jinshatan	新疆	Grade III	轻度富营养/Light Eutropher

资料来源：水利部。
Source: Ministry of Water Resource.

2-11 各地区废水排放及处理情况(2014年)

Discharge and Treatment of Waste Water by Region (2014)

单位: 万吨   (10 000 tons)

地 区	Region	废水排放总量 Total Volume of Waste Water Discharged	工业废水 Industrial Waste Water	城镇生活污水 Household Waste Water	集中式污染 治理设施 Centralized Pollution Control Facilities
全　国	**National Total**	**7161751**	**2053430**	**5102788**	**5533**
北　京	Beijing	150714	9174	141374	166
天　津	Tianjin	89361	19011	70303	48
河　北	Hebei	309824	108562	201162	100
山　西	Shanxi	145033	49250	95746	37
内蒙古	Inner Mongolia	111917	39325	72556	36
辽　宁	Liaoning	262879	90631	172115	133
吉　林	Jilin	122171	42192	79913	66
黑龙江	Heilongjiang	149644	41984	107618	41
上　海	Shanghai	221160	43939	176940	281
江　苏	Jiangsu	601158	204890	395931	337
浙　江	Zhejiang	418262	149380	268360	521
安　徽	Anhui	272313	69580	202522	211
福　建	Fujian	260579	102052	158310	218
江　西	Jiangxi	208289	64856	143079	354
山　东	Shandong	514423	180022	334100	301
河　南	Henan	422832	128048	294643	141
湖　北	Hubei	301704	81657	219798	249
湖　南	Hunan	309960	82271	227181	509
广　东	Guangdong	905082	177554	726799	729
广　西	Guangxi	219304	72936	146198	170
海　南	Hainan	39351	7956	31361	34
重　庆	Chongqing	145822	34968	110705	149
四　川	Sichuan	331277	67577	263468	232
贵　州	Guizhou	110912	32674	78141	97
云　南	Yunnan	157544	40443	116905	196
西　藏	Tibet	5450	431	5017	1
陕　西	Shaanxi	145785	36163	109536	86
甘　肃	Gansu	65973	19742	46209	22
青　海	Qinghai	23001	8214	14779	8
宁　夏	Ningxia	37277	15147	22120	11
新　疆	Xinjiang	102748	32799	69900	49

资料来源: 环境保护部(以下各表同)。
Source:Ministry of Environmental Protection (the same as in the following tables).

2-11　续表 1　continued 1

单位: 吨 　　　(ton)

地　　区	Region	化学需氧量排放总量 COD Discharged	工业 Industry	农业 Agriculture	生活 Household	集中式污染治理设施 Centralized Pollution Control Facilities
全　国	**National Total**	**22945914**	**3113519**	**11023905**	**8643944**	**164546**
北　京	Beijing	168840	6050	72201	82194	8395
天　津	Tianjin	214328	28269	105058	80459	542
河　北	Hebei	1268548	168218	870899	222142	7290
山　西	Shanxi	441324	72385	169091	197074	2774
内蒙古	Inner Mongolia	847660	99469	593185	152962	2044
辽　宁	Liaoning	1216980	85406	838288	287403	5882
吉　林	Jilin	742999	66488	484071	181599	10841
黑龙江	Heilongjiang	1423852	94038	1030634	297294	1887
上　海	Shanghai	224361	24766	30331	163438	5826
江　苏	Jiangsu	1100043	204361	364090	527877	3715
浙　江	Zhejiang	725367	166342	192467	360421	6137
安　徽	Anhui	885604	81751	364833	432220	6800
福　建	Fujian	629822	77631	204819	343224	4148
江　西	Jiangxi	720057	79691	227721	403951	8695
山　东	Shandong	1780422	130511	1260559	385112	4240
河　南	Henan	1318692	158863	767318	385927	6583
湖　北	Hubei	1033126	125811	448078	446947	12291
湖　南	Hunan	1228989	133708	549951	532928	12401
广　东	Guangdong	1670626	235501	557958	864345	12823
广　西	Guangxi	743985	161863	204676	373957	3489
海　南	Hainan	196001	10784	100187	83602	1428
重　庆	Chongqing	386394	53360	119739	212663	634
四　川	Sichuan	1216275	105322	518638	586861	5454
贵　州	Guizhou	326668	67250	59281	195164	4973
云　南	Yunnan	533824	162472	71448	286925	12980
西　藏	Tibet	27917	907	5389	21321	299
陕　西	Shaanxi	504916	95565	189456	216952	2943
甘　肃	Gansu	373230	88586	138930	144082	1631
青　海	Qinghai	105011	41373	21821	39598	2219
宁　夏	Ningxia	219807	99821	101191	17905	890
新　疆	Xinjiang	670247	186960	361597	117395	4295

2-11　续表 2　continued 2

单位: 吨

(ton)

地　区	Region	氨氮 排放总量 Ammona Nitrogen Discharged	工业 Industry	农业 Agriculture	生活 Household	集中式污染 治理设施 Centralized Pollution Control Facilities
全　国	**National Total**	**2385342**	**231609**	**755469**	**1381559**	**16705**
北　京	Beijing	18951	328	4243	13672	708
天　津	Tianjin	24485	3708	5278	15456	43
河　北	Hebei	102709	12602	41842	47718	547
山　西	Shanxi	53667	6887	11889	34631	260
内蒙古	Inner Mongolia	49318	11421	11563	26145	189
辽　宁	Liaoning	100112	7407	32548	59225	932
吉　林	Jilin	53053	4083	16483	31330	1158
黑龙江	Heilongjiang	84937	6001	32688	46032	216
上　海	Shanghai	44589	1798	3057	39438	296
江　苏	Jiangsu	142539	13686	37534	90834	485
浙　江	Zhejiang	103191	10143	24936	67582	530
安　徽	Anhui	100496	6903	36275	56697	621
福　建	Fujian	89343	5494	31314	52125	410
江　西	Jiangxi	85979	6728	27857	50688	705
山　东	Shandong	155030	9625	68624	76335	446
河　南	Henan	139024	11127	59388	67709	801
湖　北	Hubei	120375	12652	43821	62486	1416
湖　南	Hunan	154437	20821	60006	72446	1165
广　东	Guangdong	208190	14428	50981	141279	1503
广　西	Guangxi	79281	6730	25045	47230	277
海　南	Hainan	22927	982	8530	13284	131
重　庆	Chongqing	51275	3453	12252	35407	163
四　川	Sichuan	134743	5218	54233	74629	662
贵　州	Guizhou	38004	3691	7593	26135	585
云　南	Yunnan	56486	3991	11301	39543	1651
西　藏	Tibet	3441	41	512	2867	21
陕　西	Shaanxi	58237	8675	14827	34441	294
甘　肃	Gansu	38138	11756	5435	20834	114
青　海	Qinghai	9806	1915	829	6926	136
宁　夏	Ningxia	16641	7867	2068	6645	62
新　疆	Xinjiang	45938	11447	12518	21793	180

2-11　续表 3　continued 3

地　区　　Region	废水中污染物排放量 Amount of Pollutants Discharged in Waste Water				
	总氮 （吨） Total Nitrogen (ton)	总磷 （吨） Total Phosphorus (ton)	石油类 （吨） Petroleum (ton)	挥发酚 （千克） Volatile Phenols (kg)	氰化物 （千克） Cyanide (kg)
全　国　National Total	4561367	534492	16204	1378425	166271
北　京　Beijing	37121	4758	51	403	96
天　津　Tianjin	36848	4664	59	1107	893
河　北　Hebei	385427	47194	964	33898	10654
山　西　Shanxi	92474	10342	958	653482	35812
内蒙古　Inner Mongolia	188766	21539	1227	183518	7365
辽　宁　Liaoning	207835	28885	790	8372	1285
吉　林　Jilin	128276	15888	232	3880	1921
黑龙江　Heilongjiang	275599	28407	223	4294	806
上　海　Shanghai	14973	1952	656	1650	2679
江　苏　Jiangsu	174225	18632	1160	44820	11701
浙　江　Zhejiang	95861	11577	506	5014	5569
安　徽　Anhui	186193	19983	710	5357	6717
福　建　Fujian	93190	12882	373	1922	3498
江　西　Jiangxi	112428	15181	688	14180	2628
山　东　Shandong	574243	63732	507	35250	2347
河　南　Henan	427153	50832	1070	116170	16355
湖　北　Hubei	192805	23845	940	12903	6073
湖　南　Hunan	222905	27149	543	18386	9831
广　东　Guangdong		28260	450	10017	7977
广　西　Guangxi	114319	14118	270	9972	5516
海　南　Hainan	40854	5170	47	100	1
重　庆　Chongqing	54356	6814	329	8467	1503
四　川　Sichuan	224859	26433	546	2799	2038
贵　州　Guizhou	46960	4915	331	573	1444
云　南　Yunnan	76718	7745	319	2119	1268
西　藏　Tibet	6198	464	1	5408	1
陕　西　Shaanxi	100020	9970	622	5324	5027
甘　肃　Gansu	51151	4637	281	4424	684
青　海　Qinghai	7857	835	339	973	435
宁　夏　Ningxia	30791	3273	166	156884	6125
新　疆　Xinjiang	172717	14417	848	26760	8023

2-11 续表 4 continued 4

地 区 Region	废水中污染物排放量 Amount of Pollutants Discharged in Waste Water					
	铅 (千克) Plumbum (kg)	汞 (千克) Mercury (kg)	镉 (千克) Cadmium (kg)	六价铬 (千克) Hexavalent Chromium (kg)	总铬 (千克) Total Chromium (kg)	砷 (千克) Arsenic (kg)
全 国 National Total	73185	746	17251	34925	132797	109730
北 京 Beijing	41	…	1	157	267	8
天 津 Tianjin	96	5	3	67	299	12
河 北 Hebei	322	2	15	2619	5650	52
山 西 Shanxi	299	43	52	19	802	265
内蒙古 Inner Mongolia	7058	44	760	37	89	15638
辽 宁 Liaoning	131	7	24	199	685	71
吉 林 Jilin	165	6	30	135	216	890
黑龙江 Heilongjiang	44	2	4	40	100	13
上 海 Shanghai	132	8	7	1109	2524	71
江 苏 Jiangsu	1204	4	26	3554	9677	308
浙 江 Zhejiang	454	6	244	4709	12903	185
安 徽 Anhui	1345	6	145	221	758	2245
福 建 Fujian	3727	13	634	2146	10391	3754
江 西 Jiangxi	6145	75	1769	571	922	7355
山 东 Shandong	877	11	1051	509	7860	2400
河 南 Henan	3138	20	784	966	27844	1084
湖 北 Hubei	5882	36	1039	10224	13539	12448
湖 南 Hunan	21609	152	6537	1253	5919	35794
广 东 Guangdong	2278	20	396	3279	13355	856
广 西 Guangxi	5009	91	954	132	1353	5012
海 南 Hainan	3	4	…	…	101	13
重 庆 Chongqing	113	…	5	352	706	63
四 川 Sichuan	1209	15	86	751	1790	1679
贵 州 Guizhou	397	10	197	70	9351	276
云 南 Yunnan	4846	16	846	106	190	7354
西 藏 Tibet	5	…	1	1	2	5203
陕 西 Shaanxi	1426	29	512	166	696	1018
甘 肃 Gansu	4382	88	824	499	3406	3266
青 海 Qinghai	693	8	244	6	13	1479
宁 夏 Ningxia	31	2	2	20	105	70
新 疆 Xinjiang	125	22	57	1009	1285	847

2-11 续表 5 continued 5

地 区 Region	工业废水治理设施数（套）Number of Industrial Waste Water Treatment Facilities (set)	工业废水治理设施处理能力（万吨／日）Capacity of Industrial Waste Water Treatment Facilities (10 000 tons/day)	工业废水处理量（万吨）Industrial Waste Water Treated (10 000 tons)	工业废水治理设施本年运行费用（万元）Annual Expenditure of Industrial Waste Water Treatment Facilities (10 000 yuan)
全 国 National Total	82084	25316.5	4998694	6608918
北 京 Beijing	586	61.0	9526	38723
天 津 Tianjin	1184	133.7	32530	92064
河 北 Hebei	4606	3644.0	788496	501389
山 西 Shanxi	3049	753.5	120428	198807
内蒙古 Inner Mongolia	1220	472.8	75285	133239
辽 宁 Liaoning	2411	1306.3	317135	296203
吉 林 Jilin	666	247.6	52798	65991
黑龙江 Heilongjiang	1111	672.7	107523	269743
上 海 Shanghai	1774	339.6	63561	188144
江 苏 Jiangsu	7498	2050.8	407334	777079
浙 江 Zhejiang	8158	1342.7	255326	598458
安 徽 Anhui	2692	962.2	191790	230107
福 建 Fujian	3529	718.4	163572	173517
江 西 Jiangxi	2597	1107.8	165078	176759
山 东 Shandong	5382	1981.4	385566	559522
河 南 Henan	3488	1178.7	176175	234247
湖 北 Hubei	2238	1043.1	236179	232870
湖 南 Hunan	3094	1243.1	253637	161041
广 东 Guangdong	9861	1551.4	334112	528259
广 西 Guangxi	2321	960.3	208939	233665
海 南 Hainan	338	44.6	8069	34086
重 庆 Chongqing	1775	250.4	37740	71922
四 川 Sichuan	4014	989.5	183402	241902
贵 州 Guizhou	1845	576.3	106155	63757
云 南 Yunnan	2553	680.6	141438	168295
西 藏 Tibet	40	7.5	968	976
陕 西 Shaanxi	1893	348.7	61843	100511
甘 肃 Gansu	618	170.5	21827	50266
青 海 Qinghai	188	78.8	26146	13318
宁 夏 Ningxia	380	132.4	20517	48276
新 疆 Xinjiang	975	266.0	45602	125781

2-12 各行业工业废水排放及处理情况(2014年)
Discharge and Treatment of Industrial Waste Water by Sector (2014)

行 业	Sector	汇总工业企业数(个) Number of Industrial Enterprises (unit)	工业废水治理设施数(套) Number of Industrial Waste Water Treatment Facilities (set)	工业废水治理设施处理能力(万吨/日) Capacity of Industrial Waste Water Treatment Facilities (10 000 tons/day)
行业总计	**Total**	**154633**	**82084**	**25317**
煤炭开采和洗选业	Mining and Washing of Coal	6472	4772	1343
石油和天然气开采业	Extraction of Petroleum and Natural Gas	271	626	480
黑色金属矿采选业	Mining and Processing of Ferrous Metal Ores	4274	1913	1498
有色金属矿采选业	Mining and Processing of Non-ferrous Metal Ores	3187	2232	715
非金属矿采选业	Mining and Processing of Non-metal Ores	1041	488	97
开采辅助活动	Ancillary Activities for Exploitation	83	31	4
其他采矿业	Mining of Other Ores	40	15	2
农副食品加工业	Processing of Food from Agricultural Products	11950	6124	818
食品制造业	Manufacture of Foods	4147	2806	318
酒、饮料和精制茶制造业	Manufacture of Wine, Drinks and Refined Tea	4094	2289	429
烟草制品业	Manufacture of Tobacco	160	154	17
纺织业	Manufacture of Textile	8513	5830	1208
纺织服装、服饰业	Manufacture of Textile Wearing and Apparel	1860	1004	111
皮革、毛皮、羽毛及其制品和制鞋业	Manufacture of Leather, Fur, Feather and Related Products and Footware	1985	1132	131
木材加工及木、竹、藤、棕、草制品业	Processing of Timber, Manufacture of Wood, Bamboo,Rattan, Palm, and Straw Products	2853	652	22
家具制造业	Manufacture of Furniture	579	222	3
造纸及纸制品业	Manufacture of Paper and Paper Products	4664	3648	2192
印刷和记录媒介复制业	Printing,Reproduction of Recording Media	1017	274	8
文教、工美、体育和娱乐用品制造业	Manufacture of Articles for Culture, Education and Sport Activity	734	433	8
石油加工、炼焦和核燃料加工业	Processing of Petroleum, Coking, Processing of Nuclear Fuel	1269	1369	371
化学原料和化学制品制造业	Manufacture of Raw Chemical Materials and Chemical Products	12673	9614	2244

2-12　续表 1　continued 1

行　　业	Sector	汇总工业 企　业　数 （个） Number of Industrial Enterprises (unit)	工业废水 治理设施数 （套） Number of Industrial Waste Water Treatment Facilities (set)	工业废水治理 设施处理能力 （万吨／日） Capacity of Industrial Waste Water Treatment Facilities (10 000 tons/day)
医药制造业	Manufacture of Medicines	3589	3011	236
化学纤维制造业	Manufacture of Chemical Fibers	518	445	183
橡胶和塑料制品业	Manufacture of Rubber and Plastic	3094	1111	91
非金属矿物制品业	Manufacture of Non-metallic Mineral Products	33057	5100	565
黑色金属冶炼及 压延加工业	Smelting and Pressing of Ferrous Metals	3880	4051	9647
有色金属冶炼及 压延加工业	Smelting and Pressing of Non-ferrous Metals	4216	2902	518
金属制品业	Manufacture of Metal Products	9543	5774	355
通用设备制造业	Manufacture of General Purpose Machinery	3360	1464	60
专用设备制造业	Manufacture of Special Purpose Machinery	1873	850	38
汽车制造业	Manufacture of Automobile	2175	1584	83
铁路、船舶、航空 航天和其他运输 设备制造业	Manufacture of Railway, Shipbuilding, Aerospace and Other Transportation Equipment	1017	949	52
电气机械和器材 制造业	Manufacture of Electrical Machinery and Equipment	2046	1332	103
计算机、通信和 其他电子设备 制造业	Manufacture of Computers, Communication, and Other Electronic Equipment	2793	2826	285
仪器仪表制造业	Manufacture of Measuring Instrument	421	309	10
其他制造业	Other Manufactures	1450	650	32
废弃资源综合利用业	Utilization of Waste Resources	716	277	22
金属制品、机械和 设备修理业	Metal Products, Machinery and Equipment Repair	299	163	7
电力、热力生产和 供应业	Production and Supply of Electric Power and Heat Power	8446	3498	990
燃气生产和供应业	Production and Supply of Gas	56	35	10
水的生产和供应业	Production and Supply of Water	6	4	1
其他行业	Others	212	121	9

2-12 续表 2 continued 2

行　　业	Sector	工业废水治理设施本年运行费用（万元） Annual Expenditure of Industrial Waste Water Treatment Facilities（10 000 yuan）	工业废水处理量（万吨） Industrial Waste Water Treated（10 000 tons）	工业废水排放量（万吨） Industrial Waste Water Discharged（10 000 tons）
行业总计	**Total**	**6608918**	**4998694**	**1869626**
煤炭开采和洗选业	Mining and Washing of Coal	183891	193508	144826
石油和天然气开采业	Extraction of Petroleum and Natural Gas	309457	100211	6146
黑色金属矿采选业	Mining and Processing of Ferrous Metal Ores	134882	251049	19712
有色金属矿采选业	Mining and Processing of Non-ferrous Metal Ores	177737	170832	47971
非金属矿采选业	Mining and Processing of Non-metal Ores	19479	14232	6253
开采辅助活动	Ancillary Activities for Exploitation	522	322	254
其他采矿业	Mining of Other Ores	393	224	225
农副食品加工业	Processing of Food from Agricultural Products	177715	114709	139166
食品制造业	Manufacture of Foods	109465	49729	57109
酒、饮料和精制茶制造业	Manufacture of Wine, Drinks and Refined Tea	119281	60334	68899
烟草制品业	Manufacture of Tobacco	8511	3239	2177
纺织业	Manufacture of Textile	461499	191934	196145
纺织服装、服饰业	Manufacture of Textile Wearing and Apparel	27091	18057	17777
皮革、毛皮、羽毛及其制品和制鞋业	Manufacture of Leather, Fur, Feather and Related Products and Footware	53135	20099	22628
木材加工及木、竹、藤、棕、草制品业	Processing of Timber, Manufacture of Wood, Bamboo, Rattan, Palm, and Straw Products	8872	3082	5343
家具制造业	Manufacture of Furniture	2314	631	888
造纸及纸制品业	Manufacture of Paper and Paper Products	568584	374419	275501
印刷和记录媒介复制业	Printing, Reproduction of Recording Media	4816	1207	1578
文教、工美、体育和娱乐用品制造业	Manufacture of Articles for Culture, Education and Sport Activity	4951	1532	1991
石油加工、炼焦和核燃料加工业	Processing of Petroleum, Coking, Processing of Nuclear Fuel	456568	73453	84019
化学原料和化学制品制造业	Manufacture of Raw Chemical Materials and Chemical Products	959073	393362	263665

2-12 续表 3 continued 3

行 业	Sector	工业废水治理设施本年运行费用（万元）Annual Expenditure of Industrial Waste Water Treatment Facilities (10 000 yuan)	工业废水处理量（万吨）Industrial Waste Water Treated (10 000 tons)	工业废水排放量（万吨）Industrial Waste Water Discharged (10 000 tons)
医药制造业	Manufacture of Medicines	190796	49190	55700
化学纤维制造业	Manufacture of Chemical Fibers	92457	40137	39846
橡胶和塑料制品业	Manufacture of Rubber and Plastic	25391	17595	12324
非金属矿物制品业	Manufacture of Non-metallic Mineral Products	110084	73430	28333
黑色金属冶炼及压延加工业	Smelting and Pressing of Ferrous Metals	1163407	2291172	85751
有色金属冶炼及压延加工业	Smelting and Pressing of Non-ferrous Metals	192165	109607	30986
金属制品业	Manufacture of Metal Products	223097	58187	33385
通用设备制造业	Manufacture of General Purpose Machinery	30499	9787	10336
专用设备制造业	Manufacture of Special Purpose Machinery	17152	6921	7949
汽车制造业	Manufacture of Automobile	80918	16289	17853
铁路、船舶、航空航天和其他运输设备制造业	Manufacture of Railway, Shipbuilding, Aerospace and Other Transportation Equipment	20851	8591	11493
电气机械和器材制造业	Manufacture of Electrical Machinery and Equipment	43840	9299	10020
计算机、通信和其他电子设备制造业	Manufacture of Computers, Communication, and Other Electronic Equipment	254771	55172	52013
仪器仪表制造业	Manufacture of Measuring Instrument	5837	2007	2434
其他制造业	Other Manufactures	22072	6180	7092
废弃资源综合利用业	Utilization of Waste Resources	9370	3053	2077
金属制品、机械和设备修理业	Metal Products, Machinery and Equipment Repair	5503	1400	1357
电力、热力生产和供应业	Production and Supply of Electric Power and Heat Power	324003	201714	95868
燃气生产和供应业	Production and Supply of Gas	6176	877	559
水的生产和供应业	Production and Supply of Water	200	241	30
其他行业	Others	2095	1680	1942

2-12 续表 4 continued 4

行 业	Sector	化学需氧量 排放量 (吨) COD Discharged (ton)	氨氮排放量 (吨) Ammona Nitrogen Discharged (ton)
行业总计	**Total**	2745819	210466
煤炭开采和洗选业	Mining and Washing of Coal	115424	4150
石油和天然气 开采业	Extraction of Petroleum and Natural Gas	9824	544
黑色金属矿采选业	Mining and Processing of Ferrous Metal Ores	11751	332
有色金属矿采选业	Mining and Processing of Non-ferrous Metal Ores	42086	2037
非金属矿采选业	Mining and Processing of Non-metal Ores	6627	368
开采辅助活动	Ancillary Activities for Exploitation	356	40
其他采矿业	Mining of Other Ores	80	2
农副食品加工业	Processing of Food from Agricultural Products	440584	18774
食品制造业	Manufacture of Foods	109090	8495
酒、饮料和精制茶 制造业	Manufacture of Wine, Drinks and Refined Tea	187102	8323
烟草制品业	Manufacture of Tobacco	2207	155
纺织业	Manufacture of Textile	239410	16878
纺织服装、服饰业	Manufacture of Textile Wearing and Apparel	18894	1527
皮革、毛皮、羽毛 及其制品和制鞋业	Manufacture of Leather, Fur, Feather and Related Products and Footware	48556	3704
木材加工及木、竹、 藤、棕、草制品业	Processing of Timber, Manufacture of Wood, Bamboo,Rattan, Palm, and Straw Products	15258	430
家具制造业	Manufacture of Furniture	780	73
造纸及纸制品业	Manufacture of Paper and Paper Products	478190	16319
印刷和记录媒介 复制业	Printing,Reproduction of Recording Media	2051	160
文教、工美、体育 和娱乐用品制造业	Manufacture of Articles for Culture, Education and Sport Activity	1841	133
石油加工、炼焦和 核燃料加工业	Processing of Petroleum, Coking, Processing of Nuclear Fuel	90328	15850
化学原料和化学 制品制造业	Manufacture of Raw Chemical Materials and Chemical Products	335976	66535

2-12　续表 5　continued 5

行　　业	Sector	化学需氧量 排放量 (吨) COD Discharged (ton)	氨氮排放量 (吨) Ammona Nitrogen Discharged (ton)
医药制造业	Manufacture of Medicines	**96013**	**7449**
化学纤维制造业	Manufacture of Chemical Fibers	139272	3432
橡胶和塑料制品业	Manufacture of Rubber and Plastic	15089	1075
非金属矿物制品业	Manufacture of Non-metallic Mineral Products	36299	1894
黑色金属冶炼及压延加工业	Smelting and Pressing of Ferrous Metals	74470	5587
有色金属冶炼及压延加工业	Smelting and Pressing of Non-ferrous Metals	28960	12088
金属制品业	Manufacture of Metal Products	33659	2677
通用设备制造业	Manufacture of General Purpose Machinery	10977	657
专用设备制造业	Manufacture of Special Purpose Machinery	7765	608
汽车制造业	Manufacture of Automobile	18265	1380
铁路、船舶、航空航天和其他运输设备制造业	Manufacture of Railway, Shipbuilding, Aerospace and Other Transportation Equipment	15630	914
电气机械和器材制造业	Manufacture of Electrical Machinery and Equipment	8470	703
计算机、通信和其他电子设备制造业	Manufacture of Computers, Communication, and Other Electronic Equipment	37245	3190
仪器仪表制造业	Manufacture of Measuring Instrument	2267	139
其他制造业	Other Manufactures	9212	520
废弃资源综合利用业	Utilization of Waste Resources	2422	191
金属制品、机械和设备修理业	Metal Products, Machinery and Equipment Repair	1388	88
电力、热力生产和供应业	Production and Supply of Electric Power and Heat Power	33696	2374
燃气生产和供应业	Production and Supply of Gas	3410	244
水的生产和供应业	Production and Supply of Water	33	0
其他行业	Others	14862	432

2-13 主要城市废水排放情况(2014年)

Discharge of Waste Water in Major Cities (2014)

城　　市	City	工业废水 排放量 (万吨) Industrial Waste Water Discharged (10 000 tons)	工业化学需 氧量排放量 (吨) Industrial COD Discharged (ton)	工业氨氮 排放量 (吨) Industrial Ammonia Nitrogen Discharged (ton)	城镇生活 污水排放量 (万吨) Household Waste Water Discharged (10 000 tons)	生活化学需 氧量排放量 (吨) Household COD Discharged (ton)	生活氨氮 排放量 (吨) Household Ammonia Nitrogen Discharged (ton)
北　京	Beijing	9174	6050	328	141374	82194	13672
天　津	Tianjin	19011	28269	3708	70303	80459	15456
石 家 庄	Shijiazhuang	24024	36695	4527	34127	1940	1898
太　原	Taiyuan	3975	4042	436	20407	8385	2895
呼和浩特	Hohhot	7249	15174	652	13654	19111	2908
沈　阳	Shenyang	9134	9614	842	38668	12955	12185
长　春	Changchun	5564	11968	1406	21590	31659	7144
哈 尔 滨	Harbin	5188	7588	1070	34472	83290	12784
上　海	Shanghai	43939	24766	1798	176940	163438	39438
南　京	Nanjing	21561	21568	1221	55336	58525	12860
杭　州	Hangzhou	35370	30639	1260	59060	36603	7798
合　肥	Hefei	6920	7828	337	43809	45502	6318
福　州	Fuzhou	4681	4837	360	33077	65889	9315
南　昌	Nanchang	8656	7539	380	34736	41110	6308
济　南	Jinan	7880	5289	346	31005	28704	4909
郑　州	Zhengzhou	13039	12548	568	53122	21398	7888
武　汉	Wuhan	17097	14874	1388	71572	82571	11705
长　沙	Changsha	4397	13253	409	49006	51021	8021
广　州	Guangzhou	22444	23341	1565	142149	104238	17374
南　宁	Nanning	9097	22204	1231	27436	58843	7621
海　口	Haikou	776	750	54	11677	6978	3691
重　庆	Chongqing	34968	53360	3453	110705	212663	35407
成　都	Chengdu	10064	11600	773	112228	100515	12638
贵　阳	Guiyang	2895	9070	319	22427	28180	4875
昆　明	Kunming	3747	7001	201	44520	14154	4973
拉　萨	Lhasa	326	592	27	2385	8049	1117
西　安	Xi'an	6340	20137	1583	44770	61593	10386
兰　州	Lanzhou	4563	4006	2648	13773	35269	5243
西　宁	Xining	2555	15821	490	7633	17007	3560
银　川	Yinchuan	5496	13995	2563	12951	3872	2737
乌鲁木齐	Urumqi	4849	5352	650	19735	11074	4330

2-14 沿海城市废水排放情况(2014年)

Discharge of Waste Water in Coastal Cities (2014)

城 市 City	工业废水排放量 (万吨) Industrial Waste Water Discharged (10 000 tons)	工业化学需氧量排放量 (吨) Industrial COD Discharged (ton)	工业氨氮排放量 (吨) Industrial Ammonia Nitrogen Discharged (ton)	城镇生活污水排放量 (万吨) Household Waste Water Discharged (10 000 tons)	生活化学需氧量排放量 (吨) Household COD Discharged (ton)	生活氨氮排放量 (吨) Household Ammonia Nitrogen Discharged (ton)
天　津　Tianjin	19011	28269	3708	70303	80459	15456
秦皇岛　Qinhuangdao	6273	14633	815	11062	6159	1815
大　连　Dalian	40150	19152	2291	31632	55749	8487
上　海　Shanghai	43939	24766	1798	176940	163438	39438
连云港　Lianyungang	6204	10140	1516	17175	47361	6728
宁　波　Ningbo	16546	20153	986	45179	24063	9460
温　州　Wenzhou	6020	11366	992	43628	101085	15062
福　州　Fuzhou	4681	4837	360	33077	65889	9315
厦　门　Xiamen	27380	3617	96	23391	22430	5409
青　岛　Qingdao	10989	8128	693	42320	24653	6114
烟　台　Yantai	9181	6837	373	22998	26977	6108
深　圳　Shenzhen	16314	17576	1495	155602	65890	12581
珠　海　Zhuhai	4936	6137	516	18743	14651	2991
汕　头　Shantou	5517	10484	538	20110	61869	9160
湛　江　Zhanjiang	6558	8722	426	19912	36194	5212
北　海　Beihai	1920	8693	39	5355	11620	986
海　口　Haikou	776	750	54	11677	6978	3691

三、海洋环境

Marine Environment

1-2 土地特征
Land Characteristics

项目	Item	面积 (10 000 sq.km) Area	占总面积的百分比(%) Percentage to Total Area (%)
总面积	Total Land Area	960	100.00
农用地	Land for Agricultural Use	645.73	67.26
耕地	Cultivated Land	135.06	14.07
园地	Garden Land	14.38	1.50
林地	Forest Land	253.07	26.36
草地	Area of Grassland	219.47	22.86
其他农用地	Other Land for Agricultural Use		2.48
建设用地	Land for Construction	38.11	3.97
城市、建制镇、村庄及工矿用地	Land for Urban and Rural, Industrial and Mining Use		3.24
交通运输用地	Land for Transport Facilities		
水利设施用地	Land for Water Conservancy Facilities		0.33

注：表中数据来源于国土资源部。
Note: Figures in this table were obtained from the Ministry of Land and Resources.

1-3 主要山脉基本情况
Main Mountain Ranges

名 称	Mountain Range	山峰高度(米) Height of Mountain Peak (m)	雪线高度(米) Height of Snow Line (m)	冰川面积 平方公里 Glacier Area (sq.km)
阿尔泰山	Altay Mountains	4374	3000--3200	287
天山	Tianshan Mountains	7435	3600--4400	9548
祁连山	Qilian Mountains	5826	4300--5240	2063
帕米尔	Pamirs	7579		2258
昆仑山	Kunlun Mountains			11639
喀喇昆仑山	Karakorum Mountains			
唐古拉山	Tanggula Mountains			
无喀喇昆仑	Qionglai Mountains			
念青唐古拉山	Nyainqentanglha Mountains			
横断山	Hengduan Mountains			
喜马拉雅山	The Himalayas			

3-1　全国海洋环境情况(2000-2014年)
Marine Environment (2000-2014)

年　份 Year	全海域未达到第一类海水水质标准的海域面积(平方公里) Sea Area with Water Quality Not Reaching Standard of Grade I (sq.km)				
	合　计 Total	第二类水质 海域面积 Sea Area with Water Quality at Grade II	第三类水质 海域面积 Sea Area with Water Quality at Grade III	第四类水质 海域面积 Sea Area with Water Quality at Grade IV	劣于第四类水质 海域面积 Sea Area with Water Quality below Grade IV
2001	173390	99440	25710	15650	32590
2002	174390	111020	19870	17780	25720
2003	142080	80480	22010	14910	24680
2004	169000	65630	40500	30810	32060
2005	139280	57800	34060	18150	29270
2006	148970	51020	52140	17440	28370
2007	145280	51290	47510	16760	29720
2008	137000	65480	28840	17420	25260
2009	146980	70920	25500	20840	29720
2010	177720	70430	36190	23070	48030
2011	144290	47840	34310	18340	43800
2012	169520	46910	30030	24700	67880
2013	143620	47160	36490	15630	44340
2014	148710	43280	42740	21550	41140

3-1　续表　continued

年　份 Year	主要海洋产业增加值 (亿元) Added Value of Major Marine Industries (100 million yuan)	海洋原油产量 (万吨) Output of Offshore Crude Oil (10 000 tons)	海洋天然气产量 (万立方米) Output of Offshore Natural Gas (10 000 cu.m)
2000	2297	2080.4	460127
2001	3297	2143.0	457212
2002	4042	2405.6	464689
2003	4623	2545.4	436930
2004	5829	2842.2	613416
2005	7185	3174.7	626921
2006	8286	3239.9	748618
2007	10461	3178.4	823455
2008	12243	3421.1	857847
2009	12989	3698.2	859173
2010	15531	4710.0	1108905
2011	18760	4452.0	1214519
2012	20575	4444.8	1228188
2013	22681	4541.1	1176455
2014	25156		

3-2 全海域未达到第一类海水水质标准的海域面积(2014年)
Sea Area with Water Quality Not Reaching Standard of Grade Ⅰ (2014)

单位: 平方公里
(sq.km)

海 区	Sea Area	合计 Total	第二类水质 海域面积 Sea Area with Water Quality at Grade Ⅱ	第三类水质 海域面积 Sea Area with Water Quality at Grade Ⅲ	第四类水质 海域面积 Sea Area with Water Quality at Grade Ⅳ	劣于第四类 水质海域面积 Sea Area with Water Quality below Grade Ⅳ
全 国	**National Total**	**148710**	**43280**	**42740**	**21550**	**41140**
渤 海	Bohai Sea	24300	8180	6600	3770	5750
黄 海	Yellow Sea	34010	12510	13540	4990	2970
东 海	East China Sea	67700	17470	10700	11200	28330
南 海	South China Sea	22700	5120	11900	1590	4090

资料来源: 国家海洋局(以下各表同)。
Source: State Oceanic Administration (the same as in the following tables).

3-3 海区废弃物倾倒及石油勘探开发污染物排放入海情况(2013年)
Sea Area Waste Dumping and Pollutants from Petroleum
Exploration Discharged into the Sea (2013)

单位: 万立方米
(10 000 cu.m)

海 区	Sea Area	疏浚物 Dredged Material	惰性无机 地质废料 Inert Inorganic Geological Scrap	生产污水 Sewage from Production	泥浆 Sludge	钻屑 Debris from Drilling	机舱污水 Sewage from Engineroom	食品 废弃物 Food Wastes	含油污水 Oily Sewage
全 国	**National Total**	**13453**	**632**	**14793**	**7.77**	**6.91**	**0.38**		
渤海及黄海	Bohai Sea & Yellow Sea	77	…	627	0.96	3.89		0.98	14.84
东 海	East China Sea	9716		65	0.40	0.46		0.09万吨	4.30万吨
南 海	South China Sea	3660	632	14101	6.41	2.56	0.38	0.05万吨	25.41万吨

3-4　全国主要海洋产业增加值(2014年)
Added Value of Major Marine Industries (2014)

海洋产业 Marine Industry		增加值 (亿元) Added Value (100 millionyuan)	增加值比上年增长 (按可比价计算)(%) Percentage of Added Value of Increase Over Last Year (at comparable price) (%)
合　计	Total	25156	8.1
海洋渔业	Marine Fishery Industry	4293	6.4
海洋油气业	Offshore Oil and Natural Gas	1530	-5.9
海洋矿业	Beach Placer	53	13.0
海洋盐业	Sea Salt Industry	63	-0.4
海洋化工业	Marine Chemical	911	11.9
海洋生物医药业	Marine Biological Pharmaceutical	258	12.1
海洋电力业	Marine Electric Power Industry	99	8.5
海水利用业	Marine Seawater Utilization	14	12.2
海洋船舶工业	Marine Shipbuilding Industry	1387	7.6
海洋工程建筑业	Marine Engineering Architecture	2103	9.5
海洋交通运输业	Maritime Transportation	5562	6.9
滨海旅游业	Coastal Tourism	8882	12.1

3-5　海洋资源利用情况(2013年)
Utilization of Marine Resources (2013)

地　区 Region		海洋原油 (万吨) Marine Oil (10 000 tons)	海洋天然气 (万立方米) Marine NaturalGas (10 000 cu.m)	海洋矿业 (万吨) Beach Placers (10 000 tons)	海洋渔业(万吨) Marine Fishery (10 000 tons)		海洋盐业 (万吨) Marine Salt Industry (10 000 tons)
					捕捞 Fishing	养殖 Aquiculture	
全　国	National Total	4541.1	1176455	4434.3	1376.4	1739.2	2681.1
天　津	Tianjin	2634.7	261682		6.6	1.2	152.2
河　北	Hebei	239.9	67201		23.1	45.2	287.6
辽　宁	Liaoning	11.3	1410		128.4	282.8	98.3
上　海	Shanghai	18.7	79702		12.5		
江　苏	Jiangsu				57.3	93.9	77.6
浙　江	Zhejiang			2134.4	356.0	87.2	15.9
福　建	Fujian			299.5	216.8	354.9	29.2
山　东	Shandong	291.3	12911	1318.4	242.8	456.6	1989.9
广　东	Guangdong	1345.3	753549		155.4	287.0	7.8
广　西	Guangxi			481.0	65.3	105.6	16.1
海　南	Hainan			200.9	112.1	24.8	6.6

四、大气环境

Atmospheric Environment

4-1 全国废气排放及处理情况(2000-2014年)

Emission and Treatment of Waste Gas (2000-2014)

年 份 Year	工业废气 排放总量 (亿立方米) Total Volume of Industrial Waste Gas Emission (100 million cu.m)	二氧化硫 排放总量 (万吨) Sulphur Dioxide Emission (10 000 tons)	#工业 Industry	#生活 Household	氮氧化物 排放总量 (万吨) Nitrogen Oxides Emission (10 000 tons)	#工业 Industry	#生活 Household
2000	138145	1995.1	1612.5				
2001	160863	1947.2	1566.0				
2002	175257	1926.6	1562.0				
2003	198906	2158.5	1791.6				
2004	237696	2254.9	1891.4				
2005	268988	2549.4	2168.4				
2006	330990	2588.8	2234.8				
2007	388169	2468.1	2140.0				
2008	403866	2321.2	1991.4				
2009	436064	2214.4	1865.9				
2010	519168	2185.1	1864.4				
2011	674509	2217.9	2017.2	200.4	2404.3	1729.7	36.6
2012	635519	2117.6	1911.7	205.7	2337.8	1658.1	39.3
2013	669361	2043.9	1835.2	208.5	2227.4	1545.6	40.7
2014	694190	1974.4	1740.4	233.9	2078.0	1404.8	45.1

注: 2011年环境保护部对统计制度中的指标体系、调查方法及相关技术规定等进行了修订, 统计范围扩展为工业源、农业源、城镇生活源、机动车、集中式污染治理设施5个部分。

Note: In 2011, indicators of statistical system, method of survey, and related technologies were revised by Ministry of Environmental Protection, statistical scope expands to 5 parts: industry source, agricultural source, urban living source, automotive vehicle, centralized pollution abatement.

4-1 续表 continued

年 份 Year	烟(粉)尘 排放总量 (万吨) Soot (Dust) Emission (10 000 tons)	#工业 Industry	#生活 Household	工业废气 治理设施 (套) Industrial Watste Gas Treatment Facilities (set)	工业废气治理 设施处理能力 (万立方米/时) Capacity of Industrial Waste Gas Treatment Facilities (10 000 cu.m/hour)	本年运行 费用 (亿元) Annual Expenditure for Operation (100 million yuan)
2000				145534		93.7
2001				134025		111.1
2002				137668		147.1
2003				137204		150.6
2004				144973		213.8
2005				145043		267.1
2006				154557		464.4
2007				162325		555.0
2008				174164		773.4
2009				176489		873.7
2010				187401		1054.5
2011	1278.8	1100.9	114.8	216457	1568592	1579.5
2012	1235.8	1029.3	142.7	225913	1649353	1452.3
2013	1278.1	1094.6	123.9	234316	1435110	1497.8
2014	1740.8	1456.1	227.1	261367	1533917	1731.0

4-2 各地区废气排放及处理情况(2014年)

Emission and Treatment of Waste Gas by Region (2014)

单位: 吨 (ton)

地 区	Region	二氧化硫排放总量 Total Volume of Sulphur Dioxide Emission	工业 Industrial	生活 Household	集中式污染治理设施 Centralized Pollution Control Facilities
全 国	**National Total**	**19744160**	**17403523**	**2338651**	**1985**
北 京	Beijing	78906	40347	38475	84
天 津	Tianjin	209200	195395	13767	38
河 北	Hebei	1189903	1047351	142531	21
山 西	Shanxi	1208225	1077990	130218	17
内蒙古	Inner Mongolia	1312436	1167133	145302	1
辽 宁	Liaoning	994597	926035	68495	68
吉 林	Jilin	372256	319643	52612	1
黑龙江	Heilongjiang	472248	317480	154668	101
上 海	Shanghai	188149	155360	32765	24
江 苏	Jiangsu	904741	870175	34266	300
浙 江	Zhejiang	574012	560083	13567	363
安 徽	Anhui	492966	440642	52303	20
福 建	Fujian	355957	337632	18314	11
江 西	Jiangxi	534415	517408	16855	152
山 东	Shandong	1590237	1358883	231148	206
河 南	Henan	1198182	1031667	166461	54
湖 北	Hubei	583759	506192	77563	4
湖 南	Hunan	623689	559504	64155	30
广 东	Guangdong	730147	699102	30840	205
广 西	Guangxi	466589	431075	35469	45
海 南	Hainan	32564	31855	704	5
重 庆	Chongqing	526944	474805	52129	10
四 川	Sichuan	796402	725729	70516	157
贵 州	Guizhou	925787	702427	223354	7
云 南	Yunnan	636683	582558	54102	23
西 藏	Tibet	4250	1360	2886	4
陕 西	Shaanxi	780954	671642	109286	27
甘 肃	Gansu	575649	476964	98684	…
青 海	Qinghai	154276	118046	36229	1
宁 夏	Ningxia	377056	340969	36086	1
新 疆	Xinjiang	852981	718070	134906	5

资料来源: 环境保护部(以下各表同)。

Source: Ministry of Environmental Protection (the same as in the following tables).

4-2 续表 1 continued 1

单位: 吨   (ton)

地 区	Region	氮氧化物排放总量 Nitrogen Oxides Emission	工业 Industry	生活 Household	机动车 Motor Vehicle	集中式污染治理设施 Centralized Pollution Control Facilities
全 国	**National Total**	**20780015**	**14047862**	**450686**	**6278119**	**3348**
北 京	Beijing	150955	64400	14109	72187	260
天 津	Tianjin	282300	216947	9517	55771	66
河 北	Hebei	1512469	987289	35514	489623	44
山 西	Shanxi	1069860	778224	34631	256929	75
内蒙古	Inner Mongolia	1258281	983093	29697	245487	5
辽 宁	Liaoning	901964	632477	14092	255194	201
吉 林	Jilin	549247	363499	11993	173680	74
黑龙江	Heilongjiang	730585	429460	51285	249676	163
上 海	Shanghai	332790	228621	18734	85149	286
江 苏	Jiangsu	1232552	888222	6419	337428	483
浙 江	Zhejiang	687850	519251	3372	164779	448
安 徽	Anhui	807305	556553	11614	239097	41
福 建	Fujian	411662	301289	2357	107978	37
江 西	Jiangxi	540115	309665	4782	225629	40
山 东	Shandong	1593311	1123280	31948	437901	181
河 南	Henan	1422013	879629	26235	516053	97
湖 北	Hubei	580222	367357	13850	198999	16
湖 南	Hunan	552773	359360	9119	184234	60
广 东	Guangdong	1122112	682729	6865	432228	291
广 西	Guangxi	442399	300191	3822	138296	89
海 南	Hainan	95002	64852	457	29685	9
重 庆	Chongqing	355018	233690	4310	116999	19
四 川	Sichuan	585439	368649	11629	204942	219
贵 州	Guizhou	491071	368770	10934	111357	11
云 南	Yunnan	498880	292498	5906	200396	79
西 藏	Tibet	48344	3866	393	44083	2
陕 西	Shaanxi	705756	509575	25901	170248	33
甘 肃	Gansu	418400	279591	16171	122636	2
青 海	Qinghai	134518	93322	8786	32408	2
宁 夏	Ningxia	404032	322510	4421	77099	2
新 疆	Xinjiang	862792	539004	21824	301950	14

4-2 续表 2 continued 2

单位: 吨 (ton)

地 区	Region	烟(粉)尘排放总量 Soot (Dust) Emission	工业 Industry	生活 Household	机动车 Motor Vehicle	集中式污染治理设施 Centralized Pollution Control Facilities
全 国	**National Total**	**17407508**	**14561343**	**2270890**	**573527**	**1747**
北 京	Beijing	57372	22710	31556	3051	56
天 津	Tianjin	139511	112187	21072	6245	8
河 北	Hebei	1797683	1450723	301790	45127	45
山 西	Shanxi	1506778	1145107	340032	21610	28
内蒙古	Inner Mongolia	1021510	818754	173922	28817	18
辽 宁	Liaoning	1120701	957920	137068	25641	73
吉 林	Jilin	475133	368032	89539	17478	84
黑龙江	Heilongjiang	793549	534705	233296	25307	241
上 海	Shanghai	141650	131433	4017	6120	80
江 苏	Jiangsu	763678	720479	18193	24750	255
浙 江	Zhejiang	379666	358776	6500	14176	214
安 徽	Anhui	652782	585283	44368	23096	35
福 建	Fujian	367903	349196	9673	9027	7
江 西	Jiangxi	462331	428759	7827	25707	38
山 东	Shandong	1208102	1024473	140861	42723	45
河 南	Henan	882103	715479	114936	51641	47
湖 北	Hubei	504006	438294	48940	16748	24
湖 南	Hunan	496166	452295	27702	16132	37
广 东	Guangdong	449549	395328	12412	41668	141
广 西	Guangxi	402935	376019	13669	13231	17
海 南	Hainan	23171	18854	767	3547	3
重 庆	Chongqing	226131	214774	4106	7242	9
四 川	Sichuan	428630	398729	14607	15207	87
贵 州	Guizhou	377856	343039	23756	11056	5
云 南	Yunnan	366819	329955	19160	17693	10
西 藏	Tibet	13890	7808	1391	4690	2
陕 西	Shaanxi	709137	537753	157821	13517	47
甘 肃	Gansu	345811	260903	76351	8554	3
青 海	Qinghai	239867	175875	61328	2658	6
宁 夏	Ningxia	239171	211746	18799	8624	2
新 疆	Xinjiang	813916	675956	115432	22445	83

4-2 续表 3 continued 3

地 区	Region	工业废气 排放量 (亿立方米) Industrial Waste Gas Emission (100 million cu.m)	工业废气 治理设施数 (套) Number of Industrial Waste Gas Treatment Facilities (set)	工业废气治理 设施处理能力 (万立方米/时) Capacity of Industrial Waste Gas Treatment Facilities (10 000 cu.m/hour)	工业废气治理设施 本年运行费用 (万元) Annual Expenditure of Industrial Waste Gas Treatment Facilities (10 000 yuan)
全 国	**National Total**	**694190.4**	**261367**	**1533917**	**17309816**
北 京	Beijing	3569.2	4311	12027	102783
天 津	Tianjin	8800.0	4621	20050	316250
河 北	Hebei	72732.3	19519	169969	1635201
山 西	Shanxi	36024.7	16748	87132	1001884
内蒙古	Inner Mongolia	36116.5	9110	99709	755994
辽 宁	Liaoning	34527.5	14248	98288	709141
吉 林	Jilin	9450.7	3878	25132	231859
黑龙江	Heilongjiang	12091.2	5077	32854	154827
上 海	Shanghai	13007.4	5518	33941	403708
江 苏	Jiangsu	59652.7	19179	109031	1537266
浙 江	Zhejiang	26958.3	18598	62893	987769
安 徽	Anhui	29232.6	7993	43086	730205
福 建	Fujian	18383.3	8579	38345	422186
江 西	Jiangxi	15613.4	6359	31452	389367
山 东	Shandong	52095.3	18517	132032	1614630
河 南	Henan	39628.7	11736	69590	799232
湖 北	Hubei	21701.8	7131	38927	531113
湖 南	Hunan	16050.5	6369	38375	403179
广 东	Guangdong	29793.8	22311	82411	1081250
广 西	Guangxi	18631.3	6359	34239	336777
海 南	Hainan	2638.2	1058	3618	68705
重 庆	Chongqing	9289.6	4787	23704	252945
四 川	Sichuan	20053.7	9604	46770	471598
贵 州	Guizhou	23207.9	4192	19337	440884
云 南	Yunnan	16664.1	7809	40984	412808
西 藏	Tibet	170.4	273	420	2398
陕 西	Shaanxi	16542.5	4284	35307	363506
甘 肃	Gansu	12290.3	3937	28930	279308
青 海	Qinghai	6439.4	1620	8267	108586
宁 夏	Ningxia	10717.0	1821	19496	277916
新 疆	Xinjiang	22116.1	5821	47603	486543

4-3 各行业工业废气排放及处理情况(2014年)
Emission and Treatment of Industrial Waste Gas by Sector (2014)

行　业	Sector	工业废气排放量 (亿立方米) Industrial Waste Gas Emission (100 million cu.m)	工业废气治理设施数 (套) Number of Industrial Waste Gas Treatment Facilities (set)
行业总计	**Total**	**694190**	**261367**
煤炭开采和洗选业	Mining and Washing of Coal	2088	6275
石油和天然气开采业	Extraction of Petroleum and Natural Gas	1205	331
黑色金属矿采选业	Mining and Processing of Ferrous Metal Ores	3158	1242
有色金属矿采选业	Mining and Processing of Non-ferrous Metal Ores	1282	808
非金属矿采选业	Mining and Processing of Non-metal Ores	1303	732
开采辅助活动	Ancillary Activities for Exploitation	104	85
其他采矿业	Mining of Other Ores	38	36
农副食品加工业	Processing of Food from Agricultural Products	5742	8069
食品制造业	Manufacture of Foods	2371	3756
酒、饮料和精制茶制造业	Manufacture of Wine, Drinks and Refined Tea	2145	3170
烟草制品业	Manufacture of Tobacco	562	1109
纺织业	Manufacture of Textile	2864	8495
纺织服装、服饰业	Manufacture of Textile Wearing and Apparel	269	1371
皮革、毛皮、羽毛及其制品和制鞋业	Manufacture of Leather, Fur, Feather and Related Products and Footware	365	1517
木材加工及木、竹、藤、棕、草制品业	Processing of Timber, Manufacture of Wood, Bamboo,Rattan, Palm, and Straw Products	3198	3451
家具制造业	Manufacture of Furniture	406	770
造纸及纸制品业	Manufacture of Paper and Paper Products	6700	4856
印刷和记录媒介复制业	Printing,Reproduction of Recording Media	245	495
文教、工美、体育和娱乐用品制造业	Manufacture of Articles for Culture, Education and Sport Activity	191	732
石油加工、炼焦和核燃料加工业	Processing of Petroleum, Coking, Processing of Nuclear Fuel	21291	3884
化学原料和化学制品制造业	Manufacture of Raw Chemical Materials and Chemical Products	41783	23767

4-3　续表 1　continued 1

行　　业	Sector	工业废气排放量 （亿立方米） Industrial Waste Gas Emission (100 million cu.m)	工业废气治理设施数 （套） Number of Industrial Waste Gas Treatment Facilities (set)
医药制造业	Manufacture of Medicines	3139	4559
化学纤维制造业	Manufacture of Chemical Fibers	2222	1355
橡胶和塑料制品业	Manufacture of Rubber and Plastic	3943	5198
非金属矿物制品业	Manufacture of Non-metallic Mineral Products	128460	76762
黑色金属冶炼及 压延加工业	Smelting and Pressing of Ferrous Metals	181694	18103
有色金属冶炼及 压延加工业	Smelting and Pressing of Non-ferrous Metals	36166	10031
金属制品业	Manufacture of Metal Products	5677	10921
通用设备制造业	Manufacture of General Purpose Machinery	1513	3715
专用设备制造业	Manufacture of Special Purpose Machinery	1063	2526
汽车制造业	Manufacture of Automobile	4979	3897
铁路、船舶、航空 航天和其他运输 设备制造业	Manufacture of Railway, Shipbuilding, Aerospace and Other Transportation Equipment	1539	5220
电气机械和器材 制造业	Manufacture of Electrical Machinery and Equipment	2246	5212
计算机、通信和 其他电子设备 制造业	Manufacture of Computers, Communication, and Other Electronic Equipment	6958	7586
仪器仪表制造业	Manufacture of Measuring Instrument	173	461
其他制造业	Other Manufactures	810	1331
废弃资源综合利用业	Utilization of Waste Resources	456	659
金属制品、机械和 设备修理业	Metal Products, Machinery and Equipment Repair	196	252
电力、热力生产和 供应业	Production and Supply of Electric Power and Heat Power	215094	28261
燃气生产和供应业	Production and Supply of Gas	462	227
水的生产和供应业	Production and Supply of Water		
其他行业	Others	92	140

4-3 续表 2 continued 2

行　业	Sector	工业废气治理设施处理能力（万立方米/时）Capacity of Industrial Waste Gas Treatment Facilities (10 000 cu.m/hour)	工业废气治理设施本年运行费用（万元）Annual Expenditure of Industrial Waste Gas Treatment Facilities (10 000 yuan)
行业总计	**Total**	**1533917**	**17309816**
煤炭开采和洗选业	Mining and Washing of Coal	6540	43968
石油和天然气开采业	Extraction of Petroleum and Natural Gas	661	11427
黑色金属矿采选业	Mining and Processing of Ferrous Metal Ores	2789	19540
有色金属矿采选业	Mining and Processing of Non-ferrous Metal Ores	1151	16799
非金属矿采选业	Mining and Processing of Non-metal Ores	1673	14732
开采辅助活动	Ancillary Activities for Exploitation	63	3783
其他采矿业	Mining of Other Ores	53	919
农副食品加工业	Processing of Food from Agricultural Products	18496	78638
食品制造业	Manufacture of Foods	7335	51739
酒、饮料和精制茶制造业	Manufacture of Wine, Drinks and Refined Tea	6491	43074
烟草制品业	Manufacture of Tobacco	2852	14584
纺织业	Manufacture of Textile	12060	95173
纺织服装、服饰业	Manufacture of Textile Wearing and Apparel	1176	8432
皮革、毛皮、羽毛及其制品和制鞋业	Manufacture of Leather, Fur, Feather and Related Products and Footware	1394	8351
木材加工及木、竹、藤、棕、草制品业	Processing of Timber, Manufacture of Wood, Bamboo,Rattan, Palm, and Straw Products	7819	30891
家具制造业	Manufacture of Furniture	2573	2939
造纸及纸制品业	Manufacture of Paper and Paper Products	17718	172519
印刷和记录媒介复制业	Printing,Reproduction of Recording Media	776	5233
文教、工美、体育和娱乐用品制造业	Manufacture of Articles for Culture, Education and Sport Activity	1055	3511
石油加工、炼焦和核燃料加工业	Processing of Petroleum, Coking, Processing of Nuclear Fuel	32789	749044
化学原料和化学制品制造业	Manufacture of Raw Chemical Materials and Chemical Products	76667	956841

4-3 续表 3 continued 3

行　业	Sector	工业废气治理设施处理能力（万立方米/时）Capacity of Industrial Waste Gas Treatment Facilities (10 000 cu.m/hour)	工业废气治理设施本年运行费用（万元）Annual Expenditure of Industrial Waste Gas Treatment Facilities (10 000 yuan)
医药制造业	Manufacture of Medicines	5580	62148
化学纤维制造业	Manufacture of Chemical Fibers	5574	52370
橡胶和塑料制品业	Manufacture of Rubber and Plastic	10906	67325
非金属矿物制品业	Manufacture of Non-metallic Mineral Products	249074	1431465
黑色金属冶炼及压延加工业	Smelting and Pressing of Ferrous Metals	374407	3670078
有色金属冶炼及压延加工业	Smelting and Pressing of Non-ferrous Metals	68038	1022158
金属制品业	Manufacture of Metal Products	15464	115790
通用设备制造业	Manufacture of General Purpose Machinery	5542	28364
专用设备制造业	Manufacture of Special Purpose Machinery	7450	25036
汽车制造业	Manufacture of Automobile	12791	100508
铁路、船舶、航空航天和其他运输设备制造业	Manufacture of Railway, Shipbuilding, Aerospace and Other Transportation Equipment	8489	34226
电气机械和器材制造业	Manufacture of Electrical Machinery and Equipment	7531	47538
计算机、通信和其他电子设备制造业	Manufacture of Computers, Communication, and Other Electronic Equipment	16295	114951
仪器仪表制造业	Manufacture of Measuring Instrument	632	2650
其他制造业	Other Manufactures	2947	10759
废弃资源综合利用业	Utilization of Waste Resources	1082	7378
金属制品、机械和设备修理业	Metal Products, Machinery and Equipment Repair	875	1751
电力、热力生产和供应业	Production and Supply of Electric Power and Heat Power	535619	8175864
燃气生产和供应业	Production and Supply of Gas	2437	6422
水的生产和供应业	Production and Supply of Water		
其他行业	Others	1054	901

4-3　续表 4　continued 4

单位: 吨 (ton)

行　业	Sector	工业二氧化硫排放量 Industrial Sulphur Dioxide Emission	工业氮氧化物排放量 Industrial Nitrogen Oxides Emission	工业烟(粉)尘排放量 Industrial Soot (Dust) Emission
行业总计	Total	15845169	13162147	12685209
煤炭开采和洗选业	Mining and Washing of Coal	114320	46030	385148
石油和天然气开采业	Extraction of Petroleum and Natural Gas	26963	29455	7946
黑色金属矿采选业	Mining and Processing of Ferrous Metal Ores	24439	6305	94393
有色金属矿采选业	Mining and Processing of Non-ferrous Metal Ores	14648	3728	20392
非金属矿采选业	Mining and Processing of Non-metal Ores	38889	11329	52651
开采辅助活动	Ancillary Activities for Exploitation	4342	3528	1441
其他采矿业	Mining of Other Ores	302	2391	927
农副食品加工业	Processing of Food from Agricultural Products	224049	87992	163058
食品制造业	Manufacture of Foods	146430	54445	64887
酒、饮料和精制茶制造业	Manufacture of Wine, Drinks and Refined Tea	119948	40082	63652
烟草制品业	Manufacture of Tobacco	10323	3724	5847
纺织业	Manufacture of Textile	234670	69718	83457
纺织服装、服饰业	Manufacture of Textile Wearing and Apparel	18287	5505	10462
皮革、毛皮、羽毛及其制品和制鞋业	Manufacture of Leather, Fur, Feather and Related Products and Footware	26029	6133	11242
木材加工及木、竹、藤、棕、草制品业	Processing of Timber, Manufacture of Wood, Bamboo, Rattan, Palm, and Straw Products	47315	16861	127967
家具制造业	Manufacture of Furniture	2947	1032	2697
造纸及纸制品业	Manufacture of Paper and Paper Products	412157	194432	141827
印刷和记录媒介复制业	Printing, Reproduction of Recording Media	5599	1596	3349
文教、工美、体育和娱乐用品制造业	Manufacture of Articles for Culture, Education and Sport Activity	1904	807	1811
石油加工、炼焦和核燃料加工业	Processing of Petroleum, Coking, Processing of Nuclear Fuel	787451	397680	421385
化学原料和化学制品制造业	Manufacture of Raw Chemical Materials and Chemical Products	1343554	591885	658225

4-3 续表 5 continued 5

单位: 吨 (ton)

行 业	Sector	工业二氧化硫排放量 Industrial Sulphur Dioxide Emission	工业氮氧化物排放量 Industrial Nitrogen Oxides Emission	工业烟(粉)尘排放量 Industrial Soot (Dust) Emission
医药制造业	Manufacture of Medicines	106493	32180	48761
化学纤维制造业	Manufacture of Chemical Fibers	77049	50290	32234
橡胶和塑料制品业	Manufacture of Rubber and Plastic	85322	27794	38056
非金属矿物制品业	Manufacture of Non-metallic Mineral Products	2086269	2909964	2644862
黑色金属冶炼及压延加工业	Smelting and Pressing of Ferrous Metals	2150358	1008939	4271819
有色金属冶炼及压延加工业	Smelting and Pressing of Non-ferrous Metals	1229750	327538	384801
金属制品业	Manufacture of Metal Products	117443	25886	70087
通用设备制造业	Manufacture of General Purpose Machinery	19888	8393	25283
专用设备制造业	Manufacture of Special Purpose Machinery	16449	8606	17528
汽车制造业	Manufacture of Automobile	11976	7942	17446
铁路、船舶、航空航天和其他运输设备制造业	Manufacture of Railway, Shipbuilding, Aerospace and Other Transportation Equipment	15549	9050	21577
电气机械和器材制造业	Manufacture of Electrical Machinery and Equipment	10804	4728	6577
计算机、通信和其他电子设备制造业	Manufacture of Computers, Communication, and Other Electronic Equipment	8179	5327	6708
仪器仪表制造业	Manufacture of Measuring Instrument	904	442	650
其他制造业	Other Manufactures	63783	11830	31115
废弃资源综合利用业	Utilization of Waste Resources	5724	1850	6340
金属制品、机械和设备修理业	Metal Products, Machinery and Equipment Repair	882	444	2069
电力、热力生产和供应业	Production and Supply of Electric Power and Heat Power	6211869	7134068	2724160
燃气生产和供应业	Production and Supply of Gas	17417	11387	5224
水的生产和供应业	Production and Supply of Water			
其他行业	Others	4495	833	7150

4-4 主要城市工业废气排放及处理情况(2014年)
Emission and Treatment of Industrial Waste Gas in Major Cities (2014)

单位: 吨 　　　　　　　　　　　　　　　　　　　　　　　　　　　　　　　　　　　　　　　(ton)

城　　市	City	工业废气排放量(万立方米) Industrial Waste Gas Emission (10 000 cu.m)	工业二氧化硫排放量 Industrial Sulphur Dioxide Emission	工业氮氧化物排放量 Industrial Nitrogen Oxides Emission	工业烟(粉)尘排放量 Industrial Soot (Dust) Emission	生活二氧化硫排放量 Household Sulphur Dioxide Emission	生活氮氧化物排放量 Household Nitrogen Oxides Emission	生活烟尘排放量 Household Soot Emission
北　　京	Beijing	35691664	40347	64400	22710	38475	14109	31556
天　　津	Tianjin	87999769	195395	216947	112187	13767	9517	21072
石 家 庄	Shijiazhuang	61451512	156030	159807	104277	15564	5755	7271
太　　原	Taiyuan	50474847	83648	92979	59441	35647	6738	19408
呼和浩特	Hohhot	32384847	91360	98837	67616	9832	5359	16777
沈　　阳	Shenyang	21166401	131344	80459	83226	7251	2564	13115
长　　春	Changchun	18760012	56210	96025	70944	7344	1600	17800
哈 尔 滨	Harbin	28630341	60028	88163	130401	59983	20798	100594
上　　海	Shanghai	130074256	155360	228621	131433	32765	18734	4017
南　　京	Nanjing	81723953	103949	103633	96177	1750	400	1000
杭　　州	Hangzhou	44282996	80349	61627	70346	633	335	135
合　　肥	Hefei	28535144	42364	61923	106284	2790	413	3317
福　　州	Fuzhou	36616640	56385	71392	105713	1279	169	547
南　　昌	Nanchang	14866940	37049	16511	29435	615	59	244
济　　南	Jinan	38733326	67842	64861	90082	29270	3629	13828
郑　　州	Zhengzhou	44356467	90859	115866	46037	13744	1845	16150
武　　汉	Wuhan	58732007	84481	84202	119433	5720	1416	1001
长　　沙	Changsha	6486475	19576	14357	17323	3097	203	2869
广　　州	Guangzhou	37152076	61059	51607	22136	2363	720	214
南　　宁	Nanning	18129150	32077	37286	27563	8748	1068	4631
海　　口	Haikou	643260	1773	172	998	15	19	229
重　　庆	Chongqing	92896041	474805	233690	214774	52129	4310	4106
成　　都	Chengdu	24470757	50754	45249	25574	4814	2071	651
贵　　阳	Guiyang	19334336	70533	28177	29669	36557	1806	2848
昆　　明	Kunming	18230566	61457	44683	26161	4847	586	1711
拉　　萨	Lhasa	1072357	865	2407	2576	727	85	320
西　　安	Xi'an	9012257	62604	31823	21985	29806	11698	15131
兰　　州	Lanzhou	37680364	67616	66026	64214	6385	2831	5569
西　　宁	Xining	41468945	66772	47286	71622	8259	2059	22027
银　　川	Yinchuan	19599677	67563	69085	27473	5637	1248	3316
乌鲁木齐	Urumqi	40683624	71251	92239	77076	7018	1495	5161

4-5 沿海城市工业废气排放及处理情况(2014年)

Emission and Treatment of Industrial Waste Gas in Coastal Cities (2014)

单位: 吨

(ton)

城　市　　City	工业废气排放量(万立方米) Industrial Waste Gas Emission (10 000 cu.m)	工业二氧化硫排放量 Industrial Sulphur Dioxide Emission	工业氮氧化物排放量 Industrial Nitrogen Oxides Emission	工业烟(粉)尘排放量 Industrial Soot (Dust) Emission	生活二氧化硫排放量 Household Sulphur Dioxide Emission	生活氮氧化物排放量 Household Nitrogen Oxides Emission	生活烟尘排放量 Household Soot Emission
天　津　Tianjin	87999769	195395	216947	112187	13767	9517	21072
秦皇岛　Qinhuangdao	38728048	65512	53779	59221	8030	1668	17856
大　连　Dalian	46867832	94370	94648	72465	16366	2403	11666
上　海　Shanghai	130074256	155360	228621	131433	32765	18734	4017
连云港　Lianyungang	24938093	47569	27986	41368	5960	787	2875
宁　波　Ningbo	63655669	118102	162113	30577	1877	480	3000
温　州　Wenzhou	40594412	34125	35629	18390	669	423	467
福　州　Fuzhou	36616640	56385	71392	105713	1279	169	547
厦　门　Xiamen	15124753	16144	9350	4561	181	66	85
青　岛　Qingdao	20848630	64029	58487	32196	27089	2648	9806
烟　台　Yantai	32237770	75464	75945	34691	9837	2059	6651
深　圳　Shenzhen	18475447	5339	14349	2678	238	885	82
珠　海　Zhuhai	16934493	20681	43095	12972		3	
汕　头　Shantou	8717839	26784	19318	8145	86	117	55
湛　江　Zhanjiang	10021771	20377	11979	11247	2611	408	266
北　海　Beihai	6565200	11689	6293	3313	1282	145	408
海　口　Haikou	643260	1773	172	998	15	19	229

五、固体废物

Solid Wastes

5-1 全国工业固体废物产生、排放和综合利用情况(2000-2014年)
Generation, Discharge and Utilization of Industrial Solid Wastes(2000-2014)

年 份 Year	工业固体废物产生量 (万吨) Industrial Solid Wastes Generated (10 000 tons)	工业固体废物排放量 (万吨) Industrial Solid Wastes Discharged (10 000 tons)	工业固体废物综合利用量 (万吨) Industrial Solid Wastes Utilized (10 000 tons)	工业固体废物贮存量 (万吨) Stock of Industrial Solid Wastes (10 000 tons)	工业固体废物处置量 (万吨) Industrial Solid Wastes Disposed (10 000 tons)	工业固体废物综合利用率 (%) Ratio of Industrial Solid Wastes Utilized (%)
2000	81608	3186.2	37451	28921	9152	45.9
2001	88840	2893.8	47290	30183	14491	52.1
2002	94509	2635.2	50061	30040	16618	51.9
2003	100428	1940.9	56040	27667	17751	54.8
2004	120030	1762.0	67796	26012	26635	55.7
2005	134449	1654.7	76993	27876	31259	56.1
2006	151541	1302.1	92601	22399	42883	60.2
2007	175632	1196.7	110311	24119	41350	62.1
2008	190127	781.8	123482	21883	48291	64.3
2009	203943	710.5	138186	20929	47488	67.0
2010	240944	498.2	161772	23918	57264	66.7
2011	326204	433.3	196988	61248	71382	59.8
2012	332509	144.2	204467	60633	71443	60.9
2013	330859	129.3	207616	43445	83671	62.2
2014	329254	59.4	206392	45724	81317	62.1

注：2011年环境保护部对统计制度中的指标体系、调查方法及相关技术规定等进行了修订，故不能与2010年直接比较。

Note: In 2011, indicators of statistical system, method of survey, and related technologies were revised by Ministry of Environmental Protection, so it can not be directly compared with data of 2010.

5-2 各地区固体废物产生和排放情况(2014年)
Generation and Discharge of Solid Wastes by Region (2014)

单位: 万吨
(10 000 tons)

地 区	Region	一般工业固体废物产生量 Common Industrial Solid Wastes Generated	一般工业固体废物综合利用量 Common Industrial Solid Wastes Utilized	一般工业固体废物处置量 Common Industrial Solid Wastes Disposed	一般工业固体废物贮存量 Stock of Common Industrial Solid Wastes	一般工业固体废物倾倒丢弃量 Common Industrial Solid Wastes Discharged
全 国	National Total	325620	204330	80388	45033	59.38
北 京	Beijing	1021	895	126	…	
天 津	Tianjin	1735	1724	11	…	
河 北	Hebei	41928	18228	22927	1512	
山 西	Shanxi	30199	19681	7716	2867	
内蒙古	Inner Mongolia	23191	13260	8272	2256	0.44
辽 宁	Liaoning	28666	10719	9422	8725	5.93
吉 林	Jilin	4944	3478	1116	593	
黑龙江	Heilongjiang	6312	4069	1558	776	3.29
上 海	Shanghai	1925	1877	47	2	0.03
江 苏	Jiangsu	10925	10578	279	183	0.29
浙 江	Zhejiang	4542	4303	205	41	…
安 徽	Anhui	12000	10466	1079	893	
福 建	Fujian	4835	4278	585	51	0.04
江 西	Jiangxi	10821	6121	232	4476	3.15
山 东	Shandong	19199	18380	582	428	…
河 南	Henan	15917	12319	3013	717	0.01
湖 北	Hubei	8006	6139	1701	221	0.46
湖 南	Hunan	6934	4410	1876	707	0.59
广 东	Guangdong	5665	4893	631	150	1.89
广 西	Guangxi	8038	5058	1454	1792	0.37
海 南	Hainan	515	274	34	207	
重 庆	Chongqing	3068	2648	407	72	6.70
四 川	Sichuan	14246	6185	5512	2849	1.12
贵 州	Guizhou	7394	4313	1382	1819	1.46
云 南	Yunnan	14481	7216	4633	2826	6.73
西 藏	Tibet	383	8	34	358	
陕 西	Shaanxi	8682	5464	2136	1093	0.03
甘 肃	Gansu	6141	3086	2044	1014	
青 海	Qinghai	12423	6999	3	5449	0.03
宁 夏	Ningxia	3694	2928	563	329	
新 疆	Xinjiang	7790	4334	807	2628	26.84

资料来源: 环境保护部(以下各表同)。
Source:Ministy of Environmental Protection (the same as in the following tables).

5-2 续表 continued

单位: 万吨　　　（10 000 tons）

地　区	Region	危险废物 产生量 Hazardous Wastes Generated	危险废物 综合利用量 Hazardous Wastes Utilized	危险废物 处置量 Hazardous Wastes Disposed	危险废物 贮存量 Stock of Hazardous Wastes
全　国	**National Total**	**3633.52**	**2061.80**	**929.02**	**690.62**
北　京	Beijing	14.83	8.21	6.61	0.02
天　津	Tianjin	12.11	3.99	8.15	…
河　北	Hebei	38.95	19.52	19.14	0.52
山　西	Shanxi	22.24	17.24	4.76	0.33
内蒙古	Inner Mongolia	112.54	34.71	38.30	40.21
辽　宁	Liaoning	98.08	33.41	49.76	16.41
吉　林	Jilin	104.94	62.10	42.02	0.82
黑龙江	Heilongjiang	31.38	8.50	22.51	0.53
上　海	Shanghai	62.84	26.79	35.73	1.13
江　苏	Jiangsu	243.33	125.25	113.07	7.02
浙　江	Zhejiang	157.92	62.35	89.83	11.39
安　徽	Anhui	78.08	65.08	13.18	0.61
福　建	Fujian	28.23	10.47	14.11	5.00
江　西	Jiangxi	46.91	29.51	17.70	1.62
山　东	Shandong	709.77	639.77	62.77	12.39
河　南	Henan	66.98	39.75	26.76	0.54
湖　北	Hubei	73.41	37.77	29.77	6.20
湖　南	Hunan	260.64	232.54	7.49	22.74
广　东	Guangdong	169.41	85.77	82.80	1.29
广　西	Guangxi	105.71	71.82	27.52	9.24
海　南	Hainan	2.22	0.17	2.08	0.19
重　庆	Chongqing	37.62	21.92	14.99	1.04
四　川	Sichuan	133.39	68.89	66.23	1.42
贵　州	Guizhou	32.95	24.81	5.97	3.07
云　南	Yunnan	240.00	137.08	28.58	79.93
西　藏	Tibet				
陕　西	Shaanxi	63.70	21.21	34.78	10.02
甘　肃	Gansu	35.00	9.81	19.83	6.37
青　海	Qinghai	325.68	146.03	5.00	176.81
宁　夏	Ningxia	5.34	3.08	2.13	0.16
新　疆	Xinjiang	319.33	14.26	37.44	273.60

5-3 各行业固体废物产生和排放情况(2014年)
Generation and Discharge of Solid Wastes by Sector (2014)

单位: 万吨 (10 000 tons)

行 业	Sector	一般工业固体废物产生量 Common Industrial Solid Wastes Generated	一般工业固体废物综合利用量 Common Industrial Solid Wastes Utilized	一般工业固体废物处置量 Common Industrial Solid Wastes Disposed
行业总计	**Total**	**311553.0**	**193488.5**	**78347.7**
煤炭开采和洗选业	Mining and Washing of Coal	37539.6	28326.9	8647.6
石油和天然气开采业	Extraction of Petroleum and Natural Gas	138.4	114.8	22.9
黑色金属矿采选业	Mining and Processing of Ferrous Metal Ores	68173.4	14067.9	40240.5
有色金属矿采选业	Mining and Processing of Non-ferrous Metal Ores	36529.8	12817.8	11054.3
非金属矿采选业	Mining and Processing of Non-metal Ores	2550.8	1581.7	430.3
开采辅助活动	Ancillary Activities for Exploitation	123.2	36.0	87.2
其他采矿业	Mining of Other Ores	74.5	62.8	141.0
农副食品加工业	Processing of Food from Agricultural Products	2148.5	2046.5	102.9
食品制造业	Manufacture of Foods	481.1	454.7	25.0
酒、饮料和精制茶制造业	Manufacture of Wine, Drinks and Refined Tea	901.2	801.8	102.8
烟草制品业	Manufacture of Tobacco	201.1	93.9	58.9
纺织业	Manufacture of Textile	666.2	573.2	92.8
纺织服装、服饰业	Manufacture of Textile Wearing and Apparel	33.2	26.1	6.9
皮革、毛皮、羽毛及其制品和制鞋业	Manufacture of Leather, Fur, Feather and Related Products and Footware	58.5	45.9	12.6
木材加工及木、竹、藤、棕、草制品业	Processing of Timber, Manufacture of Wood, Bamboo,Rattan, Palm, and Straw Products	255.1	250.9	5.3
家具制造业	Manufacture of Furniture	12.4	11.7	0.7
造纸及纸制品业	Manufacture of Paper and Paper Products	2170.3	1812.0	347.2
印刷和记录媒介复制业	Printing,Reproduction of Recording Media	26.9	19.5	7.3
文教、工美、体育和娱乐用品制造业	Manufacture of Articles for Culture, Education and Sport Activity	5.8	4.6	1.3
石油加工、炼焦和核燃料加工业	Processing of Petroleum, Coking, Processing of Nuclear Fuel	3745.3	3022.6	660.0
化学原料和化学制品制造业	Manufacture of Raw Chemical Materials and Chemical Products	28996.8	19132.9	4335.1

5-3 续表 1 continued 1

单位: 万吨 (10 000 tons)

行 业	Sector	一般工业固体废物产生量 Common Industrial Solid Wastes Generated	一般工业固体废物综合利用量 Common Industrial Solid Wastes Utilized	一般工业固体废物处置量 Common Industrial Solid Wastes Disposed
医药制造业	Manufacture of Medicines	324.1	290.8	30.4
化学纤维制造业	Manufacture of Chemical Fibers	379.9	334.8	38.4
橡胶和塑料制品业	Manufacture of Rubber and Plastic	195.9	176.7	19.5
非金属矿物制品业	Manufacture of Non-metallic Mineral Products	6914.5	6689.4	237.1
黑色金属冶炼及压延加工业	Smelting and Pressing of Ferrous Metals	43601.4	39915.5	2654.8
有色金属冶炼及压延加工业	Smelting and Pressing of Non-ferrous Metals	11923.7	5958.8	3932.9
金属制品业	Manufacture of Metal Products	625.0	548.8	67.4
通用设备制造业	Manufacture of General Purpose Machinery	183.0	132.1	50.9
专用设备制造业	Manufacture of Special Purpose Machinery	177.2	150.7	105.7
汽车制造业	Manufacture of Automobile	333.9	280.5	52.1
铁路、船舶、航空航天和其他运输设备制造业	Manufacture of Railway, Shipbuilding, Aerospace and Other Transportation Equipment	227.7	194.8	32.9
电气机械和器材制造业	Manufacture of Electrical Machinery and Equipment	99.7	85.4	13.8
计算机、通信和其他电子设备制造业	Manufacture of Computers, Communication, and Other Electronic Equipment	145.3	69.8	76.0
仪器仪表制造业	Manufacture of Measuring Instrument	6.9	6.1	0.8
其他制造业	Other Manufactures	59.8	53.4	4.8
废弃资源综合利用业	Utilization of Waste Resources	234.6	187.3	44.5
金属制品、机械和设备修理业	Metal Products, Machinery and Equipment Repair	17.2	16.5	1.0
电力、热力生产和供应业	Production and Supply of Electric Power and Heat Power	61220.6	53044.9	4599.5
燃气生产和供应业	Production and Supply of Gas	42.0	39.9	2.1
水的生产和供应业	Production and Supply of Water			
其他行业	Others	8.3	8.0	0.3

5-3 续表 2 continued 2

单位: 万吨

(10 000 tons)

行 业	Sector	一般工业固体废物贮存量 Stock of Common Industrial Solid Wastes	一般工业固体废物倾倒丢弃量 Common Industrial Solid Wastes Discharged
行业总计	**Total**	**43808.32**	**54.51**
煤炭开采和洗选业	Mining and Washing of Coal	1753.58	4.55
石油和天然气开采业	Extraction of Petroleum and Natural Gas	0.82	0.24
黑色金属矿采选业	Mining and Processing of Ferrous Metal Ores	14079.62	2.06
有色金属矿采选业	Mining and Processing of Non-ferrous Metal Ores	13211.95	1.82
非金属矿采选业	Mining and Processing of Non-metal Ores	562.92	0.29
开采辅助活动	Ancillary Activities for Exploitation	...	
其他采矿业	Mining of Other Ores	3.89	
农副食品加工业	Processing of Food from Agricultural Products	1.65	1.49
食品制造业	Manufacture of Foods	0.99	1.14
酒、饮料和精制茶制造业	Manufacture of Wine, Drinks and Refined Tea	0.56	0.06
烟草制品业	Manufacture of Tobacco	60.00	0.20
纺织业	Manufacture of Textile	1.37	0.17
纺织服装、服饰业	Manufacture of Textile Wearing and Apparel	0.09	0.11
皮革、毛皮、羽毛及其制品和制鞋业	Manufacture of Leather, Fur, Feather and Related Products and Footware	0.10	0.05
木材加工及木、竹、藤、棕、草制品业	Processing of Timber, Manufacture of Wood, Bamboo,Rattan, Palm, and Straw Products	0.26	0.31
家具制造业	Manufacture of Furniture	...	...
造纸及纸制品业	Manufacture of Paper and Paper Products	15.53	0.76
印刷和记录媒介复制业	Printing,Reproduction of Recording Media	0.01	...
文教、工美、体育和娱乐用品制造业	Manufacture of Articles for Culture, Education and Sport Activity	0.02	0.01
石油加工、炼焦和核燃料加工业	Processing of Petroleum, Coking, Processing of Nuclear Fuel	98.92	...
化学原料和化学制品制造业	Manufacture of Raw Chemical Materials and Chemical Products	6044.81	0.65

5-3 续表 3 continued 3

单位: 万吨

行　　业	Sector	一般工业固体废物贮存量 Stock of Common Industrial Solid Wastes	一般工业固体废物倾倒丢弃量 Common Industrial Solid Wastes Discharged
医药制造业	Manufacture of Medicines	3.11	0.15
化学纤维制造业	Manufacture of Chemical Fibers	8.04	0.14
橡胶和塑料制品业	Manufacture of Rubber and Plastic	0.15	0.06
非金属矿物制品业	Manufacture of Non-metallic Mineral Products	79.83	5.42
黑色金属冶炼及压延加工业	Smelting and Pressing of Ferrous Metals	1433.15	7.35
有色金属冶炼及压延加工业	Smelting and Pressing of Non-ferrous Metals	2107.16	8.99
金属制品业	Manufacture of Metal Products	30.99	0.21
通用设备制造业	Manufacture of General Purpose Machinery	0.30	0.06
专用设备制造业	Manufacture of Special Purpose Machinery	5.22	0.16
汽车制造业	Manufacture of Automobile	2.95	0.07
铁路、船舶、航空航天和其他运输设备制造业	Manufacture of Railway, Shipbuilding, Aerospace and Other Transportation Equipment	0.26	…
电气机械和器材制造业	Manufacture of Electrical Machinery and Equipment	0.52	0.07
计算机、通信和其他电子设备制造业	Manufacture of Computers, Communication, and Other Electronic Equipment	0.32	0.08
仪器仪表制造业	Manufacture of Measuring Instrument	0.01	
其他制造业	Other Manufactures	1.60	0.02
废弃资源综合利用业	Utilization of Waste Resources	6.96	1.41
金属制品、机械和设备修理业	Metal Products, Machinery and Equipment Repair	0.04	
电力、热力生产和供应业	Production and Supply of Electric Power and Heat Power	4290.61	2.64
燃气生产和供应业	Production and Supply of Gas	…	
水的生产和供应业	Production and Supply of Water		
其他行业	Others		

5-3　续表 4　continued 4

单位: 万吨　　　　　　　　　　　　　　　　　　　　　　　　　　　　　　　　　　　(10 000 tons)

行　业	Sector	危险废物产生量 Hazardous Wastes Generated	危险废物综合利用量 Hazardous Wastes Utilized	危险废物处置量 Hazardous Wastes Disposed	危险废物贮存量 Stock of Hazardous Wastes
行业总计	**Total**	**3633.52**	**2061.80**	**929.02**	**690.62**
煤炭开采和洗选业	Mining and Washing of Coal	0.65	0.14	0.43	0.08
石油和天然气开采业	Extraction of Petroleum and Natural Gas	83.53	12.98	73.89	2.22
黑色金属矿采选业	Mining and Processing of Ferrous Metal Ores	0.22	0.15	0.06	0.01
有色金属矿采选业	Mining and Processing of Non-ferrous Metal Ores	137.35	106.75	1.86	28.94
非金属矿采选业	Mining and Processing of Non-metal Ores	561.58	133.00	0.07	428.55
开采辅助活动	Ancillary Activities for Exploitation	0.78	…	0.78	…
其他采矿业	Mining of Other Ores	0.27	0.27	…	…
农副食品加工业	Processing of Food from Agricultural Products	1.09	0.63	0.44	0.02
食品制造业	Manufacture of Foods	2.08	1.40	0.66	0.02
酒、饮料和精制茶制造业	Manufacture of Wine, Drinks and Refined Tea	1.06	0.02	1.04	0.01
烟草制品业	Manufacture of Tobacco	0.03	0.01	0.02	…
纺织业	Manufacture of Textile	2.31	0.23	1.89	0.33
纺织服装、服饰业	Manufacture of Textile Wearing and Apparel	0.16	0.02	0.13	…
皮革、毛皮、羽毛及其制品和制鞋业	Manufacture of Leather, Fur, Feather and Related Products and Footware	3.10	0.65	1.83	0.72
木材加工及木、竹、藤、棕、草制品业	Processing of Timber, Manufacture of Wood, Bamboo,Rattan, Palm, and Straw Products	0.34	0.11	0.22	…
家具制造业	Manufacture of Furniture	0.28	0.02	0.25	0.02
造纸及纸制品业	Manufacture of Paper and Paper Products	490.92	473.76	17.09	0.13
印刷和记录媒介复制业	Printing,Reproduction of Recording Media	1.09	0.14	0.93	0.03
文教、工美、体育和娱乐用品制造业	Manufacture of Articles for Culture, Education and Sport Activity	0.60	0.02	0.56	0.02
石油加工、炼焦和核燃料加工业	Processing of Petroleum, Coking, Processing of Nuclear Fuel	143.05	86.64	56.66	2.65
化学原料和化学制品制造业	Manufacture of Raw Chemical Materials and Chemical Products	865.05	545.20	296.18	33.77

5-3 续表 5 continued 5

单位：万吨 (10 000 tons)

行　业	Sector	危险废物 产生量 Hazardous Wastes Generated	危险废物 综合利用量 Hazardous Wastes Utilized	危险废物 处置量 Hazardous Wastes Disposed	危险废物 贮存量 Stock of Hazardous Wastes
医药制造业	Manufacture of Medicines	53.54	34.94	17.39	1.86
化学纤维制造业	Manufacture of Chemical Fibers	26.60	21.49	4.92	0.22
橡胶和塑料制品业	Manufacture of Rubber and Plastic	7.68	0.57	6.87	0.34
非金属矿物制品业	Manufacture of Non-metallic Mineral Products	27.72	21.68	5.97	0.25
黑色金属冶炼及压延加工业	Smelting and Pressing of Ferrous Metals	131.90	93.88	35.54	2.86
有色金属冶炼及压延加工业	Smelting and Pressing of Non-ferrous Metals	584.24	341.69	97.05	165.41
金属制品业	Manufacture of Metal Products	86.44	28.63	55.77	3.74
通用设备制造业	Manufacture of General Purpose Machinery	12.64	3.13	9.01	0.60
专用设备制造业	Manufacture of Special Purpose Machinery	4.88	0.51	3.58	0.81
汽车制造业	Manufacture of Automobile	33.49	4.13	29.04	0.46
铁路、船舶、航空航天和其他运输设备制造业	Manufacture of Railway, Shipbuilding, Aerospace and Other Transportation Equipment	8.49	0.61	7.67	0.25
电气机械和器材制造业	Manufacture of Electrical Machinery and Equipment	30.37	12.46	17.97	1.10
计算机、通信和其他电子设备制造业	Manufacture of Computers, Communication, and Other Electronic Equipment	176.35	101.73	74.99	0.74
仪器仪表制造业	Manufacture of Measuring Instrument	1.80	0.32	1.43	0.06
其他制造业	Other Manufactures	2.70	0.24	2.26	0.21
废弃资源综合利用业	Utilization of Waste Resources	24.04	12.79	10.29	2.59
金属制品、机械和设备修理业	Metal Products, Machinery and Equipment Repair	1.47	0.94	0.51	0.07
电力、热力生产和供应业	Production and Supply of Electric Power and Heat Power	123.20	19.71	93.44	11.48
燃气生产和供应业	Production and Supply of Gas	0.40	0.23	0.27	0.04
水的生产和供应业	Production and Supply of Water				
其他行业	Others	0.04		0.04	...

5-4　主要城市固体废物产生和排放情况(2014年)

Generation and Discharge of Solid Wastes in Major Cities (2014)

单位: 万吨 (10 000 tons)

城　　市 City		一般工业固体废物产生量 Common Industrial Solid Wastes Generated	一般工业固体废物综合利用量 Common Industrial Solid Wastes Utilized	一般工业固体废物处置量 Common Industrial Solid Wastes Disposed	一般工业固体废物贮存量 Stock of Common Industrial Solid Wastes	一般工业固体废物倾倒丢弃量 Common Industrial Solid Wastes Discharged
北　京	Beijing	1020.76	894.98	125.92	0.01	
天　津	Tianjin	1734.62	1723.94	10.64	0.05	
石 家 庄	Shijiazhuang	1500.93	1480.33	18.84	57.30	
太　原	Taiyuan	2449.53	1353.83	954.27	143.75	
呼和浩特	Hohhot	1129.90	447.84	625.58	75.06	
沈　阳	Shenyang	813.14	768.47	12.37	32.30	0.01
长　春	Changchun	582.86	582.42	0.44		
哈 尔 滨	Harbin	684.71	671.50	16.76		
上　海	Shanghai	1924.79	1876.86	47.01	1.51	0.03
南　京	Nanjing	1750.68	1608.11	42.95	99.66	0.01
杭　州	Hangzhou	719.86	656.21	61.06	2.82	
合　肥	Hefei	1001.22	931.37	8.13	62.96	
福　州	Fuzhou	782.14	750.62	31.21	0.32	
南　昌	Nanchang	194.69	186.72	8.01	0.02	…
济　南	Jinan	1022.86	1019.40	4.43	0.02	
郑　州	Zhengzhou	1400.13	1027.25	333.14	39.96	
武　汉	Wuhan	1407.06	1285.83	139.79	18.00	0.05
长　沙	Changsha	106.95	91.48	12.20	4.34	…
广　州	Guangzhou	495.88	468.47	24.71	2.71	…
南　宁	Nanning	361.15	346.57	147.36	1.10	
海　口	Haikou	5.22	4.02	1.19		
重　庆	Chongqing	3067.78	2648.22	407.45	72.37	6.70
成　都	Chengdu	452.74	441.13	10.80	0.07	0.90
贵　阳	Guiyang	1097.79	546.14	549.46	11.97	
昆　明	Kunming	2152.03	801.21	1330.82	39.57	
拉　萨	Lhasa	285.88	8.03	9.35	272.37	
西　安	Xi'an	249.37	233.23	14.55	1.61	…
兰　州	Lanzhou	638.58	628.73	7.22	2.67	
西　宁	Xining	542.21	551.66	3.20	14.85	
银　川	Yinchuan	652.46	518.27	75.57	58.61	
乌鲁木齐	Urumqi	962.36	901.31	25.30	35.76	

5-5 沿海城市固体废物产生和排放情况(2014年)

Generation, Discharge of Solid Wastes in Coastal Cities (2014)

单位: 万吨 (10 000 tons)

城　市	City	一般工业固体废物产生量 Common Industrial Solid Wastes Generated	一般工业固体废物综合利用量 Common Industrial Solid Wastes Utilized	一般工业固体废物处置量 Common Industrial Solid Wastes Disposed	一般工业固体废物贮存量 Stock of Common Industrial Solid Wastes	一般工业固体废物倾倒丢弃量 Common Industrial Solid Wastes Discharged
天　津	Tianjin	1734.62	1723.94	10.64	0.05	
秦皇岛	Qinhuangdao	2015.04	1523.99	631.39	194.70	
大　连	Dalian	547.72	458.23	89.50	…	
上　海	Shanghai	1924.79	1876.86	47.01	1.51	0.03
连云港	Lianyungang	616.69	593.21	12.43	27.84	
宁　波	Ningbo	1196.32	1114.20	56.80	26.35	
温　州	Wenzhou	273.74	268.68	4.84	0.23	
福　州	Fuzhou	782.14	750.62	31.21	0.32	
厦　门	Xiamen	103.19	101.08	7.96	2.04	
青　岛	Qingdao	865.57	842.39	28.20	10.11	
烟　台	Yantai	2494.29	2144.22	318.68	31.39	
深　圳	Shenzhen	111.19	65.21	47.40	0.43	
珠　海	Zhuhai	284.63	270.09	14.53		
汕　头	Shantou	143.31	143.11	0.18	0.01	0.01
湛　江	Zhanjiang	219.11	214.95	3.58	1.44	0.08
北　海	Beihai	300.83	300.80	0.02		
海　口	Haikou	5.22	4.02	1.19		

六、自然生态

Natural Ecology

6-1 全国自然生态情况(2000-2014年)
Natural Ecology(2000-2014)

年 份 Year	自然保护 区 数 (个) Number of Nature Reserves (unit)	自然保护区 面 积 (万公顷) Area of Nature Reserves (10 000 hectares)	保护区面积占 辖区面积比重 (%) Percentage of Nature Reserves in the Region (%)	累计除涝 面 积 (万公顷) Area with Flood Prevention Measures (10 000 hectares)	累计水土流失 治理面积 (万公顷) Area of Soil Erosion under Control (10 000 hectares)
2000	1227	9821	9.9		8096.1
2001	1551	12989	12.9		8153.9
2002	1757	13295	13.2		8541.0
2003	1999	14398	14.4	2113.9	8971.4
2004	2194	14823	14.8	2119.8	9200.5
2005	2349	14995	15.0	2134.0	9465.5
2006	2395	15154	15.2	2137.6	9749.1
2007	2531	15188	15.2	2141.9	9987.1
2008	2538	14894	14.9	2142.5	10158.7
2009	2541	14775	14.7	2158.4	10454.5
2010	2588	14944	14.9	2169.2	10680.0
2011	2640	14971	14.9	2172.2	10966.4
2012	2669	14979	14.9	2185.7	10295.3
2013	2697	14631	14.8	2194.3	10689.2
2014	2729	14699		2236.9	11160.9

6-2 各地区自然保护基本情况(2014年)
Basic Situation of Natural Protection by Region (2014)

地 区 Region	自然保护区数(个) Number of Nature Reserves (unit)	#国家级 National Level	#省级 Provincial Level	自然保护区面积(万公顷) Area of Nature Reserves (10000 hectares)	#国家级 National Level	#省级 Provincial Level
全 国 National Total	2729	428	858	14699.2	9651.6	3778.2
北 京 Beijing	20	2	12	13.4	2.6	7.1
天 津 Tianjin	8	3	5	9.1	3.8	5.3
河 北 Hebei	44	13	25	70.5	25.3	41.9
山 西 Shanxi	46	7	39	110.3	11.7	98.5
内蒙古 Inner Mongolia	182	29	60	1264.3	428.4	603.2
辽 宁 Liaoning	104	17	30	274.3	97.5	85.6
吉 林 Jilin	48	20	20	245.2	110.7	132.4
黑龙江 Heilongjiang	250	36	85	747.4	303.1	258.8
上 海 Shanghai	4	2	2	13.6	6.6	7.0
江 苏 Jiangsu	30	3	10	53.0	29.9	8.5
浙 江 Zhejiang	33	10	10	19.9	14.7	1.8
安 徽 Anhui	104	7	29	45.5	13.9	21.8
福 建 Fujian	90	16	21	43.3	24.0	8.4
江 西 Jiangxi	202	14	37	129.0	23.1	37.9
山 东 Shandong	88	7	38	111.9	22.0	55.2
河 南 Henan	33	12	19	74.1	43.7	30.2
湖 北 Hubei	70	18	21	101.7	42.8	32.8
湖 南 Hunan	128	23	28	131.0	63.6	37.7
广 东 Guangdong	390	15	63	185.4	32.6	52.8
广 西 Guangxi	77	22	45	142.1	38.9	81.5
海 南 Hainan	49	10	22	270.5	15.7	253.4
重 庆 Chongqing	57	6	18	83.8	27.5	23.4
四 川 Sichuan	168	30	64	829.8	293.6	276.9
贵 州 Guizhou	124	8	7	89.0	24.4	10.6
云 南 Yunnan	157	20	38	283.2	150.3	67.1
西 藏 Tibet	47	9	14	4136.9	3715.3	420.9
陕 西 Shaanxi	60	22	31	113.1	60.0	47.2
甘 肃 Gansu	60	20	36	916.8	687.7	217.6
青 海 Qinghai	11	7	4	2166.5	2073.4	93.1
宁 夏 Ningxia	14	9	5	53.3	46.0	7.4
新 疆 Xinjiang	31	11	20	1971.2	1218.9	752.3

资料来源：环境保护部。
Source:Ministry of Environmental Protection.

6-3 海洋类型自然保护区建设情况(2013年)
Construction of Nature Reserves by Sea Type (2013)

海 域 Sea Area	保护区数量(个) Number of Nature Reserves (unit)							保护区面积(平方公里)
	合 计	按保护级别分 by Level		按保护类型分 by Type				(平方公里)
		国家级	地方级	海洋海岸生态系统	海洋自然遗迹	海洋生物多样性	其他	Area of Nature Reserves (sq.km)
	Total	National Level	Local Level	Biogeocenose of Coast	Natural Relic	Biology Variety	Others	
总 计 Total	133	30	103	48	7	71	7	48503
天 津 Tianjin	1	1		1				359
河 北 Hebei	3	1	2	1	1	1		339
辽 宁 Liaoning	15	5	10	10	2	3		9860
上 海 Shanghai	4	2	2	1			3	941
江 苏 Jiangsu	4	1	3			4		724
浙 江 Zhejiang	4	2	2	1	2		1	721
福 建 Fujian	12	3	9	5	2	5		1089
山 东 Shandong	18	4	14	7		11		5543
广 东 Guangdong	50	5	45	20		28	2	3820
广 西 Guangxi	2	2		2				110
海 南 Hainan	20	4	16			19	1	24997

资料来源：国家海洋局。
Source: State Oceanic Administration.

6-4 各地区草原建设利用情况(2014年)
Construction & Utilization of Grassland by Region (2014)

单位: 千公顷　　　　　　　　　　　　　　　　　　　　　　　　　　　　　　(1 000 hectares)

地　区	Region	草原 总面积 Area of Grassland	可利用 草原面积 Grassland Available	累计种草 保留面积 Accumulated Grassland Reserved	当年新增 种草面积 Newly Increased Grassland of the Year
全　国	**National Total**	**392832.7**	**330995.4**	**22004.7**	**7192.3**
北　京	Beijing	394.8	336.3	2.7	2.7
天　津	Tianjin	146.6	135.4	9.3	8.7
河　北	Hebei	4712.1	4085.3	636.0	115.3
山　西	Shanxi	4552.0	4552.0	405.3	162.7
内蒙古	Inner Mongolia	78804.5	63591.1	4856.7	2216.7
辽　宁	Liaoning	3388.8	3239.3	801.3	362.7
吉　林	Jilin	5842.2	4379.0	621.3	253.3
黑龙江	Heilongjiang	7531.8	6081.7	526.0	190.7
上　海	Shanghai	73.3	37.3		
江　苏	Jiangsu	412.7	325.7	26.0	20.7
浙　江	Zhejiang	3169.9	2075.2		
安　徽	Anhui	1663.2	1485.2	114.7	85.3
福　建	Fujian	2048.0	1957.1	13.3	6.0
江　西	Jiangxi	4442.3	3847.6	222.0	115.3
山　东	Shandong	1638.0	1329.2	182.0	88.7
河　南	Henan	4433.8	4043.3	141.3	74.0
湖　北	Hubei	6352.2	5071.5	226.7	98.0
湖　南	Hunan	6372.7	5666.3	235.3	45.3
广　东	Guangdong	3266.2	2677.2	48.0	36.7
广　西	Guangxi	8698.3	6500.3	95.3	25.3
海　南	Hainan	949.8	843.3	18.0	0.3
重　庆	Chongqing	2158.4	1867.2	93.3	46.7
四　川	Sichuan	20380.4	17753.1	2569.3	846.0
贵　州	Guizhou	4287.3	3759.7	569.3	97.3
云　南	Yunnan	15308.4	11925.6	1110.0	314.0
西　藏	Tibet	82051.9	70846.8	62.7	15.3
陕　西	Shaanxi	5206.2	4349.2	1013.3	160.7
甘　肃	Gansu	17904.2	16071.6	2993.3	660.7
青　海	Qinghai	36369.7	31530.7	1555.3	166.7
宁　夏	Ningxia	3014.1	2625.6	773.3	181.3
新　疆	Xinjiang	57258.8	48006.8	2083.3	795.3

资料来源: 农业部。
Source: Ministry of Agriculture.

6-5　各地区地质公园建设情况(2014年)
Construction of Geoparks by Region (2014)

地 区　Region	地质公园（个）Geopark (unit)	#国家级 National Level	地质公园积（公顷）Area of Geopark (hectare)	#国家级 National Level	地质构造、剖面和形迹 Geological Structure, Section or Traces	古生物化石 Fossil	地质地貌景观 Geological-geomor Phological Landscape	建设投资（万元）Investment in Construction (10 000 yuan)	#本年投资 Investment in Current Year
全　国　National Total	468	184	11648785	6904772	53	38	377	5250218	478853
北　京　Beijing	6	5	202842	200042	1	1	4	196843	12445
天　津　Tianjin	1	1	34200	34200	1			8838	1000
河　北　Hebei	17	9	150585	89303	5	1	11	140136	16780
山　西　Shanxi	16	7	202704	122094	3	1	12	250336	13085
内蒙古　Inner Mongolia	19	7	479389	363991		6	13	35878	6066
辽　宁　Liaoning	8	4	317415	291241	1	2	5	56885	
吉　林　Jilin	8	3	332210	150528		1	7	23578	8784
黑龙江　Heilongjiang	30	6	1476258	531682	2	1	27	116731	9212
上　海　Shanghai	1		14500				1	5410	230
江　苏　Jiangsu	9	2	15385	438	1	2	6	81194	5054
浙　江　Zhejiang	11	4	84141	44316	1	1	9	60063	10058
安　徽　Anhui	15	10	189144	154177	2		13	139011	32801
福　建　Fujian	16	11	259275	163165	2		14	202233	26954
江　西　Jiangxi	10	4	302087	203613			10	237783	7281
山　东　Shandong	63	8	332430	197872	3	3	57	231160	21744
河　南　Henan	25	13	550933	429245	11	1	13	144721	375
湖　北　Hubei	27	6	549185	140856	2	1	24	75883	11566
湖　南　Hunan	27	8	333131	159956			27	31000	3955
广　东　Guangdong	14	8	155678	124829		1	13	261605	15998
广　西　Guangxi	18	7	1262466	129529	1		17	46839	14726
海　南　Hainan	5	1	27274	10800			5	12218	1500
重　庆　Chongqing	7	6	1402708	1383558		1	6	243316	38064
四　川　Sichuan	25	13	405019	336409	6	3	16	340884	9408
贵　州　Guizhou	12	9	221126	178295	2	3	7	97750	3763
云　南　Yunnan	11	8	328147	305465	1	3	7	1397713	41765
西　藏　Tibet	5	2	540886	462480	3		2	7964	
陕　西　Shaanxi	12	5	183137	122665	3		9	492388	37882
甘　肃　Gansu	28	6	632045	111141		4	24	182540	119354
青　海　Qinghai	7	5	334580	221300			7	7068	
宁　夏　Ningxia	4	1	38201	12960	2	1	1	28156	
新　疆　Xinjiang	11	5	291704	228622		1	10	94095	9004

资料来源：国土资源部(下表同)。
Source:Ministry of Land and Resources (the same as in the following table).

6-6 各地区矿山环境保护情况(2014年)
Protection of Mine Environment by Region (2014)

地 区　Region	矿业开采累计占用损坏土地（公顷）Land Occupied or Destructed by Mining (hectare)	矿山环境恢复治理 Rehabilitation and Inprovement of Mine Environment			
		投入资金（万元）Investment (10 000 yuan)	#中央财政 Central Finance	#地方财政 Local Finance	本年恢复面积（公顷）Area of Rehabilitation in Current Year (hectare)
全　国　National Total	2618159	1308151	172871	396841	40778
北　京　Beijing	21950	10486	6921	2000	699
天　津　Tianjin	1646	2000		2000	120
河　北　Hebei	73150	140769	28746	23942	1991
山　西　Shanxi	130721	27284		1820	2732
内蒙古　Inner Mongolia	219208	278978	9524	13442	13620
辽　宁　Liaoning	130596	60872	15810	45062	865
吉　林　Jilin	22955	11819	7562	2744	387
黑龙江　Heilongjiang	926439	16065	4620	11445	241
上　海　Shanghai	31				
江　苏　Jiangsu	24519	60536		38241	1201
浙　江　Zhejiang	14100	49020		42324	542
安　徽　Anhui	84893	45039		36296	1161
福　建　Fujian	7683	22268		6642	1186
江　西　Jiangxi	70547	10356	6377	1701	1782
山　东　Shandong	51971	123890	8336	65586	2120
河　南　Henan	72717	29739	11850	11474	1551
湖　北　Hubei	32208	72288	35100	25217	923
湖　南　Hunan	28933	83967	11054	24815	1795
广　东　Guangdong	15738	14468		6673	650
广　西　Guangxi	63575	5013	4235	600	966
海　南　Hainan	8763	5627		711	750
重　庆　Chongqing	122609	1650		750	63
四　川　Sichuan	12964	22654	1881	11097	1032
贵　州　Guizhou	15283	65843		1056	513
云　南　Yunnan	46806	105114	12500	9033	814
西　藏　Tibet	11924				
陕　西　Shaanxi	59377	396			103
甘　肃　Gansu	25609	15777		9170	573
青　海　Qinghai	244009	2947	2947		
宁　夏　Ningxia	27158	5408	5408		885
新　疆　Xinjiang	50077	17878		3000	1512

6-7　各流域除涝和水土流失治理情况(2014年)

Flood Prevention & Soil Erosion under Control by River Valley (2014)

单位: 千公顷

流域片	River Valley	累计除涝面积 Area with Flood Prevention Measures	本年新增除涝面积 Increase Area with Flood Prevention	累计水土流失治理面积 Area of Soil Erosion under Control	#小流域治理面积 Small Drainage Area	本年新增水土流失治理面积 Increase Area of Soil Erosion under Control
全　国	**National Total**	**22369.3**	**456.0**	**111609.3**	**35812.7**	**5496.9**
松花江区	Songhuajiang River	4412.7	1.5	7383.7	1618.9	380.5
辽河区	Liaohe River	1140.6	1.6	8020.4	3091.1	358.2
海河区	Haihe River	3453.8	43.8	9019.5	4287.4	505.4
黄河区	Huanghe River	595.3	6.8	21935.5	6097.5	1324.5
淮河区	Huaihe River	7038.9	183.7	5435.6	2286.0	262.5
长江区	Changjiang River	4325.3	201.1	38441.7	14473.2	1751.3
东南诸河区	Southeastern Rivers	397.5	9.6	6361.1	1370.7	231.2
珠江区	Zhujiang River	861.7	4.1	6391.1	1255.1	386.2
西南诸河区	Southwestern Rivers	122.3	3.8	4322.4	653.0	139.4
西北诸河区	Northwestern Rivers	21.3		4298.4	679.7	157.7

资料来源: 水利部(以下各表同)。

Source: Ministry of Water Resource (the same as in the following tables).

6-8 各地区除涝和水土流失治理情况(2014年)

Flood Prevention & Soil Erosion under Control by Region (2014)

单位: 千公顷 (1 000 hectares)

地 区 Region	累计除涝面积 Area with Flood Prevention Measures	本年新增除涝面积 Increase Area with Flood Prevention	累计水土流失治理面积 Area of Soil Erosion under Control	#小流域治理面积 Smasll Drainage Area	本年新增水土流失治理面积 Increase Area of Soil Erosion under Control	水土保持及生态项目本年完成投资(万元) Investment of Soil and Water Conservation & Ecological Projects (10000 yuan)
全 国 National Total	22369.3	456.0	111609.3	35812.7	5496.9	1412977.7
北 京 Beijing	149.8		670.8	670.8	40.0	6629.2
天 津 Tianjin	369.3		94.9	48.5	6.4	2327.0
河 北 Hebei	1639.3	0.7	4826.5	2673.3	248.7	44261.5
山 西 Shanxi	89.1		5668.0	546.5	335.7	62311.9
内蒙古 Inner Mongolia	277.0		12210.8	3036.8	500.3	38868.0
辽 宁 Liaoning	911.0	1.6	4733.5	2128.7	217.3	26250.2
吉 林 Jilin	1026.5		1670.2	176.6	123.3	19159.0
黑龙江 Heilongjiang	3382.1	1.5	3708.3	1115.2	185.1	6668.0
上 海 Shanghai	58.8	0.4				22681.6
江 苏 Jiangsu	2962.0	114.1	899.7	288.5	62.7	131701.3
浙 江 Zhejiang	523.5	16.3	3644.5	689.6	70.8	348302.2
安 徽 Anhui	2315.8	28.1	1702.0	669.7	47.5	24701.0
福 建 Fujian	147.1	4.3	3388.3	724.8	170.0	26520.5
江 西 Jiangxi	392.8	7.4	5351.6	1045.4	222.8	27622.4
山 东 Shandong	2946.5	53.9	3612.5	1358.0	184.0	36359.6
河 南 Henan	2031.7	96.7	3441.7	1983.7	230.6	26009.4
湖 北 Hubei	1286.9	78.1	5414.4	1770.4	225.0	48655.5
湖 南 Hunan	424.0	7.1	3109.0	903.1	110.0	31421.0
广 东 Guangdong	526.1		1384.9	100.3	70.4	99538.8
广 西 Guangxi	231.4	0.5	1931.8	357.2	196.1	27088.2
海 南 Hainan	12.8	0.2	58.8	24.5	1.8	4872.0
重 庆 Chongqing			2908.7	1112.4	162.0	48349.0
四 川 Sichuan	100.7	0.6	8159.2	4209.1	302.1	29453.7
贵 州 Guizhou	89.5	37.0	6021.3	2667.5	228.2	27384.3
云 南 Yunnan	264.6	5.0	7734.5	1821.2	341.3	64604.9
西 藏 Tibet	22.0	…	779.8	52.2	2.7	3493.0
陕 西 Shaanxi	132.5	1.6	7039.1	2581.5	665.2	106912.1
甘 肃 Gansu	11.1		7567.1	1958.6	290.7	33002.7
青 海 Qinghai			863.3	345.2	71.8	15878.7
宁 夏 Ningxia	24.0	1.0	1959.8	566.8	123.1	15212.0
新 疆 Xinjiang	21.3		873.1	186.7	61.2	6739.3

6-9 各地区湿地情况
Area of Wetland by Region

地 区 Region	湿地面积 (千公顷) Area of Wetland (1 000 hectares)	自然湿地 Natural Wetland	近海与海岸 Coast & Seashores	河 流 Rivers	湖 泊 Lakes	沼 泽 Marshland	人工湿地 Artifical Wetland	湿地总面积占国土面积比重(%) Proportion of Wetland in Total Area of Territory (%)
全 国 National Total	53602.6	46674.7	5795.9	10552.1	8593.8	21732.9	6745.9	5.56
北 京 Beijing	48.1	24.2		22.7	0.2	1.3	23.9	2.86
天 津 Tianjin	295.6	151.1	104.3	32.3	3.6	10.9	144.5	23.94
河 北 Hebei	941.9	694.6	231.9	212.5	26.6	223.6	247.3	5.04
山 西 Shanxi	151.9	108.1		96.9	3.1	8.1	43.8	0.97
内蒙古 Inner Mongolia	6010.6	5878.8		463.7	566.2	4848.9	131.8	5.08
辽 宁 Liaoning	1394.8	1077.7	713.2	251.5	2.9	110.1	317.1	9.42
吉 林 Jilin	997.6	862.9		223.5	112.0	527.4	134.7	5.32
黑龙江 Heilongjiang	5143.3	4953.8		733.5	356.0	3864.3	189.5	11.31
上 海 Shanghai	464.6	409.0	386.6	7.3	5.8	9.3	55.6	73.27
江 苏 Jiangsu	2822.8	1948.8	1087.5	296.6	536.7	28.0	874.0	27.51
浙 江 Zhejiang	1110.1	843.3	692.5	141.2	8.9	0.7	266.8	10.91
安 徽 Anhui	1041.8	713.6		309.6	361.1	42.9	328.2	7.46
福 建 Fujian	871.0	711.2	575.6	135.1	0.3	0.2	159.8	7.18
江 西 Jiangxi	910.1	710.7		310.8	374.1	25.8	199.4	5.45
山 东 Shandong	1737.5	1103.0	728.5	257.8	62.6	54.1	634.5	11.07
河 南 Henan	627.9	380.7		368.9	6.9	4.9	247.2	3.76
湖 北 Hubei	1445.0	764.2		450.4	276.9	36.9	680.8	7.77
湖 南 Hunan	1019.7	813.5		398.4	385.8	29.3	206.2	4.81
广 东 Guangdong	1753.4	1158.1	815.1	337.9	1.5	3.6	595.3	9.76
广 西 Guangxi	754.3	536.6	259.0	268.9	6.3	2.4	217.7	3.20
海 南 Hainan	320.0	242.0	201.7	39.7	0.6		78.0	9.14
重 庆 Chongqing	207.2	87.7		87.3	0.3	0.1	119.5	2.51
四 川 Sichuan	1747.8	1665.6		452.3	37.4	1175.9	82.2	3.61
贵 州 Guizhou	209.7	151.6		138.1	2.5	11.0	58.1	1.19
云 南 Yunnan	563.5	392.5		241.8	118.5	32.2	171.0	1.43
西 藏 Tibet	6529.0	6524.0		1434.5	3035.2	2054.3	5.0	5.35
陕 西 Shaanxi	308.5	276.2		257.6	7.6	11.0	32.3	1.50
甘 肃 Gansu	1693.9	1642.4		381.7	15.9	1244.8	51.5	3.73
青 海 Qinghai	8143.6	8001.0		885.3	1470.3	5645.4	142.6	11.27
宁 夏 Ningxia	207.2	169.5		97.9	33.5	38.1	37.7	4.00
新 疆 Xinjiang	3948.2	3678.3		1216.4	774.5	1687.4	269.9	2.38

注: 本表为第二次全国湿地资源调查(2009-2013)资料，全国总计数包括台湾省和香港、澳门特别行政区数据；湿地面积不包括水稻田湿地。

Note: Data in the table are figures of the Second National Wetland Resources Survey (2009-2013), data of national total include forest resources in Taiwan Province and Hong Kong SAR and Macao SAR. Area of wetland excludes the wetland of paddyfields.

6-10 各地区沙化土地情况
Sandy Land by Region

单位：万公顷

(10 000 hectares)

地 区　Region	沙化土地面积 Area of Sandy Land	流动沙丘(地) Mobile Sand	半固定沙丘(地) Semi-fixed Sand	固定沙丘(地) Fixed Sand	露沙地 Bare Sand
全 国　National Total	17310.77	4061.34	1771.57	2779.25	997.62
北 京　Beijing	5.24			5.24	
天 津　Tianjin	1.54			0.73	
河 北　Hebei	212.53		1.43	99.63	
山 西　Shanxi	61.78		3.23	48.87	0.38
内蒙古　Inner Mongolia	4146.83	847.99	585.11	1224.15	587.49
辽 宁　Liaoning	54.95	0.11	0.99	38.09	0.11
吉 林　Jilin	70.80		1.48	34.52	
黑龙江　Heilongjiang	49.57		0.78	41.42	
上 海　Shanghai					
江 苏　Jiangsu	58.44			8.06	
浙 江　Zhejiang	0.01			0.01	
安 徽　Anhui	12.05			5.05	
福 建　Fujian	4.15	0.11	0.05	1.48	
江 西　Jiangxi	7.25	0.06	0.28	2.76	
山 东　Shandong	76.76	0.08	0.90	24.35	
河 南　Henan	62.86	0.06	0.90	12.62	
湖 北　Hubei	18.99	0.12	0.13	7.00	0.01
湖 南　Hunan	5.88	0.02	0.09	5.42	
广 东　Guangdong	10.03	0.34	0.11	4.29	
广 西　Guangxi	19.49	0.07	0.03	4.40	
海 南　Hainan	5.99			4.87	
重 庆　Chongqing	0.25	0.01	…	0.02	
四 川　Sichuan	91.38	1.06	3.76	19.45	61.64
贵 州　Guizhou	0.62	0.10	0.03	0.14	
云 南　Yunnan	4.42	0.34	0.11	1.45	0.11
西 藏　Tibet	2161.86	39.03	101.24	39.13	144.78
陕 西　Shaanxi	141.32	2.83	12.87	122.16	
甘 肃　Gansu	1192.24	189.48	120.67	175.18	3.81
青 海　Qinghai	1250.35	120.11	115.62	118.07	199.28
宁 夏　Ningxia	116.23	10.78	11.44	74.03	
新 疆　Xinjiang	7466.97	2848.64	810.33	656.68	

注：本表为第四次全国荒漠化和沙化监测(2009年)资料。
Note:Data in the table are the figures of the Fourth National Desertification and Sandy Land Monitoring (2009).

6-10　续表　continued

单位：万公顷　　　(10 000 hectares)

地　区	Region	沙化耕地 Arable Land Desertificated	非生物工程 Non-biological Engineering	风蚀残丘 Mound of Wind Erosion	风蚀劣地 Badlands of Wind Erosion	戈壁 Gobi
全　国	**National Total**	**445.94**	**0.66**	**88.98**	**557.26**	**6608.15**
北　京	Beijing					
天　津	Tianjin	0.80				
河　北	Hebei	111.48				
山　西	Shanxi	9.29				
内蒙古	Inner Mongolia	19.61		0.43	174.37	707.69
辽　宁	Liaoning	15.66				
吉　林	Jilin	34.80				
黑龙江	Heilongjiang	7.37				
上　海	Shanghai					
江　苏	Jiangsu	50.38				
浙　江	Zhejiang					
安　徽	Anhui	7.00				
福　建	Fujian	2.50				
江　西	Jiangxi	4.15				
山　东	Shandong	51.43				
河　南	Henan	49.28				
湖　北	Hubei	11.70	0.03			
湖　南	Hunan	0.36				
广　东	Guangdong	5.29	0.01			
广　西	Guangxi	14.98				
海　南	Hainan	1.12				
重　庆	Chongqing	0.22				
四　川	Sichuan	5.42	0.04			
贵　州	Guizhou	0.35				
云　南	Yunnan	2.41	…			
西　藏	Tibet	2.07	0.07			1835.54
陕　西	Shaanxi	3.46				
甘　肃	Gansu	6.18	0.17	1.63	15.81	679.31
青　海	Qinghai		0.09	73.23	312.10	311.86
宁　夏	Ningxia	10.10		0.09		9.80
新　疆	Xinjiang	18.53	0.24	13.61	54.98	3063.95

七、土地利用

Land Use

7-1 全国土地利用情况(2000-2014年)
Land Use (2000-2014)

单位: 万公顷   (10 000 hectares)

年 份 Year	农用地 Land for Agriculture Use	#耕地 Cultivated Land	#园地 Garden Land	#林地 Woodland	#草地 Grass Land
2000	65336.2	12824.3	1057.6	22878.9	26376.9
2001	65331.6	12761.6	1064.0	22919.1	26384.6
2002	65660.7	12593.0	1079.0	23072.0	26352.2
2003	65706.1	12339.2	1108.2	23396.8	26311.2
2004	65701.9	12244.4	1128.8	23504.7	26270.7
2005	65704.7	12208.3	1154.9	23574.1	26214.4
2006	65718.8	12177.6	1181.8	23612.1	26193.2
2007	65702.1	12173.5	1181.3	23611.7	26186.5
2008	65687.6	12171.6	1179.1	23609.2	26183.5
2009	64777.5	13538.5	1481.2	25395.0	21972.1
2010	64728.0	13526.8	1470.3	25376.6	21967.2
2011	64686.5	13523.9	1460.3	25356.0	21961.5
2012	64646.6	13515.8	1453.3	25339.7	21956.5
2013	64616.8	13516.3	1445.5	25325.4	21951.4
2014	64574.1	13505.7	1437.8	25307.1	21946.6

7-1 续表 continued

单位: 万公顷   (10 000 hectares)

年 份 Year	建设用地 Land for Construction	城镇村及工矿用地 Land for Urban Village, Mining and Manufacturing Sites	交通运输用地 Land for Transport Facilities	水域及水利设施用地 Land for Water Area and Water Conservancy Facilities
2000	3620.6	2470.9	576.1	573.6
2001	3641.3	2487.6	580.8	573.0
2002	3072.4	2509.5	207.7	355.2
2003	3106.5	2535.4	214.5	356.5
2004	3155.1	2572.8	223.3	359.0
2005	3192.2	2601.5	230.9	359.9
2006	3236.5	2635.4	239.5	361.5
2007	3272.0	2664.7	244.4	362.9
2008	3305.8	2691.6	249.6	364.5
2009	3500.0	2873.9	282.3	343.7
2010	3567.9	2924.4	298.2	345.3
2011	3631.8	2972.6	310.7	348.4
2012	3690.7	3019.9	321.0	349.8
2013	3745.6	3060.7	334.5	350.4
2014	3811.4	3105.7	349.8	356.0

7-2　各地区土地利用情况(2014年)

Land Use by Region (2014)

单位: 万公顷 　　　　　　　　　　　　　　　　　　　　　　　　　　　　　　(10 000 hectares)

地　区　Region	农用地 Land for Agriculture Use	#耕　地 Cultivated Land	#园　地 Garden Land	#林　地 Woodland	#草地 Grass Land
全　国　**National Total**	**64574.11**	**13505.73**	**1437.82**	**25307.13**	**21946.60**
北　京　Beijing	114.93	21.99	13.51	73.75	0.02
天　津　Tianjin	69.82	43.72	3.02	5.51	
河　北　Hebei	1310.40	653.55	84.07	460.63	40.18
山　西　Shanxi	1002.84	405.68	40.76	485.87	3.39
内蒙古　Inner Mongolia	8290.72	923.07	5.68	2323.97	4956.52
辽　宁　Liaoning	1154.27	498.17	46.94	561.87	0.32
吉　林　Jilin	1660.91	700.14	6.59	885.60	23.75
黑龙江　Heilongjiang	3992.99	1586.00	4.48	2182.49	109.69
上　海　Shanghai	31.52	18.82	1.68	4.72	
江　苏　Jiangsu	651.08	457.42	30.35	25.81	0.01
浙　江　Zhejiang	862.43	197.66	59.08	565.33	0.03
安　徽　Anhui	1116.29	587.21	35.18	375.47	0.05
福　建　Fujian	1089.22	133.64	77.73	834.08	0.03
江　西　Jiangxi	1445.41	308.54	32.80	1034.59	0.07
山　东　Shandong	1154.81	762.06	72.42	149.48	0.58
河　南　Henan	1269.80	811.79	22.19	347.64	0.03
湖　北　Hubei	1578.28	526.17	48.51	860.77	0.20
湖　南　Hunan	1820.71	414.90	66.85	1222.42	1.36
广　东　Guangdong	1500.10	262.33	127.79	1004.17	0.31
广　西　Guangxi	1957.25	441.03	108.67	1331.42	0.52
海　南　Hainan	297.70	72.57	92.58	120.02	1.56
重　庆　Chongqing	709.00	245.46	26.99	378.06	4.55
四　川　Sichuan	4220.16	673.42	73.48	2216.22	1095.94
贵　州　Guizhou	1476.84	454.01	16.59	894.49	7.27
云　南　Yunnan	3295.06	620.74	163.59	2302.59	14.74
西　藏　Tibet	8724.31	44.25	0.16	1602.74	7069.53
陕　西　Shaanxi	1861.82	399.48	82.17	1119.73	217.96
甘　肃　Gansu	1855.32	537.79	25.79	610.05	592.17
青　海　Qinghai	4510.63	58.57	0.61	354.24	4081.59
宁　夏　Ningxia	381.09	128.59	5.10	76.86	149.77
新　疆　Xinjiang	5168.40	516.95	62.50	896.53	3574.46

资料来源: 国土资源部(以下各表同)。

Source:Ministry of Land and Resources (the same as in the following tables).

7-2 续表 continued

单位: 万公顷 (10 000 hectares)

地 区　　Region	建设用地 Land for Construction	城镇村及 工矿用地 Land for Urban Village, Mining and Manufacturing Sites	交通运 输用地 Land for Transport Facilities	水域及水利 设施用地 Land for Water Area and Water Conservancy Facilities
全 国　　National Total	3811.42	3105.66	349.78	355.98
北 京　　Beijing	35.55	30.29	3.20	2.05
天 津　　Tianjin	40.93	32.76	2.84	5.33
河 北　　Hebei	215.56	186.67	18.23	10.66
山 西　　Shanxi	101.85	87.95	10.19	3.72
内蒙古　　Inner Mongolia	160.23	132.63	20.80	6.80
辽 宁　　Liaoning	161.21	132.33	15.08	13.80
吉 林　　Jilin	108.37	85.70	9.11	13.56
黑龙江　　Heilongjiang	161.16	121.73	15.24	24.19
上 海　　Shanghai	30.51	27.27	2.96	0.27
江 苏　　Jiangsu	225.00	187.04	21.38	16.59
浙 江　　Zhejiang	126.61	98.68	13.98	13.96
安 徽　　Anhui	196.89	162.84	13.36	20.69
福 建　　Fujian	80.47	61.94	11.39	7.14
江 西　　Jiangxi	124.94	94.46	10.25	20.23
山 东　　Shandong	279.22	235.30	20.85	23.06
河 南　　Henan	255.70	219.30	17.75	18.65
湖 北　　Hubei	167.56	128.88	11.69	26.99
湖 南　　Hunan	160.41	131.49	13.67	15.24
广 东　　Guangdong	196.95	160.23	17.33	19.38
广 西　　Guangxi	120.02	88.84	13.21	17.97
海 南　　Hainan	33.67	25.56	2.34	5.76
重 庆　　Chongqing	65.01	55.26	5.93	3.82
四 川　　Sichuan	178.61	152.46	14.42	11.73
贵 州　　Guizhou	66.32	52.96	9.24	4.12
云 南　　Yunnan	104.80	82.56	10.88	11.36
西 藏　　Tibet	14.14	9.82	3.67	0.66
陕 西　　Shaanxi	92.84	79.10	10.13	3.61
甘 肃　　Gansu	88.30	76.47	7.97	3.86
青 海　　Qinghai	33.67	22.61	4.86	6.19
宁 夏　　Ningxia	30.78	26.29	3.58	0.91
新 疆　　Xinjiang	154.13	116.21	14.24	23.68

7-3 各地区耕地变动情况(2014年)
Change of Cultivated Land by Region (2014)

单位: 公顷 (hectare)

地 区　Region	本年减少耕地面积 Area of Reduce Cultivated Land	建设占用 Used for Construction Purpose	灾害损毁 Destroyed by Disasters	生态退耕 Restored to Original-land land for Ecological Preservation	农业结构调整 Structural Adjustment to Agriculture
全　国　National Total	387990	334099	2381	2670	48840
北　京　Beijing	1262	912		1	350
天　津　Tianjin	1949	1804		2	142
河　北　Hebei	25692	16531	21	165	8975
山　西　Shanxi	12555	10684	…	36	1834
内蒙古　Inner Mongolia	9486	7179	426	91	1791
辽　宁　Liaoning	9611	8341			1269
吉　林　Jilin	7066	6335		…	731
黑龙江　Heilongjiang	8986	7323			1664
上　海　Shanghai	1653	1570	12	12	60
江　苏　Jiangsu	22822	18063	3	6	4751
浙　江　Zhejiang	15179	14141		26	1012
安　徽　Anhui	23273	21943	6	14	1310
福　建　Fujian	7865	7108	90	6	661
江　西　Jiangxi	11964	11380	141	…	443
山　东　Shandong	26825	18795	53	269	7707
河　南　Henan	36282	32042	1	74	4166
湖　北　Hubei	27464	25189	1	117	2157
湖　南　Hunan	9720	9390	10	44	277
广　东　Guangdong	9645	9283		37	324
广　西　Guangxi	9153	8538	…		616
海　南　Hainan	1788	1361	23	153	252
重　庆　Chongqing	10364	9815	202	16	331
四　川　Sichuan	21997	20463	72		1462
贵　州　Guizhou	18218	17402	2		814
云　南　Yunnan	16581	14575	1205		801
西　藏　Tibet	641	601		…	39
陕　西　Shaanxi	14773	12500	1	28	2245
甘　肃　Gansu	8194	6813	50		1332
青　海　Qinghai	2968	2811	5		152
宁　夏　Ningxia	4809	3064		1424	320
新　疆　Xinjiang	9204	8144	59	149	852

7-3 续表 continued

单位: 公顷
(hectare)

地　区　　Region	本年增加耕地面积 Area of Increased Cultivated Land	补　充耕　地 Supplementary Cultivated Land	农业结构调整 Structural Adjustment to Agriculture	年末耕地面积 Area of Cultivated Land at the end of the year	人均耕地面积(亩) Cultivated Land per Capita (a unit of area)
全　国　National Total	280651	244692	35960	135057339	1.48
北　京　Beijing	54	44	9	219949	0.15
天　津　Tianjin	821	821		437182	0.43
河　北　Hebei	9973	8523	1450	6535476	1.33
山　西　Shanxi	7657	7150	508	4056836	1.67
内蒙古　Inner Mongolia	41379	21166	20213	9230671	5.53
辽　宁　Liaoning	1445	1441	4	4981676	1.70
吉　林　Jilin	1956	1908	49	7001364	3.82
黑龙江　Heilongjiang	4875	4800	76	15859994	6.21
上　海　Shanghai	1847	1845	2	188206	0.12
江　苏　Jiangsu	15392	14088	1304	4574238	0.86
浙　江　Zhejiang	13275	13031	243	1976601	0.54
安　徽　Anhui	12315	12248	67	5872134	1.45
福　建　Fujian	5487	5486	1	1336386	0.53
江　西　Jiangxi	10004	9949	55	3085354	1.02
山　东　Shandong	13930	11236	2694	7620647	1.17
河　南　Henan	13484	13229	255	8117916	1.29
湖　北　Hubei	7325	6083	1242	5261675	1.36
湖　南　Hunan	9023	9020	4	4149015	0.92
广　东　Guangdong	11126	10993	133	2623315	0.37
广　西　Guangxi	35	35	…	4410330	1.39
海　南　Hainan	790	790	…	725718	1.21
重　庆　Chongqing	8698	8679	19	2454645	1.23
四　川　Sichuan	21111	19857	1255	6734178	1.24
贵　州　Guizhou	9987	9676	311	4540125	1.94
云　南　Yunnan	4218	4123	95	6207445	1.98
西　藏　Tibet	1402	1356	46	442533	2.09
陕　西　Shaanxi	17519	16208	1311	3994772	1.59
甘　肃　Gansu	7236	7205	30	5377869	3.11
青　海　Qinghai	464	464	…	585708	1.51
宁　夏　Ningxia	9562	9003	559	1285878	2.91
新　疆　Xinjiang	18262	14237	4025	5169502	3.37

八、林业

Forestry

8-1 全国造林情况(2000-2014年)
Area of Afforestation (2000-2014)

单位: 万公顷 (10 000 hectares)

年 份 Year	造林总面积 Total Afforestation Area	人工造林 Plantation Establishment	飞播造林 Aerial Seeding	无林地和疏 林地新封山育林 Area Without Forest or of Sparse Forest
2000	510.5	434.5	76.0	
2001	495.3	397.7	97.6	
2002	777.1	689.6	87.5	
2003	911.9	843.2	68.6	
2004	679.5	501.9	57.9	119.7
2005	540.4	323.2	41.6	175.6
2006	383.9	244.6	27.2	112.1
2007	390.8	273.9	11.9	105.1
2008	535.4	368.5	15.4	151.5
2009	626.2	415.6	22.6	188.0
2010	591.0	387.3	19.6	184.1
2011	599.7	406.6	19.7	173.4
2012	559.6	382.1	13.6	163.9
2013	610.0	421.0	15.4	173.6
2014	555.0	405.3	10.8	138.9

8-2 各地区森林资源情况
Forest Resources by Region

地 区 Region	林业用地面积（万公顷）Area of Afforested Land (10 000 hectares)	森林面积（万公顷）Forest Aera (10 000 hectares)	#人工林 Artifical Forest	森 林覆盖率（%）Forest Coverage Rate (%)	活 立 木总蓄积量（万立方米）Total Standing Forest Stock (10 000 cu.m)	森 林蓄积量（万立方米）Stock Volume of Forest (10 000 cu.m)
全 国 **National Total**	**31259.00**	**20768.73**	**6933.38**	**21.63**	**1643280.62**	**1513729.72**
北 京 Beijing	101.35	58.81	37.15	35.84	1828.04	1425.33
天 津 Tianjin	15.62	11.16	10.56	9.87	453.98	374.03
河 北 Hebei	718.08	439.33	220.90	23.41	13082.23	10774.95
山 西 Shanxi	765.55	282.41	131.81	18.03	11039.38	9739.12
内蒙古 Inner Mongolia	4398.89	2487.90	331.65	21.03	148415.92	134530.48
辽 宁 Liaoning	699.89	557.31	307.08	38.24	25972.07	25046.29
吉 林 Jilin	856.19	763.87	160.56	40.38	96534.93	92257.37
黑龙江 Heilongjiang	2207.40	1962.13	246.53	43.16	177720.97	164487.01
上 海 Shanghai	7.73	6.81	6.81	10.74	380.25	186.35
江 苏 Jiangsu	178.70	162.10	156.82	15.80	8461.42	6470.00
浙 江 Zhejiang	660.74	601.36	258.53	59.07	24224.93	21679.75
安 徽 Anhui	443.18	380.42	225.07	27.53	21710.12	18074.85
福 建 Fujian	926.82	801.27	377.69	65.95	66674.62	60796.15
江 西 Jiangxi	1069.66	1001.81	338.60	60.01	47032.40	40840.62
山 东 Shandong	331.26	254.60	244.52	16.73	12360.74	8919.79
河 南 Henan	504.98	359.07	227.12	21.50	22880.68	17094.56
湖 北 Hubei	849.85	713.86	194.85	38.40	31324.69	28652.97
湖 南 Hunan	1252.78	1011.94	474.61	47.77	37311.50	33099.27
广 东 Guangdong	1076.44	906.13	557.89	51.26	37774.59	35682.71
广 西 Guangxi	1527.17	1342.70	634.52	56.51	55816.60	50936.80
海 南 Hainan	214.49	187.77	136.20	55.38	9774.49	8903.83
重 庆 Chongqing	406.28	316.44	92.55	38.43	17437.31	14651.76
四 川 Sichuan	2328.26	1703.74	449.26	35.22	177576.04	168000.04
贵 州 Guizhou	861.22	653.35	237.30	37.09	34384.40	30076.43
云 南 Yunnan	2501.04	1914.19	414.11	50.03	187514.27	169309.19
西 藏 Tibet	1783.64	1471.56	4.88	11.98	228812.16	226207.05
陕 西 Shaanxi	1228.47	853.24	236.97	41.42	42416.05	39592.52
甘 肃 Gansu	1042.65	507.45	102.97	11.28	24054.88	21453.97
青 海 Qinghai	808.04	406.39	7.44	5.63	4884.43	4331.21
宁 夏 Ningxia	180.10	61.80	14.43	11.89	872.56	660.33
新 疆 Xinjiang	1099.71	698.25	94.00	4.24	38679.57	33654.09

注：1.本表为第八次全国森林资源清查(2009-2013)资料。
　　2.全国总计数包括台湾省和香港、澳门特别行政区数据。

Notes: a) Data in the table are the figures of the Eighth National Forestry Survey (2009-2013).
　　　　b) Data of national total include forest resources in Taiwan Province and Hong Kong SAR and Macao SAR.

8-3 各地区造林情况(2014年)
Area of Afforestation by Region (2014)

单位: 公顷 (hectare)

地 区	Region	造林总面积 Total Afforestation Area	按造林方式分 By Approach		
			人工造林 Plantation Establishment	飞播造林 Aerial Seeding	无林地和疏林地新封山育林 Area Without Forest or of Sparse Forest
全 国	**National Total**	**5549612**	**4052912**	**108055**	**1388645**
北 京	Beijing	22937	22937		
天 津	Tianjin	7061	7061		
河 北	Hebei	340042	274554		65488
山 西	Shanxi	303501	233191	3333	66977
内蒙古	Inner Mongolia	559247	320254	57434	181559
辽 宁	Liaoning	226471	126407		100064
吉 林	Jilin	108523	108523		
黑龙江	Heilongjiang	101079	49276		51803
上 海	Shanghai	899	899		
江 苏	Jiangsu	59209	59209		
浙 江	Zhejiang	39396	26720		12676
安 徽	Anhui	157745	150871		6874
福 建	Fujian	44346	44346		
江 西	Jiangxi	131973	130751		1222
山 东	Shandong	224972	223560		1412
河 南	Henan	260003	201251	13334	45418
湖 北	Hubei	243799	168867		74932
湖 南	Hunan	391942	229614		162328
广 东	Guangdong	151473	133218		18255
广 西	Guangxi	143651	117985		25666
海 南	Hainan	8802	8802		
重 庆	Chongqing	191001	138820		52181
四 川	Sichuan	98226	67812		30414
贵 州	Guizhou	320000	233361		86639
云 南	Yunnan	400355	334593		65762
西 藏	Tibet	82668	32140		50528
陕 西	Shaanxi	335362	251125	32000	52237
甘 肃	Gansu	214025	152502		61523
青 海	Qinghai	132044	28444		103600
宁 夏	Ningxia	84191	49723		34468
新 疆	Xinjiang	151336	112763	1954	36619

资料来源: 国家林业局(以下各表同)。

注: 全国合计造林面积中包括军事管理区人工营造的9333公顷防护林和4000公顷特种用途林。

Source:State Forestry Administration (the same as in the following tables).

Note:Total area of afforestation include 9333 hectares protection forests and 4000 hectares special purpose forests of plantation in the military management area.

8-3 续表 continued

单位：公顷

(hectare)

地 区　　　Region	按林种用途分　By Function of Forest				
	用材林 Timber Forests	经济林 By-product Forests	防护林 Protection Forests	薪炭林 Fuelwood Forests	特种用途林 Special Purpose Forests
全　国　National Total	**1092351**	**1139192**	**3238663**	**36950**	**42456**
北　京　Beijing		131	22482		324
天　津　Tianjin	1320	355	5386		
河　北　Hebei	50741	56183	232724		394
山　西　Shanxi	1887	85791	200489	15334	
内蒙古　Inner Mongolia	9780	10285	538515		667
辽　宁　Liaoning	13466	25443	187562		
吉　林　Jilin	58331	7784	42399	9	
黑龙江　Heilongjiang	7142	1794	91567	66	510
上　海　Shanghai		236	663		
江　苏　Jiangsu	6660	11771	39685		1093
浙　江　Zhejiang	4930	9035	25328	1	102
安　徽　Anhui	51701	44584	54826	426	6208
福　建　Fujian	28714	5677	7984	4	1967
江　西　Jiangxi	82696	29371	18232	1025	649
山　东　Shandong	43411	66219	113208		2134
河　南　Henan	67178	48996	143082	667	80
湖　北　Hubei	85622	51338	105254	13	1572
湖　南　Hunan	203574	47356	134519	1393	5100
广　东　Guangdong	43889	7793	98293	89	1409
广　西　Guangxi	80908	30552	30496		1695
海　南　Hainan	1483	4148	2425		746
重　庆　Chongqing	45535	52923	82823	9700	20
四　川　Sichuan	20366	30324	47128		408
贵　州　Guizhou	96000	140800	73967	6833	2400
云　南　Yunnan	72512	216588	108257	365	2633
西　藏　Tibet		17012	65656		
陕　西　Shaanxi	10739	70697	253793	133	
甘　肃　Gansu	133	20451	184760	381	8300
青　海　Qinghai		979	131065		
宁　夏　Ningxia		4232	79959		
新　疆　Xinjiang	3633	40344	106803	511	45

8-4 各地区天然林资源保护情况(2014年)

Natural Forest Protection by Region (2014)

地 区 Region		木材产量 (立方米) Timber Output (cu.m)	林业投资 完 成 额 (万元) Investment Completed (10 000 yuan)	#国家投资 State Investment	森林管护 面 积 (公顷) Area of Management and Protection of Forests (hectare)	#国有林 State-owned forests
全 国	**National Total**	**6805565**	**2610936**	**2204105**	**114583848**	**70720306**
北 京	Beijing					
天 津	Tianjin					
河 北	Hebei					
山 西	Shanxi	71569	54919	54919	5163348	1635808
内蒙古	Inner Mongolia	155643	441419	387072	20511902	13661533
辽 宁	Liaoning					
吉 林	Jilin	1437414	210596	144515	3962546	3962546
黑龙江	Heilongjiang	543604	547871	547871	8463023	8463023
上 海	Shanghai					
江 苏	Jiangsu					
浙 江	Zhejiang					
安 徽	Anhui					
福 建	Fujian					
江 西	Jiangxi					
山 东	Shandong					
河 南	Henan	126572	8143	8143	1689961	195368
湖 北	Hubei	260452	84899	67271	3323466	782613
湖 南	Hunan					
广 东	Guangdong					
广 西	Guangxi					
海 南	Hainan		14984	14013	459333	459333
重 庆	Chongqing	173720	67628	38765	3009288	394577
四 川	Sichuan	2076598	255086	233975	17710333	12168333
贵 州	Guizhou	1380979	88940	42887	4606461	318667
云 南	Yunnan	298316	165509	80378	10179032	4330366
西 藏	Tibet		22486	320	1276467	1276467
陕 西	Shaanxi	8965	189505	152646	11984314	3763163
甘 肃	Gansu	16664	109513	99571	4992741	3504744
青 海	Qinghai		47204	34366	3678170	2816970
宁 夏	Ningxia		20551	17534	1138266	551598
新 疆	Xinjiang	4957	54156	52332	4336280	4336280
大兴安岭	Daxinganling	250112	227527	227527	8098917	8098917

8-4　续表　continued

单位: 公顷

(hectare)

地　区	Region	当年造林面积 Area of Afforestation in the Year	按造林方式分　by Approach		
			人工造林 Plantation Establishment	飞播造林 Aerial Seeding	无林地和疏林地 新封山育林 Area without Forest or of Sparse Forest
全　国	**National Total**	**410508**	**114948**	**63955**	**231605**
北　京	Beijing				
天　津	Tianjin				
河　北	Hebei				
山　西	Shanxi	39935	14227		25708
内蒙古	Inner Mongolia	91515	21514	35334	34667
辽　宁	Liaoning				
吉　林	Jilin				
黑龙江	Heilongjiang				
上　海	Shanghai				
江　苏	Jiangsu				
浙　江	Zhejiang				
安　徽	Anhui				
福　建	Fujian				
江　西	Jiangxi				
山　东	Shandong				
河　南	Henan	6579	6579		
湖　北	Hubei	31746	3596		28150
湖　南	Hunan				
广　东	Guangdong				
广　西	Guangxi				
海　南	Hainan				
重　庆	Chongqing	7048	4665		2383
四　川	Sichuan	29327	2662		26665
贵　州	Guizhou	16887	10220		6667
云　南	Yunnan	37566	16862		20704
西　藏	Tibet	2200	267		1933
陕　西	Shaanxi	62033	13166	26667	22200
甘　肃	Gansu	40463	8203		32260
青　海	Qinghai	15600	1333		14267
宁　夏	Ningxia	27361	11360		16001
新　疆	Xinjiang	2248	294	1954	
大兴安岭	Daxinganling				

8-5　各地区退耕还林情况(2014年)

The Conversion of Cropland to Forest Program by Region (2014)

地　区	Region	当年造林面积(公顷) Area of Afforestation in the Year (hectare)	退耕地造林面积 Area of Cropland Converted to Forest	荒山荒地造林面积 Area of Plantation of Barren Mountains & Wasteland	无林地和疏林地新封山育林 Area without Forest or of Sparse Forest	林业投资完成额(万元) Investment Completed (10 000 yuan)	#国家投资 State Investment
全　国	**National Total**	**379589**	**403**	**312690**	**66496**	**2230905**	**1916113**
北　京	Beijing					1462	825
天　津	Tianjin					844	844
河　北	Hebei	22767		17634	5133	79472	66898
山　西	Shanxi	42156		42156		81355	81355
内蒙古	Inner Mongolia	16399		14399	2000	146215	130061
辽　宁	Liaoning					51206	51052
吉　林	Jilin	6802		6802		38643	38480
黑龙江	Heilongjiang					47558	45596
上　海	Shanghai						
江　苏	Jiangsu						
浙　江	Zhejiang						
安　徽	Anhui	20546		15880	4666	57254	31681
福　建	Fujian						
江　西	Jiangxi					59585	31731
山　东	Shandong						
河　南	Henan	27093		24427	2666	66035	66035
湖　北	Hubei	13993		7329	6664	95091	62040
湖　南	Hunan	20000		11332	8668	140008	86564
广　东	Guangdong						
广　西	Guangxi	15049	56	11992	3001	42606	28721
海　南	Hainan	200		200		5540	5080
重　庆	Chongqing	5015	347	4001	667	145507	128983
四　川	Sichuan	15708		15708		330815	318405
贵　州	Guizhou	4667		4667		175125	175125
云　南	Yunnan	108086		99416	8670	128985	75454
西　藏	Tibet	6757		3258	3499	3582	3582
陕　西	Shaanxi	3928		3262	666	194293	169089
甘　肃	Gansu	6835		4637	2198	180827	163602
青　海	Qinghai	18667		4667	14000	41807	41807
宁　夏	Ningxia					49280	49021
新　疆	Xinjiang	15588		11590	3998	63810	60082

注：全国合计造林面积中包括军事管理区9333公顷荒山荒地造林。

Note: Total area of afforestation include 9333 hectares plantation of barren mountains and wasteland.

8-6　三北、长江流域等重点防护林体系工程建设情况(2014年)
Key Shelterbelt Programs in North China and
Changjiang River Basin (2014)

单位: 公顷 　　　　　　　　　　　　　　　　　　　　　　　　　　　　　　　　　(hectare)

地　区　Region	当年造林面积 Area of Afforestation in the Year	人工造林 Plantation Establish-ment	飞播造林 Aerial Seeding	无林地和疏林地新封山育林 Area without Forest or of Sparse Forest	林业投资完成额(万元) Investment Completed (10 000 yuan)	#国家投资 State Investment
全　国　**National Total**	**898680**	**552435**	**8667**	**337578**	**1512854**	**1098931**
北　京　Beijing	22806	22806			722530	672008
天　津　Tianjin	5051	5051			136427	136427
河　北　Hebei	54734	38602		16132	23660	13950
山　西　Shanxi	42430	22898		19532	25141	25141
内蒙古　Inner Mongolia	123405	77512	8667	37226	34419	30435
辽　宁　Liaoning	96258	29593		66665	45177	31403
吉　林　Jilin	12535	12535			5290	4916
黑龙江　Heilongjiang	50561	32159		18402	25633	13798
上　海　Shanghai						
江　苏　Jiangsu	14056	14056			153274	6100
浙　江　Zhejiang	11152	6911		4241	8344	5209
安　徽　Anhui	10392	8184		2208	11055	4548
福　建　Fujian	3766	3766			3474	2169
江　西　Jiangxi	8370	8137		233	9885	7166
山　东　Shandong	28755	28579		176	23498	12958
河　南　Henan	50955	25042		25913	11992	10030
湖　北　Hubei	14468	4470		9998	5466	3106
湖　南　Hunan	16657	8262		8395	10150	4346
广　东　Guangdong	32787	18627		14160	29348	18296
广　西　Guangxi	9953	8753		1200	8472	5084
海　南　Hainan	1617	1617			1267	1267
重　庆　Chongqing						
四　川　Sichuan						
贵　州　Guizhou						
云　南　Yunnan	6914	3197		3717	2190	1079
西　藏　Tibet	8667	3067		5600	4000	
陕　西　Shaanxi	52477	33863		18614	18253	13878
甘　肃　Gansu	48775	23678		25097	12137	11360
青　海　Qinghai	26934	12466		14468	9250	9250
宁　夏　Ningxia	36715	18248		18467	8099	8099
新　疆　Xinjiang	107490	80356		27134	164423	46908

8-7　京津风沙源治理工程建设情况(2014年)
Desertification Control Program in the Vicinity of Beijing and Tianjin (2014)

单位: 公顷　　　　　　　　　　　　　　　　　　　　　　　　　　　　　　　　　　　　　(hectare)

地　区　Region	当年造林面积 Area of Afforestation in the Year	人工造林 Plantation Establishment	飞播造林 Aerial Seeding	无林地和疏林地 新封山育林 Area without Forest or of Sparse Forest
全　国　National Total	239107	131167	20766	87174
北　京　Beijing				
天　津　Tianjin	2010	2010		
河　北　Hebei	38668	27000		11668
山　西　Shanxi	48298	25631	3333	19334
内蒙古　Inner Mongolia	132578	70259	12100	50219
陕　西　Shaanxi	17553	6267	5333	5953

8-7　续表　continued

单位: 公顷　　　　　　　　　　　　　　　　　　　　　　　　　　　　　　　　　　　　　(hectare)

地　区　Region	草地治理面积 Improved Area of Grass Land	小流域 治理面积 Improved Area of Small Drainage Areas	水利设施 (处) Water Conservancy Facilities (unit)	投资完成额 (万元) Investment Completed (10000 yuan)	#国家投资 State Investment
全　国　National Total	20499	27800	2643	106583	81217
北　京　Beijing				1938	1499
天　津　Tianjin				2057	1692
河　北　Hebei	6667	12800	543	15926	14076
山　西　Shanxi	8420	11800	1600	16111	16111
内蒙古　Inner Mongolia	5412	3200	500	65788	43076
陕　西　Shaanxi				4763	4763

8-8 各地区林业系统野生动植物保护及
自然保护区工程建设情况(2014年)
Wildlife Conservation and Nature Reserve
Program of Forestry Establishments by Region(2014)

单位: 个, 万公顷

(unit, 10 000 hectares)

地　区　　Region	自然保护区 个 数 Nature Reserves	#国家级 National Reserves	自然保护区 面 积 Nature Reserves Area	#国家级 National Reserves	野生植物就地保护点 Local Conservation Sites of Wild Flora 个 数 Number	面 积 Area	野生动物种源繁育基 地 数 Breeding Base of Wild Fauna
全　国　 National Total	2174	344	12469.5	8112.9	901	355.1	5892
北　京　Beijing	16	2	13.1	2.6			106
天　津　Tianjin	5	1	5.3	0.1			10
河　北　Hebei	34	9	62.3	21.2	2	1.3	4
山　西　Shanxi	45	7	109.2	11.7	45	109.3	179
内蒙古　Inner Mongolia	140	24	1051.6	321.0	7	33.2	161
辽　宁　Liaoning	74	12	112.0	20.1	39	5.6	166
吉　林　Jilin	38	13	259.9	100.8	26	22.1	43
黑龙江　Heilongjiang	115	28	396.1	191.8	10	3.1	3
上　海　Shanghai	1	1	2.4	2.4			4
江　苏　Jiangsu	23	1	29.4	0.3	10	0.2	31
浙　江　Zhejiang	19	7	9.9	7.9	5	1.6	891
安　徽　Anhui	50	5	40.3	9.5	13	0.7	163
福　建　Fujian	82	14	55.8	20.6	6	0.1	128
江　西　Jiangxi	215	14	100.1	23.1	379	0.9	452
山　东　Shandong	67	5	91.6	17.6			242
河　南　Henan	24	10	50.3	33.6			68
湖　北　Hubei	53	13	94.3	44.0	19	25.8	65
湖　南　Hunan	172	22	143.4	62.1	131	8.3	718
广　东　Guangdong	270	8	126.8	16.3	17	3.3	82
广　西　Guangxi	62	18	129.1	33.1	8	6.2	361
海　南　Hainan	32	7	24.0	13.7	25	23.0	248
重　庆　Chongqing	52	6	67.1	26.7	12	3.1	168
四　川　Sichuan	123	23	734.6	261.4	92	82.7	223
贵　州　Guizhou	104	7	91.1	23.1	8	7.2	36
云　南　Yunnan	133	18	264.2	140.3	33	…	1191
西　藏　Tibet	61	8	4100.6	3701.4			
陕　西　Shaanxi	48	19	129.3	58.4	3	0.5	82
甘　肃　Gansu	50	16	878.6	597.9	1	…	16
青　海　Qinghai	10	7	2164.7	2073.4			9
宁　夏　Ningxia	6	6	42.9	42.9			16
新　疆　Xinjiang	28	8	929.5	161.8	9	16.8	26
大兴安岭 Daxinganling	22	5	159.9	72.0	1	…	

8-8 续表 continued

地 区 Region	国际重要湿地 International Important Wetland		野生植物种源培育基地(个) Breeding Base of Rare Wild Flora (unit)	野生动物观赏展演单位(个) Number of Wild Animal Zoos (unit)	植物园 (个) Arbore-tums (unit)	林业投资完成额 (万元) Investment Completed (10 000 yuan)	#国家投资 State Investment
	个 数 (个) Number (unit)	面 积 (万公顷) Area (10 000 hectares)					
全 国 National Total	46	400.2	1070	393	180	198224	147788
北 京 Beijing				5	1	1904	1721
天 津 Tianjin						1600	1600
河 北 Hebei			1	1		1058	1058
山 西 Shanxi			2	9	2	2768	2768
内蒙古 Inner Mongolia	2	74.8	2	2	2	3528	3128
辽 宁 Liaoning	2	14.0	7	16	5	3067	2993
吉 林 Jilin	2	24.9	16	8	2	4158	3665
黑龙江 Heilongjiang	7	71.5		1	2	7766	7656
上 海 Shanghai	2	3.6		2		38470	38298
江 苏 Jiangsu	2	53.1	1	14	6	4904	223
浙 江 Zhejiang	1	…	18	9	5	3053	2982
安 徽 Anhui			11	88	4	3334	3152
福 建 Fujian	1	0.2	208	20	2	8529	6257
江 西 Jiangxi	1	2.2	208	9	23	5156	2390
山 东 Shandong	1	9.6		40	14	5215	5215
河 南 Henan			4	79	1	2242	1076
湖 北 Hubei	3	6.4	13	18	2	6449	2096
湖 南 Hunan	3	39.3	453	13	45	22757	6567
广 东 Guangdong	3	3.2	10	9	4	6831	3644
广 西 Guangxi	2	0.7	9	4	3	10517	5219
海 南 Hainan	1	0.5	55	3	10	7873	7012
重 庆 Chongqing			5	4	9	4116	4096
四 川 Sichuan	1	16.7	3	10	5	12209	9903
贵 州 Guizhou			5	4	4	5800	5200
云 南 Yunnan	4	1.4	10	9	11	6544	3687
西 藏 Tibet	2	11.7	4	4		450	450
陕 西 Shaanxi			7	4	2	3753	3645
甘 肃 Gansu	1	24.7	17	2	9	5480	5161
青 海 Qinghai	3	18.4		2	1	1900	1500
宁 夏 Ningxia				1	2	2626	1700
新 疆 Xinjiang			1	3	4	3058	2617
大兴安岭 Daxinganling	1	23.0				1109	1109

注：国际重要湿地个数中，全国合计包括香港特别行政区1处。
Note: Number of international important wetland includes one of Hong Kong SAR.

九、自然灾害及突发事件

Natural Disasters & Environmental Accidents

9-1 全国自然灾害情况(2000-2014年)
Natural Disasters (2000-2014)

年 份 Year	地质灾害 Geological Disasters			地震灾害 Earthquake Disasters		
	灾害起数 (处) Number of Geological Disasters (unit)	人员伤亡 (人) Casualties (person)	直接经济损失 (万元) Direct Economic Loss (10 000 yuan)	灾害次数 (次) Number of Earthquake Disasters (time)	人员伤亡 (人) Casualties (person)	直接经济损失 (万元) Direct Economic Loss (10 000 yuan)
2000	19653	27697	494201	10	2855	142244
2001	5793	1675	348699	12		
2002	40246	2759	509740	5	362	13100
2003	15489	1333	504325	21	7465	466040
2004	13555	1407	408828	11	696	94959
2005	17751	1223	357678	13	882	262811
2006	102804	1227	431590	10	229	79962
2007	25364	1123	247528	3	422	201922
2008	26580	1598	326936	17	446293	85949594
2009	10580	845	190109	8	407	273782
2010	30670	3445	638509	12	13795	2361077
2011	15804	410	413151	18	540	6020873
2012	14675	636	625253	12	1279	828757
2013	15374	929	1043568	14	15965	9953631
2014	10937	637	567027	20	3666	3326078

9-1 续表 continued

年 份 Year	海洋灾害 Marine Disasters			森林火灾 Geological Disasters		
	发生次数 (次) Number of Marine Disasters (time)	死亡、失踪人数 (人) Deaths and Missing People (person)	直接经济损失 (亿元) Direct Economic Loss (100 million yuan)	灾害次数 (次) Number of Forest Fires (time)	人员伤亡 (人) Casualties (person)	其他损失折款 (万元) Economic Loss (10 000 yuan)
2000		79	120.8	5934	178	3069
2001		401	100.1	4933	58	7409
2002	126	124	65.9	7527	98	3610
2003	172	128	80.5	10463	142	37000
2004	155	140	54.2	13466	252	20213
2005	176	371	332.4	11542	152	15029
2006	180	492	218.5	8170	102	5375
2007	163	161	88.4	9260	94	12416
2008	128	152	206.1	14144	174	12594
2009	132	95	100.2	8859	110	14511
2010		137	132.8	7723	108	11611
2011	114	76	62.1	5550	91	20173
2012	138	68	155.0	3966	21	10802
2013	115	121	163.5	3929	55	6062
2014	100	24	136.1	3703	112	42513

9-2 各地区自然灾害损失情况(2014年)
Loss Caused by Natural Disasters by Region (2014)

单位: 千公顷   (1 000 hectares)

地 区 Region		合 计 Total		旱 灾 Drought	
		受灾 Area Affected	绝收 Total Crop Failure	受灾 Area Affected	绝收 Total Crop Failure
全 国	**National Total**	**24890.7**	**3090.3**	**12271.7**	**1484.7**
北 京	Beijing	53.3	11.3	26.1	6.8
天 津	Tianjin	10.3	4.3		
河 北	Hebei	1435.7	176.7	1027.9	107.8
山 西	Shanxi	1173.5	113.7	721.6	41.4
内蒙古	Inner Mongolia	1878.3	258.9	1313.6	183.5
辽 宁	Liaoning	1931.4	550.6	1811.4	543.7
吉 林	Jilin	689.3	117.8	568.3	97.3
黑龙江	Heilongjiang	810.0	114.3	61.8	10.8
上 海	Shanghai				
江 苏	Jiangsu	554.1	39.8	473.9	34.5
浙 江	Zhejiang	204.0	13.8		
安 徽	Anhui	641.3	22.0	283.3	16.5
福 建	Fujian	102.6	11.1		
江 西	Jiangxi	487.1	46.6		
山 东	Shandong	886.1	76.7	688.5	60.0
河 南	Henan	1905.2	210.4	1809.3	203.8
湖 北	Hubei	1058.8	72.8	633.5	21.8
湖 南	Hunan	1136.1	192.0		
广 东	Guangdong	842.4	159.5		
广 西	Guangxi	1212.7	61.1	15.6	0.2
海 南	Hainan	309.4	110.8		
重 庆	Chongqing	280.9	34.4	7.6	1.1
四 川	Sichuan	919.3	80.9	576.8	21.3
贵 州	Guizhou	626.7	97.4	9.5	
云 南	Yunnan	882.0	87.4	332.0	19.1
西 藏	Tibet	12.9	4.6	4.1	1.5
陕 西	Shaanxi	772.2	102.6	434.7	42.7
甘 肃	Gansu	1618.4	66.8	644.2	13.9
青 海	Qinghai	169.8	18.1	23.9	0.1
宁 夏	Ningxia	438.3	38.8	227.8	12.9
新 疆	Xinjiang	1848.6	195.1	576.3	44.0

资料来源: 民政部。
注: 死亡人口(含失踪)和直接经济损失含森林、海洋等灾害。
Source:Ministry of Civil Affairs.
Note: Deaths (including missing) and direct economic loss include forest disasters and sea disasters.

9-2　续表 1　continued 1

单位: 千公顷 (1 000 hectares)

地 区	Region	洪涝、山体滑坡、泥石流和台风 Flood, Waterlogging, Landslides and Debris flow, Typhoon		风雹灾害 Wind and Hail	
		受灾 Area Affected	绝收 Total Crop Failure	受灾 Area Affected	绝收 Total Crop Failure
全 国	**National Total**	**7222.0**	**976.9**	**3225.4**	**457.7**
北 京	Beijing			27.2	4.5
天 津	Tianjin			10.3	4.3
河 北	Hebei	48.4	4.5	254.2	26.3
山 西	Shanxi	90.3	13.7	153.9	19.9
内蒙古	Inner Mongolia	77.8	24.3	439.4	50.9
辽 宁	Liaoning	23.0	1.4	24.1	5.5
吉 林	Jilin	24.3	6.1	89.2	14.4
黑龙江	Heilongjiang	513.3	68.8	234.9	34.7
上 海	Shanghai				
江 苏	Jiangsu	23.4	0.3	56.3	5.0
浙 江	Zhejiang	192.2	13.6	5.3	0.2
安 徽	Anhui	307.2	5.4	9.8	
福 建	Fujian	97.8	10.9	2.7	0.2
江 西	Jiangxi	416.3	42.1	42.4	4.4
山 东	Shandong	139.7	2.9	57.7	13.8
河 南	Henan	48.3	3.7	37.7	2.9
湖 北	Hubei	293.6	36.1	48.8	4.2
湖 南	Hunan	1041.5	182.9	21.4	4.2
广 东	Guangdong	821.8	158.8	15.3	0.6
广 西	Guangxi	1167.2	58.9	14.8	1.1
海 南	Hainan	309.4	110.8		
重 庆	Chongqing	250.9	31.0	20.7	2.0
四 川	Sichuan	292.5	52.1	29.8	5.0
贵 州	Guizhou	411.7	65.1	160.9	30.4
云 南	Yunnan	282.7	41.2	157.1	19.3
西 藏	Tibet	3.9	1.1	4.7	2.0
陕 西	Shaanxi	143.2	27.0	189.8	31.8
甘 肃	Gansu	155.3	8.0	143.1	22.1
青 海	Qinghai	14.1	2.8	67.5	9.7
宁 夏	Ningxia	1.6		94.2	23.1
新 疆	Xinjiang	30.6	3.4	812.2	115.2

9-2 续表 2 continued 2

地 区　　　　Region	低温冷冻和雪灾(千公顷) Low-temperature, Freezing and Snow Disaster (1 000 hectares)		人口受灾 Population		直接经济损失 (亿元) Direct Economic Loss (100 million yuan)
	受灾 Area Affected	绝收 Total Crop Failure	受灾人口 (万人次) Population Affected (10 000 person-times)	死亡人口 (含失踪)(人) Deaths (including missing) (person)	
全　国　National Total	**2132.5**	**168.2**	**24353.7**	**1818**	**3373.8**
北　京　Beijing			32.1	1	10.5
天　津　Tianjin			3.7	1	1.3
河　北　Hebei	105.2	38.1	1716.1	13	135.1
山　西　Shanxi	207.7	38.7	476.0	9	50.8
内蒙古　Inner Mongolia	47.5	0.2	644.5	17	113.1
辽　宁　Liaoning	72.9		746.7	8	169.6
吉　林　Jilin	7.5		545.5	1	117.4
黑龙江　Heilongjiang			257.4	11	55.8
上　海　Shanghai					
江　苏　Jiangsu	0.5		548.4	1	14.0
浙　江　Zhejiang	6.5		471.4	20	64.4
安　徽　Anhui	41	0.1	1201.6	6	29.4
福　建　Fujian	2.1		155.8	23	45.4
江　西　Jiangxi	28.4	0.1	634.2	50	72.8
山　东　Shandong	0.2		959.8	1	82.4
河　南　Henan	9.9		2491.0	10	118.7
湖　北　Hubei	82.9	10.7	986.9	24	68.4
湖　南　Hunan	73.2	4.9	1704.9	71	206.5
广　东　Guangdong	5.3	0.1	742.8	71	337.1
广　西　Guangxi	15.1	0.9	1100.5	60	191.7
海　南　Hainan			621.4	34	177.4
重　庆　Chongqing	1.7	0.3	649.7	129	98.5
四　川　Sichuan	17.5	2.5	1611.9	63	205.4
贵　州　Guizhou	43.9	1.9	1493.8	146	198.0
云　南　Yunnan	74.5	5	1414.8	942	444.2
西　藏　Tibet	0.2		17.6	18	1.9
陕　西　Shaanxi	4.5	1.1	1208.5	37	93.4
甘　肃　Gansu	675.8	22.8	1052.7	9	74.6
青　海　Qinghai	64.3	5.5	129.8	10	9.3
宁　夏　Ningxia	114.7	2.8	220.6	4	16.6
新　疆　Xinjiang	429.5	32.5	513.6	28	170.1
新疆兵团　Xinjiang Production & Construction Corps					

9-3 地质灾害及防治情况(2014年)
Occurrence and Prevention of Geological Disasters(2014)

地 区	Region	发生地质灾害起数(处) Geological Disasters (unit)	#滑 坡 Land-slide	#崩 塌 Collapse	#泥石流 Mud-rock Flow	#地面塌陷 Land Subside	直接经济损失(万元) Direct Economic Loss (10 000 yuan)
全 国	**National Total**	**10937**	**8149**	**1860**	**554**	**307**	**567027**
北 京	Beijing	24		18		6	59
天 津	Tianjin						
河 北	Hebei	12	1	1	1	2	222
山 西	Shanxi	15	1	14			159
内蒙古	Inner Mongolia	4				4	300
辽 宁	Liaoning	1	1				
吉 林	Jilin	25	4	7	11	3	75
黑龙江	Heilongjiang	1		1			
上 海	Shanghai						
江 苏	Jiangsu	7	3	1		3	2270
浙 江	Zhejiang	243	153	61	26	3	3929
安 徽	Anhui	126	49	70	3	4	590
福 建	Fujian	87	57	25	4		2511
江 西	Jiangxi	394	310	48	10	26	2317
山 东	Shandong	10		1		9	28
河 南	Henan	30	1	6		23	130
湖 北	Hubei	493	369	80	10	34	16082
湖 南	Hunan	4740	3890	685	75	66	71956
广 东	Guangdong	422	149	250	9	11	5485
广 西	Guangxi	330	106	169	7	45	2607
海 南	Hainan	19	3	15	1		1320
重 庆	Chongqing	1342	1187	88	40	24	194164
四 川	Sichuan	850	545	112	184	5	77138
贵 州	Guizhou	710	653	31	13	13	65096
云 南	Yunnan	644	482	70	72	7	99564
西 藏	Tibet	100	19	19	61	1	11465
陕 西	Shaanxi	172	87	68	2	15	4717
甘 肃	Gansu	83	46	13	16	2	3591
青 海	Qinghai	32	27	5			42
宁 夏	Ningxia	6	3	1			38
新 疆	Xinjiang	15	3	1	9	1	1172

资料来源：国土资源部。
Source:Ministry of Land and Resources.

9-3 续表 continued

地 区 Region	人员伤亡 (人) Casualties (person)	#死亡人数 Deaths	地质灾害防治项目数 (个) Number of Projects of Prevention of Geological Disasters (unit)	地质灾害防治投资 (万元) Investment in Projects of Prevention of Geological Disasters (10 000 yuan)
全 国 National Total	637	360	32019	1634039
北 京 Beijing			9	3000
天 津 Tianjin			5	630
河 北 Hebei			85	19571
山 西 Shanxi	14	14	165	51805
内蒙古 Inner Mongolia	3	1	1	559
辽 宁 Liaoning			64	14897
吉 林 Jilin			14	11522
黑龙江 Heilongjiang			8	2959
上 海 Shanghai				
江 苏 Jiangsu			96	11036
浙 江 Zhejiang	11	5	1411	46482
安 徽 Anhui			537	21937
福 建 Fujian	4	4	920	84218
江 西 Jiangxi	17	15	79	12236
山 东 Shandong			86	21277
河 南 Henan			3	5588
湖 北 Hubei	27	16	196	34772
湖 南 Hunan	70	33	775	45492
广 东 Guangdong	11	6	2992	86057
广 西 Guangxi	14	12	559	23999
海 南 Hainan			65	2883
重 庆 Chongqing	85	59	231	42434
四 川 Sichuan	29	7	18982	394682
贵 州 Guizhou	106	53	1847	127577
云 南 Yunnan	180	83	2561	206062
西 藏 Tibet	3		8	6893
陕 西 Shaanxi	55	44	118	306001
甘 肃 Gansu	2	2	163	37122
青 海 Qinghai			19	7934
宁 夏 Ningxia			1	1000
新 疆 Xinjiang	6	6	19	3414

9-4　地震灾害情况(2014年)
Earthquake Disasters (2014)

地　区	Region	地震灾害次数(次) Number of Earth-quakes (time)	5.0级以下 Below 5.0 Richter Scale	5.0-5.9级 5.0-5.9 Richter Scale	6.0-6.9级 6.0-6.9 Richter Scale	7.0级以上 Over 7.0 Richter Scale	人员伤亡(人) Casualties (person)	#死亡人数 Deaths	经济损失(万元) Direct Economic Loss (10 000 yuan)
全　国	**National Total**	**20**	**1**	**14**	**4**	**1**	**3666**	**623**	**3326078**
浙　江	Zhejiang	1	1						21743
四　川	Sichuan	3		2	1		79	5	438177
云　南	Yunnan	8		5	3		3587	618	2779840
西　藏	Tibet	1		1					
青　海	Qinghai	1		1					
新　疆	Xinjiang	6		5		1			108061

资料来源：中国地震局。
Source: China Seismological Administration.

9-5　海洋灾害情况(2014年)
Marine Disasters (2014)

灾　种	Disaster Categories	发生次数(次) Number of Disasters (time)	死亡、失踪人数(人) Deaths and Missing People (person)	直接经济损失(亿元) Direct Economic Loss (100 million yuan)
合　计	**Total**	**100**	**24**	**136.14**
风暴潮	Stormy Tides	9	6	135.78
赤　潮	Red Tides	56		
海　浪	Sea Wave	35	18	0.12
海　冰	Sea Ice			0.24

资料来源：国家海洋局。
Source: State Oceanic Administration.

9-6 各地区森林火灾情况(2014年)

Forest Fires by Region(2014)

地 区　　　Region	森林火灾次数(次) Forest Fires (time)	一般火灾 Ordinary Fires	较大火灾 Major Fires	重大火灾 Severe Fires	特别重大火灾 Especially Severe Fires	火场总面积(公顷) Total Fire-affected Area (hectare)
全 国　National Total	3703	2080	1620	2	1	55340
北 京　Beijing	1	1				1
天 津　Tianjin	2	2				2
河 北　Hebei	93	78	15			1168
山 西　Shanxi	10		10			760
内蒙古　Inner Mongolia	160	80	79		1	5950
辽 宁　Liaoning	105	77	28			1045
吉 林　Jilin	71	58	13			134
黑龙江　Heilongjiang	33	27	6			301
上 海　Shanghai						
江 苏　Jiangsu	31	29	2			45
浙 江　Zhejiang	155	25	130			1749
安 徽　Anhui	140	72	68			749
福 建　Fujian	130	10	120			1644
江 西　Jiangxi	158	29	129			3635
山 东　Shandong	25	7	18			272
河 南　Henan	265	210	55			975
湖 北　Hubei	235	208	27			1223
湖 南　Hunan	259	78	181			3728
广 东　Guangdong	128	36	92			2364
广 西　Guangxi	403	186	217			6244
海 南　Hainan	91	49	42			389
重 庆　Chongqing	9	6	3			16
四 川　Sichuan	442	365	77			4713
贵 州　Guizhou	201	136	65			1982
云 南　Yunnan	365	164	199	2		15345
西 藏　Tibet	1	1				…
陕 西　Shaanxi	109	78	31			441
甘 肃　Gansu	21	18	3			101
青 海　Qinghai	8	7	1			49
宁 夏　Ningxia	24	24				198
新 疆　Xinjiang	28	19	9			118

资料来源：国家林业局(下表同)。

Source:State Forestry Administration (the same as in the following table).

9-6 续表 continued

地 区 Region	受害森林面积 (公顷) Destructed Forest Area (hectare)	#天然林 Natural Forest	#人工林 Artifical Forest	伤亡人数 (人) Casualties (person)	#死亡 人数 Deaths	其他损失折款 (万元) Economic Loss (10 000 yuan)
全 国 National Total	19110	3710	12537	112	53	42512.8
北 京 Beijing	1		1			
天 津 Tianjin	2		2			
河 北 Hebei	165	2	163	3	1	1.2
山 西 Shanxi	165	2	163	2		210.6
内蒙古 Inner Mongolia	3426	2743	496	1		418.2
辽 宁 Liaoning	378	65	292			16.5
吉 林 Jilin	52	1	45	1		378.0
黑龙江 Heilongjiang	142	136	6			
上 海 Shanghai						
江 苏 Jiangsu	5		5			8.5
浙 江 Zhejiang	786		395	9	4	
安 徽 Anhui	265	3	262	1	1	5.4
福 建 Fujian	1145	114	1031	2	2	33773.7
江 西 Jiangxi	1579	81	1499	4	3	1401.5
山 东 Shandong	160		160			
河 南 Henan	334		334	4	3	18.4
湖 北 Hubei	185	3	182	1	1	25.4
湖 南 Hunan	1935	5	1930	5	4	369.4
广 东 Guangdong	930	23	907	14	10	189.8
广 西 Guangxi	1241	8	1233	10	3	854.5
海 南 Hainan	268		268			88.5
重 庆 Chongqing	3	1	2			5.8
四 川 Sichuan	766	347	419	3	2	1113.8
贵 州 Guizhou	488	82	406	7	6	253.7
云 南 Yunnan	4236	51	2078	34	7	3112.2
西 藏 Tibet	…					0.3
陕 西 Shaanxi	288	9	161	9	6	212.9
甘 肃 Gansu	37	10	27			36.5
青 海 Qinghai	38	…	5			11.2
宁 夏 Ningxia	4		4			
新 疆 Xinjiang	87	27	60	2		6.9

9-7 各地区森林有害生物防治情况(2014年)

Prevention of Forest Biological Disasters by Region (2014)

单位: 公顷，% (hectare, %)

地 区 Region	合 计 Total			森林病害 Forest Diseases		
	发生面积 Area of Occurrence	防治面积 Area of Prevention	防治率 Prevention Rate	发生面积 Area of Occurrence	防治面积 Area of Prevention	防治率 Prevention Rate
全 国 National Total	12064467	7874333	65.3	1372778	867109	63.2
北 京 Beijing	39574	39574	100.0	1975	1975	100.0
天 津 Tianjin	47686	47680	100.0	6863	6860	100.0
河 北 Hebei	531803	446126	83.9	27884	24448	87.7
山 西 Shanxi	242091	112292	46.4	6788	6097	89.8
内蒙古 Inner Mongolia	1227272	526410	42.9	212847	12324	5.8
辽 宁 Liaoning	658954	513451	77.9	63862	48594	76.1
吉 林 Jilin	263438	157010	59.6	26096	23391	89.6
黑龙江 Heilongjiang	445566	398918	89.5	45166	38230	84.6
上 海 Shanghai	4996	4941	98.9	416	412	99.2
江 苏 Jiangsu	92443	87221	94.4	10306	9930	96.4
浙 江 Zhejiang	102542	94635	92.3	14126	12482	88.4
安 徽 Anhui	384240	312727	81.4	55769	29782	53.4
福 建 Fujian	231208	215608	93.3	10465	9583	91.6
江 西 Jiangxi	265891	177789	66.9	56309	35942	63.8
山 东 Shandong	522272	513415	98.3	85345	83207	97.5
河 南 Henan	573034	481160	84.0	111707	98597	88.3
湖 北 Hubei	393516	234638	59.6	42691	23399	54.8
湖 南 Hunan	350266	329266	94.0	36266	34000	93.8
广 东 Guangdong	306689	114287	37.3	12920	8733	67.6
广 西 Guangxi	348872	96781	27.7	39116	9385	24.0
海 南 Hainan	20731	7856	37.9	397	209	52.6
重 庆 Chongqing	289433	159926	55.3	21530	21400	99.4
四 川 Sichuan	743962	520947	70.0	91015	44444	48.8
贵 州 Guizhou	234565	205213	87.5	13498	11200	83.0
云 南 Yunnan	303276	283003	93.3	43886	41766	95.2
西 藏 Tibet	277188	163361	58.9	87560	49587	56.6
陕 西 Shaanxi	429513	342295	79.7	30339	27927	92.0
甘 肃 Gansu	354643	200634	56.6	88045	64984	73.8
青 海 Qinghai	225235	92752	41.2	467		
宁 夏 Ningxia	269787	162491	60.2	17811	11101	62.3
新 疆 Xinjiang	1733000	798800	46.1	92389	69938	75.7
大兴安岭 Daxinganling	150782	33126	22.0	18922	7183	38.0

9-7 续表 continued

单位: 公顷，% （hectare, %)

地 区 Region	森林虫害 Forest Pest Plague			森林鼠害 Forest Rat Plague			有害植物 Harmful Plants		
	发生面积 Area of Occurrence	防治面积 Area of Prevention	防治率 Prevention Rate	发生面积 Area of Occurrence	防治面积 Area of Prevention	防治率 Prevention Rate	发生面积 Area of Occurrence	防治面积 Area of Prevention	防治率 Prevention Rate
全 国 National Total	8412810	5995374	71.3	2116002	960292	45.4	162877	51557	31.7
北 京 Beijing	37599	37599	100.0						
天 津 Tianjin	40822	40820	100.0						
河 北 Hebei	460149	384535	83.6	43770	37143	84.9			
山 西 Shanxi	188453	83450	44.3	45521	22078	48.5	1329	667	50.2
内蒙古 Inner Mongolia	763235	377167	49.4	251190	136920	54.5			
辽 宁 Liaoning	591607	461497	78.0	3485	3360	96.4			
吉 林 Jilin	210762	110272	52.3	26580	23347	87.8			
黑龙江 Heilongjiang	189671	170313	89.8	210729	190375	90.3			
上 海 Shanghai	4581	4529	98.9						
江 苏 Jiangsu	82137	77291	94.1						
浙 江 Zhejiang	88416	82153	92.9						
安 徽 Anhui	328471	282945	86.1						
福 建 Fujian	220701	205983	93.3	42	42	100.0			
江 西 Jiangxi	209581	141847	67.7						
山 东 Shandong	436927	430208	98.5						
河 南 Henan	461327	382563	82.9						
湖 北 Hubei	244811	177432	72.5	2176	1885	86.6	103838	31922	30.7
湖 南 Hunan	314000	295266	94.0						
广 东 Guangdong	268820	96807	36.0				24949	8747	35.1
广 西 Guangxi	309351	86996	28.1				406	400	98.6
海 南 Hainan	8034	7171	89.3				12300	476	3.9
重 庆 Chongqing	201256	118786	59.0	66647	19740	29.6			
四 川 Sichuan	611707	447502	73.2	41240	29000	70.3			
贵 州 Guizhou	214704	188347	87.7	6363	5667	89.1			
云 南 Yunnan	243991	231032	94.7	3222	3194	99.1	12176	7011	57.6
西 藏 Tibet	131321	87840	66.9	58307	25933	44.5			
陕 西 Shaanxi	308988	236802	76.6	90185	77566	86.0			
甘 肃 Gansu	158649	78005	49.2	107948	57644	53.4			
青 海 Qinghai	78084	15199	19.5	146684	77553	52.9			
宁 夏 Ningxia	118940	79277	66.7	125158	69779	55.8	7879	2335	29.6
新 疆 Xinjiang	827398	569718	68.9	813212	159144	19.6			
大兴安岭 Daxinganling	58317	6021	10.3	73544	19922	27.1			

9-8　各地区草原灾害情况(2014年)
Grassland Disasters by Region (2014)

单位：千公顷

(1 000 hectares)

地　区　Region	草原鼠害 Rodent Pests in Grassland		草原虫害 Insect Pests in Grassland		草原火灾 受害面积 Area Affected by Fire
	危害面积 Area Harmed	治理面积 Area Treated	危害面积 Area Harmed	治理面积 Area Treated	
全　国　National Total	34812.0	7488.7	13881.3	4857.3	38.7
北　京　Beijing					
天　津　Tianjin					
河　北　Hebei	314.7	178.0	538.7	276.7	
山　西　Shanxi	406.7	100.0	378.7	110.0	
内蒙古　Inner Mongolia	4650.0	1192.0	5512.0	1809.3	34.7
辽　宁　Liaoning	275.3	198.7	290.7	148.0	
吉　林　Jilin	348.0	196.0	337.3	101.3	1.3
黑龙江　Heilongjiang	352.0	96.0	311.3	82.0	
上　海　Shanghai					
江　苏　Jiangsu					
浙　江　Zhejiang					
安　徽　Anhui					
福　建　Fujian					
江　西　Jiangxi					
山　东　Shandong					
河　南　Henan					
湖　北　Hubei					
湖　南　Hunan					
广　东　Guangdong					
广　西　Guangxi					
海　南　Hainan					
重　庆　Chongqing					
四　川　Sichuan	2990.7	938.0	783.3	338.7	
贵　州　Guizhou					
云　南　Yunnan					
西　藏　Tibet	5666.7	253.3	14.0	1.3	
陕　西　Shaanxi	765.3	243.3	310.0	64.0	0.7
甘　肃　Gansu	4386.7	921.3	1321.3	320.0	
青　海　Qinghai	8883.3	968.7	1330.7	393.3	0.7
宁　夏　Ningxia	259.3	578.0	305.3	112.7	
新　疆　Xinjiang	5513.3	1625.3	2448.0	1100.0	1.3

资料来源：农业部。
Source: Ministry of Agriculture.

9-9 各地区突发环境事件情况(2014年)

Environmental Emergencies by Region (2014)

单位: 次 (time)

地 区 Region	突发环境事件次数 Number of Environmental Emergencies	特别重大环境事件 Extraordinarily Serious Environmental Emergencies	重大环境事件 Serious Environmental Emergencies	较大环境事件 Comparatively Serious Environmental Emergencies	一般环境事件 Ordinary Environmental Emergencies
全 国 **National Total**	471		3	16	452
北 京 Beijing	11				11
天 津 Tianjin	1				1
河 北 Hebei	2				2
山 西 Shanxi	6				6
内蒙古 Inner Mongolia	2				2
辽 宁 Liaoning	4				4
吉 林 Jilin	1				1
黑龙江 Heilongjiang					
上 海 Shanghai	108				108
江 苏 Jiangsu	70			5	65
浙 江 Zhejiang	27			1	26
安 徽 Anhui	9				9
福 建 Fujian	20			2	18
江 西 Jiangxi	6				6
山 东 Shandong	6			1	5
河 南 Henan	6				6
湖 北 Hubei	5		2		3
湖 南 Hunan	2			1	1
广 东 Guangdong	23		1		22
广 西 Guangxi	8				8
海 南 Hainan	3				3
重 庆 Chongqing	16				16
四 川 Sichuan	7			2	5
贵 州 Guizhou	3				3
云 南 Yunnan	3				3
西 藏 Tibet					
陕 西 Shaanxi	82			2	80
甘 肃 Gansu	22			1	21
青 海 Qinghai	6				6
宁 夏 Ningxia	7			1	6
新 疆 Xinjiang	5				5

资料来源: 环境保护部。
Source:Ministry of Environmental Protection.

十、环境投资

Environmental Investment

10-1 全国环境污染治理投资情况(2001-2014年)

Investment in the Treatment of Environmental Pollution (2001-2014)

单位: 亿元 (100 million yuan)

年 份 Year	环境污染治理投资总额 Total Investment in Treatment of Environmental Pollution	城镇环境基础设施建设投资 Investment in Urban Environment Infrastructure Facilities	燃气 Gas Supply	集中供热 Central Heating	排水 Sewerage Projects	园林绿化 Gardening & Greening	市容环境卫生 Sanitation
2001	1166.7	655.8	81.7	90.3	244.9	181.4	57.5
2002	1456.5	878.4	98.9	134.6	308.0	261.5	75.4
2003	1750.1	1194.8	147.4	164.3	419.8	352.4	110.9
2004	2057.5	1288.9	163.4	197.7	404.8	400.5	122.5
2005	2565.2	1466.9	164.3	250.0	431.5	456.3	164.8
2006	2779.5	1528.4	179.2	252.5	403.6	475.2	217.9
2007	3668.8	1749.0	187.0	272.4	517.1	601.6	171.0
2008	4937.0	2247.7	199.2	328.2	637.2	823.9	259.2
2009	5258.4	3245.1	219.2	441.5	1035.5	1137.6	411.2
2010	7612.2	5182.2	357.9	557.5	1172.7	2670.6	423.5
2011	7114.0	4557.2	444.1	593.3	971.6	1991.9	556.2
2012	8253.5	5062.7	551.8	798.1	934.1	2380.0	398.6
2013	9037.2	5223.0	607.9	819.5	1055.0	2234.9	505.7
2014	9575.5	5463.9	574.0	763.0	1196.1	2338.5	592.2

10-1 续表   continued

单位: 亿元 (100 million yuan)

年 份 Year	工业污染源治理投资 Investment in Treatment of Industrial Pollution Sources	治理废水 Treatment of Waste water	治理废气 Treatment of Waste Gas	治理固体废物 Treatment of Solid Waste	治理噪声 Treatment of Noise Pollution	治理其他 Treatment of Other Pollution	当年完成环保验收项目环保投资 Environmental Protection Investment in the Environmental Protection Acceptance Projects in the Year	环境污染治理投资占GDP比重(%) Investment in Anti-pollution Projects as Percentage of GDP (%)
2001	174.5	72.9	65.8	18.7	0.6	16.5	336.4	1.06
2002	188.4	71.5	69.8	16.1	1.0	29.9	389.7	1.20
2003	221.8	87.4	92.1	16.2	1.0	25.1	333.5	1.28
2004	308.1	105.6	142.8	22.6	1.3	35.7	460.5	1.28
2005	458.2	133.7	213.0	27.4	3.1	81.0	640.1	1.38
2006	483.9	151.1	233.3	18.3	3.0	78.3	767.2	1.28
2007	552.4	196.1	275.3	18.3	1.8	60.7	1367.4	1.37
2008	542.6	194.6	265.7	19.7	2.8	59.8	2146.7	1.56
2009	442.6	149.5	232.5	21.9	1.4	37.4	1570.7	1.52
2010	397.0	129.6	188.2	14.3	1.4	62.0	2033.0	1.86
2011	444.4	157.7	211.7	31.4	2.2	41.4	2112.4	1.47
2012	500.5	140.3	257.7	24.7	1.2	76.5	2690.4	1.55
2013	849.7	124.9	640.9	14.0	1.8	68.1	2964.5	1.54
2014	997.7	115.2	789.4	15.1	1.1	76.9	3113.9	1.51

10-2 各地区环境污染治理投资情况(2014年)

Investment in the Treatment of Environmental Pollution by Region (2014)

单位: 亿元 (100 million yuan)

地 区	Region	环境污染治理投资总额 Total Investment in Treatment of Environmental Pollution	城镇环境基础设施建设投资 Investment in Urban Environment Infrastructure Facilities	工业污染源治理投资 Investment in Treatment of Industrial Pollution Sources	当年完成环保验收项目环保投资 Environmental Protection Investment in the Environmental Protection Acceptance Projects in the Year	环境污染治理投资占GDP比重(%) Investment in Anti-pollution Projects as Percentage of GDP (%)
全 国	**National Total**	**9575.5**	**5463.9**	**997.7**	**3113.9**	**1.51**
北 京	Beijing	624.4	535.6	7.6	81.2	2.93
天 津	Tianjin	278.9	177.2	22.1	79.6	1.77
河 北	Hebei	455.5	266.3	89.0	100.2	1.55
山 西	Shanxi	293.2	178.7	31.1	83.4	2.30
内蒙古	Inner Mongolia	562.3	319.4	77.5	165.4	3.16
辽 宁	Liaoning	271.5	129.5	38.2	103.8	0.95
吉 林	Jilin	98.1	66.4	16.4	15.3	0.71
黑龙江	Heilongjiang	182.1	124.1	17.8	40.3	1.21
上 海	Shanghai	250.0	82.0	17.8	150.2	1.06
江 苏	Jiangsu	880.6	579.3	48.5	252.8	1.35
浙 江	Zhejiang	474.2	229.0	67.6	177.6	1.18
安 徽	Anhui	428.7	303.0	17.6	108.1	2.06
福 建	Fujian	193.4	142.4	42.4	8.6	0.80
江 西	Jiangxi	231.2	172.3	12.3	46.5	1.47
山 东	Shandong	823.8	490.1	141.6	192.0	1.39
河 南	Henan	295.1	172.9	55.5	66.8	0.84
湖 北	Hubei	316.5	211.7	26.3	78.5	1.16
湖 南	Hunan	213.7	167.8	17.3	28.6	0.79
广 东	Guangdong	303.1	95.3	37.9	170.0	0.45
广 西	Guangxi	200.4	147.9	17.9	34.7	1.28
海 南	Hainan	21.1	7.1	5.6	8.4	0.60
重 庆	Chongqing	168.4	92.6	5.0	70.8	1.18
四 川	Sichuan	288.2	148.1	23.2	116.8	1.01
贵 州	Guizhou	170.4	84.0	18.5	67.9	1.84
云 南	Yunnan	152.0	56.4	24.4	71.2	1.19
西 藏	Tibet	14.4	2.2	1.0	11.1	1.56
陕 西	Shaanxi	285.4	203.5	33.4	48.4	1.61
甘 肃	Gansu	143.5	68.1	17.6	57.7	2.10
青 海	Qinghai	30.0	15.0	7.5	7.5	1.30
宁 夏	Ningxia	78.6	24.6	27.3	26.8	2.86
新 疆	Xinjiang	392.4	171.4	31.7	189.3	4.24

资料来源: 环境保护部、住房和城乡建设部。
注: 城镇环境基础设施建设投资统计范围包括设市城市和县城。
Source:Ministry of Environmental Protection, Ministry of Housing and Urban-Rural Development.
Note: Scope of Investment in Urban Environment Infrastructure Facilities included cities officially designated and county seats.

10-3 各地区城镇环境基础设施建设投资情况(2014年)
Investment in Urban Environment Infrastructure by Region (2014)

单位: 亿元   (100 million yuan)

地 区 Region	投资总额 Total Investment	燃气 Gas Supply	集中供热 Central Heating	排水 Sewerage Projects	#污水处理 Waste Water Treatment	园林绿化 Gardening & Greening	市容环 境卫生 Sanitation	#垃圾处理 Garbage Treatment
全 国 **National Total**	**5463.88**	**574.04**	**763.05**	**1196.05**	**437.84**	**2338.53**	**592.20**	**166.57**
北 京 Beijing	535.60	31.57	80.22	113.65	10.00	112.97	197.20	10.48
天 津 Tianjin	177.18	54.45	22.80	15.87	0.40	57.88	26.18	0.18
河 北 Hebei	266.35	39.23	72.15	44.00	10.89	92.59	18.37	2.70
山 西 Shanxi	178.65	16.35	92.49	16.35	10.28	47.87	5.59	4.56
内蒙古 Inner Mongolia	319.39	21.52	77.82	60.26	27.77	153.46	6.33	1.79
辽 宁 Liaoning	129.47	13.30	63.85	12.40	2.42	34.01	5.90	2.06
吉 林 Jilin	66.38	6.96	23.99	14.16	11.13	17.66	3.61	0.12
黑龙江 Heilongjiang	124.07	13.35	64.82	16.25	8.13	15.52	14.14	8.91
上 海 Shanghai	81.96	12.75		9.61		40.76	18.84	18.84
江 苏 Jiangsu	579.31	34.00		129.97	26.87	383.49	31.85	21.04
浙 江 Zhejiang	229.05	23.06	0.53	83.24	34.25	105.23	16.99	7.16
安 徽 Anhui	303.01	34.67	3.22	69.11	24.78	172.23	23.78	10.02
福 建 Fujian	142.35	16.53	0.39	43.28	24.31	73.37	8.78	5.12
江 西 Jiangxi	172.33	18.13		37.42	19.75	106.66	10.12	4.09
山 东 Shandong	490.15	41.18	112.46	95.26	25.56	209.49	31.76	14.17
河 南 Henan	172.85	15.39	27.00	36.09	16.65	87.76	6.61	0.94
湖 北 Hubei	211.69	13.52	1.14	74.95	16.04	109.54	12.54	3.74
湖 南 Hunan	167.76	15.75		51.66	30.83	64.21	36.14	4.94
广 东 Guangdong	95.28	33.04		26.67	14.57	16.57	19.01	10.74
广 西 Guangxi	147.87	14.73		39.58	12.37	82.52	11.03	2.55
海 南 Hainan	7.13	0.45		3.27	1.68	2.08	1.33	0.69
重 庆 Chongqing	92.64	18.98		9.53	2.13	59.45	4.69	0.45
四 川 Sichuan	148.14	11.34	0.02	59.29	38.37	63.90	13.60	8.97
贵 州 Guizhou	84.05	7.70		37.17	26.46	34.03	5.14	3.46
云 南 Yunnan	56.36	7.10	1.07	18.81	7.46	23.08	6.30	2.87
西 藏 Tibet	2.20			1.88	0.61	0.05	0.27	0.25
陕 西 Shaanxi	203.51	18.02	36.91	38.46	20.02	84.16	25.96	1.60
甘 肃 Gansu	68.15	6.29	24.31	11.08	5.87	24.08	2.38	1.35
青 海 Qinghai	15.00	0.35	2.43	6.15	3.12	2.64	3.43	0.46
宁 夏 Ningxia	24.55	2.77	6.09	2.71	0.23	12.21	0.79	0.26
新 疆 Xinjiang	171.44	31.59	49.32	17.92	4.88	49.06	23.56	12.06

资料来源: 住房和城乡建设部。
Source: Ministry of Housing and Urban-Rural Development.

10-4 各地区工业污染治理投资完成情况(2014年)
Completed Investment in Treatment of
Industrial Pollution by Region (2014)

单位: 万元 (10 000 yuan)

地 区 Region	污染治理项目本年完成投资 Investment Completed in Pollution Treatment Projects	治理废水 Treatment of Waste water	治理废气 Treatment of Waste Gas	治理固体废物 Treatment of Solid Waste	治理噪声 Treatment of Noise Pollution	治理其他 Treatment of Other Pollution
全 国 National Total	9976511	1152473	7893935	150504	10950	768649
北 京 Beijing	75695	2957	62281	408	27	10023
天 津 Tianjin	220923	12218	151108			57597
河 北 Hebei	889518	59925	779803	2324	36	47430
山 西 Shanxi	311477	34594	230646	12587	180	33470
内蒙古 Inner Mongolia	775439	20939	708403	17731	1042	27325
辽 宁 Liaoning	382184	25256	326098	2350	332	28148
吉 林 Jilin	163707	2795	153382	928	299	6304
黑龙江 Heilongjiang	177572	5544	160834	1290		9903
上 海 Shanghai	177859	62702	98400	8	43	16706
江 苏 Jiangsu	485096	75936	383361	411	557	24832
浙 江 Zhejiang	675944	175141	414013	3157	390	83243
安 徽 Anhui	176220	21612	149590	2008	210	2800
福 建 Fujian	423817	117694	183548	8699	720	113157
江 西 Jiangxi	123466	18646	101458	745	112	2506
山 东 Shandong	1416464	82522	1281351	8365	1531	42695
河 南 Henan	554592	60750	464979	140	20	28703
湖 北 Hubei	262884	19609	232512	2752	104	7906
湖 南 Hunan	173424	23655	133227	3605	35	12903
广 东 Guangdong	378641	62914	271987	4619	418	38703
广 西 Guangxi	178909	32927	106049	17201		22731
海 南 Hainan	56152	90	55649		83	330
重 庆 Chongqing	50284	4954	34278	4296	132	6624
四 川 Sichuan	232452	54168	164883	1689	3929	7783
贵 州 Guizhou	184765	13117	169146	665		1837
云 南 Yunnan	244003	31218	134079	33521	215	44971
西 藏 Tibet	10283	7723	1453	260		847
陕 西 Shaanxi	334478	23732	255980	2306	498	51962
甘 肃 Gansu	176244	19548	137981	230		18485
青 海 Qinghai	74508	11752	48768	3328		10659
宁 夏 Ningxia	272967	30829	219777	14840		7522
新 疆 Xinjiang	316542	37007	278911	42	38	544

10-5 各地区环保验收项目情况(2014年)

Environmental Protection Acceptance Projects by Region (2014)

地 区 Region	当年完成环保验收项目数(项) Number of Environmental Protection Acceptance Projects in the Year (unit)	当年完成环保验收项目总投资(亿元) Total Investment in the Environmental Protection Acceptance Projects in the Year (100 million yuan)	当年完成环保验收项目环保投资(亿元) Environmental Protection Investment in the Environmental Protection Acceptance Projects in the Year (100 million yuan)
全 国 National Total	142448	85053.9	3113.9
北 京 Beijing	3052	1226.4	81.2
天 津 Tianjin	986	1436.4	79.6
河 北 Hebei	6043	2569.5	100.2
山 西 Shanxi	2168	1212.5	83.4
内蒙古 Inner Mongolia	2756	1895.6	165.4
辽 宁 Liaoning	6697	4408.9	103.8
吉 林 Jilin	3193	896.7	15.3
黑龙江 Heilongjiang	2896	1411.3	40.3
上 海 Shanghai	5802	8753.4	150.2
江 苏 Jiangsu	9692	10286.0	252.8
浙 江 Zhejiang	9387	5518.4	177.6
安 徽 Anhui	4266	2222.1	108.1
福 建 Fujian	737	546.7	8.6
江 西 Jiangxi	1812	1122.4	46.5
山 东 Shandong	11019	5724.2	192.0
河 南 Henan	3888	2023.2	66.8
湖 北 Hubei	3563	2030.1	78.5
湖 南 Hunan	2974	527.8	28.6
广 东 Guangdong	23126	5954.3	170.0
广 西 Guangxi	4569	2905.2	34.7
海 南 Hainan	371	161.8	8.4
重 庆 Chongqing	2990	3074.1	70.8
四 川 Sichuan	4386	2978.1	116.8
贵 州 Guizhou	4657	1124.0	67.9
云 南 Yunnan	8500	1558.6	71.2
西 藏 Tibet	462	49.5	11.1
陕 西 Shaanxi	2262	1377.6	48.4
甘 肃 Gansu	2616	3262.6	57.7
青 海 Qinghai	510	433.3	7.5
宁 夏 Ningxia	498	612.9	26.8
新 疆 Xinjiang	6350	1823.2	189.3

注: 全国合计数据中包含环境保护部验收的项目情况。

Note: National total data included the Projects checked and accepted by Ministry of Environmental Protection.

10-6 各地区林业投资资金来源情况(2014年)
Source of Funds of Investment for Forestry by Region(2014)

单位: 万元 (10 000 yuan)

地 区 Region	合 计 Source of Funds	上年末 结余资金 Surplus Funds from last Year	本年资金 来 源 Source of Funds in the Year	国家预算 资 金 State Budgetary Appropriations	国内贷款 Domestic Loans
全 国 **National Total**	**42654719**	**882226**	**41772493**	**17279475**	**4017044**
北 京 Beijing	2370477	151986	2218491	1796513	
天 津 Tianjin	203034		203034	203034	
河 北 Hebei	857318	5367	851951	580673	64416
山 西 Shanxi	1465912		1465912	1036327	
内蒙古 Inner Mongolia	1338284	3531	1334753	1186673	
辽 宁 Liaoning	998522	917	997605	627468	407
吉 林 Jilin	808150	102117	706033	544180	34
黑龙江 Heilongjiang	978006	6852	971154	861156	313
上 海 Shanghai	133090		133090	126918	
江 苏 Jiangsu	1498746	20608	1478138	341131	16200
浙 江 Zhejiang	868529	9014	859515	518526	77611
安 徽 Anhui	883175	2590	880585	238129	46864
福 建 Fujian	2684547		2684547	119628	2011514
江 西 Jiangxi	897658	1000	896658	557706	13443
山 东 Shandong	3017387	11643	3005744	559172	158474
河 南 Henan	1102935		1102935	279613	360000
湖 北 Hubei	939685		939685	426409	122020
湖 南 Hunan	1902628	2745	1899883	717802	197020
广 东 Guangdong	717870	35139	682731	534426	7160
广 西 Guangxi	10564550	123042	10441508	545693	507990
海 南 Hainan	194524	41472	153052	133939	
重 庆 Chongqing	500242	1637	498605	468993	5715
四 川 Sichuan	2403437	11256	2392181	978136	143163
贵 州 Guizhou	402000		402000	336000	
云 南 Yunnan	1042651	132734	909917	669360	79365
西 藏 Tibet	135760		135760	135760	
陕 西 Shaanxi	1096182	2369	1093813	885650	950
甘 肃 Gansu	813689		813689	632597	147208
青 海 Qinghai	281662		281662	265290	13670
宁 夏 Ningxia	209506		209506	117051	42843
新 疆 Xinjiang	816310	93455	722855	481520	664
大兴安岭 Daxinganling	313631	45732	267899	250013	

资料来源: 国家林业局(下表同)。
注: 全国合计数包括国家林业局直属单位数据。
Source: State Forestry Administration (the same as in the following table).
Note:Data of national total include the units directly under State Forestry Administration.

10-6 续表 continued

单位：万元 (10 000 yuan)

地　区	Region	债券 Bonds	利用外资 Foreign Capital	自筹资金 Enterprise Fundraising	其他资金 Other Funds
全　国	**National Total**	**1534**	**636899**	**16765086**	**3072455**
北　京	Beijing		1340	391680	28958
天　津	Tianjin				
河　北	Hebei		695	179661	26506
山　西	Shanxi		82	429503	
内蒙古	Inner Mongolia			71621	76459
辽　宁	Liaoning		2177	366806	747
吉　林	Jilin	34		106397	55388
黑龙江	Heilongjiang			66915	42770
上　海	Shanghai			5725	447
江　苏	Jiangsu		144408	943365	33034
浙　江	Zhejiang		1735	229070	32573
安　徽	Anhui		4981	550946	39665
福　建	Fujian		279474	40807	233124
江　西	Jiangxi		86816	64228	174465
山　东	Shandong		1765	2010959	275374
河　南	Henan		3322	460000	
湖　北	Hubei		700	369328	21228
湖　南	Hunan		26451	868845	89765
广　东	Guangdong		7627	58851	74667
广　西	Guangxi		41886	8020442	1325497
海　南	Hainan			16023	3090
重　庆	Chongqing			20674	3223
四　川	Sichuan	1500	8736	997457	263189
贵　州	Guizhou			66000	
云　南	Yunnan			88842	72350
西　藏	Tibet				
陕　西	Shaanxi		1751	102829	102633
甘　肃	Gansu		12500	13181	8203
青　海	Qinghai		2702		
宁　夏	Ningxia		7549		42063
新　疆	Xinjiang		202	205755	34714
大兴安岭	Daxinganling			17886	

10-7 各地区林业投资完成情况(2014年)

Completed Investment for Forestry by Region(2014)

单位: 万元 (10 000 yuan)

地 区 Region	本年完成投资 Completed Investment During the Year	#国家投资 State Investment	林业投资 Investment for Forestry				
			生态建设与保护 Ecological Construction and Protection	林业支撑与保障 Forestry Bracing and Indemnification	林业产业发展 Forestry Industry Development	林业民生工程 Livelihood Projects of Forestry	其他 Others
全 国 National Total	43255140	16314880	19479662	2327390	16200261	1532407	3715420
北 京 Beijing	2353682	2054335	1846078	96093	72172	18701	320638
天 津 Tianjin	203034	203034	188278	5874	600	1410	6872
河 北 Hebei	897626	580673	636325	62486	108679	8654	81482
山 西 Shanxi	1465912	1036327	1166426	30636	22353	112431	134066
内蒙古 Inner Mongolia	1513615	1183961	1082552	72233	2277	196776	159777
辽 宁 Liaoning	1227495	615774	781595	39826	342937	12665	50472
吉 林 Jilin	678177	467585	367106	85035	39983	129695	56358
黑龙江 Heilongjiang	974013	856090	723416	34022	12437	132519	71619
上 海 Shanghai	147768	139500	134958	4125	4849		3836
江 苏 Jiangsu	1493080	151169	1011884	217647	242449	14191	6909
浙 江 Zhejiang	876555	467723	471349	71568	187851	46703	99084
安 徽 Anhui	971859	250578	696468	60251	172604	6771	35765
福 建 Fujian	2643740	119628	762165	9330	1716691	687	154867
江 西 Jiangxi	973325	558552	330446	212313	144681	123659	162226
山 东 Shandong	3250914	337102	1076388	391811	1702881	12949	66885
河 南 Henan	1102935	208029	644795	19236	302224	6596	130084
湖 北 Hubei	940769	426409	424381	47151	359967	57451	51819
湖 南 Hunan	1908333	735681	834469	86544	761109	66085	160126
广 东 Guangdong	732897	391588	447850	72347	37323	23780	151597
广 西 Guangxi	10861358	467410	1298740	233678	8203230	290778	834932
海 南 Hainan	136712	122619	77869	17846	7658	10119	23220
重 庆 Chongqing	463092	413595	321367	31913	43476	10254	56082
四 川 Sichuan	2403437	984888	987846	80985	1137631	49254	147721
贵 州 Guizhou	402000	402000	352282	11854	12000	2238	23626
云 南 Yunnan	904811	451034	544312	82849	133286	17762	126602
西 藏 Tibet	188309	135916	128958	13830		44621	900
陕 西 Shaanxi	1091744	719910	693360	38482	137308	29548	193046
甘 肃 Gansu	837211	602137	396063	45636	158734	53156	183622
青 海 Qinghai	281662	248457	203853	18069	26635	3900	29205
宁 夏 Ningxia	164160	117051	132263	9345	15029	3472	4051
新 疆 Xinjiang	730509	471140	453909	66438	91207	12530	106425
大兴安岭 Daxinganling	280982	251112	231571	1856		33052	14503

注: 全国合计数包括国家林业局直属单位数据。

Note:Data of national total include the units directly under State Forestry Administration.

十一、 城市环境

Urban Environment

11-1 全国城市环境情况(2000-2014年)
Urban Environment (2000-2014)

年份 Year	城市个数 (个) Number of Cities (unit)	城区面积 (万平方公里) Urban Area (10 000 sq.km)	建设用地 面积 (万平方公里) Area of Land Used for Urban Construction (10 000 sq.km)	人均日生活 用水量 (升) Daily Household Water Consump- tion per Capita (liter)	城市用水 普及率 (%) Water Access Rate (%)	城市污水 排放量 (亿立方米) Waste Water Discharged (100 million cu.m)	城市污水 处理率 (%) Waste Water Treatment Rate (%)
2000	663	87.8	2.2	220.2	63.9	331.8	34.3
2001	662	60.8	2.4	216.0	72.3	328.6	36.4
2002	660	46.7	2.7	213.0	77.9	337.6	40.0
2003	660	39.9	2.9	210.9	86.2	349.2	42.1
2004	661	39.5	3.1	210.8	88.9	356.5	45.7
2005	661	41.3		204.1	91.1	359.5	52.0
2006	656	16.7	3.2	188.3	86.1	362.5	55.7
2007	655	17.6	3.6	178.4	93.8	361.0	62.9
2008	655	17.8	3.9	178.2	94.7	364.9	70.2
2009	655	17.5	3.9	176.6	96.1	371.2	75.3
2010	657	17.9	4.0	171.4	96.7	378.7	82.3
2011	657	18.4	4.2	170.9	97.0	403.7	83.6
2012	657	18.3	4.6	171.8	97.2	416.8	87.3
2013	658	18.3	4.7	173.5	97.6	427.5	89.3
2014	653	18.4	5.0	173.7	97.6	445.3	90.2

注: 2006年起住房和城乡建设部《城市建设统计制度》修订，统计范围、口径及部分指标计算方法都有所调整，故不能与2005年直接比较。

Note:Urban Construction Statistical System had been amended by Ministry of Housing and Urban-Rural Development in 2006. Scope, caliber and calculated method of some indicators are adjusted,so it can not be directly compared with data of 2005.

11-1 续表 continued

年份 Year	城市燃气 普及率 (%) Gas Access Rate (%)	城市生活 垃圾清运量 (万吨) Volume of Garbage Disposal (10 000 tons)	城市生活垃圾 无害化处理率 (%) Proportion of Harmless Treated Garbage (%)	供热面积 (万平方米) Heated Area (10 000 sq.m)	建成区 绿化覆盖率 (%) Green Covered Area as % of Completed Area (%)	人均公园 绿地面积 (平方米) Park Green Land per Capita (sq.m)
2000	45.4	11819		110766	28.2	3.7
2001	59.7	13470	58.2	146329	28.4	4.6
2002	67.2	13650	54.2	155567	29.8	5.4
2003	76.7	14857	50.8	188956	31.2	6.5
2004	81.5	15509	52.1	216266	31.7	7.4
2005	82.1	15577	51.7	252056	32.5	7.9
2006	79.1	14841	52.2	265853	35.1	8.3
2007	87.4	15215	62.0	300591	35.3	9.0
2008	89.6	15438	66.8	348948	37.4	9.7
2009	91.4	15734	71.4	379574	38.2	10.7
2010	92.0	15805	77.9	435668	38.6	11.2
2011	92.4	16395	79.7	473784	39.2	11.8
2012	93.2	17081	84.8	518368	39.6	12.3
2013	94.3	17239	89.3	571677	39.7	12.6
2014	94.6	17860	91.8	611246	40.2	13.1

11-2 主要城市空气质量指标(2014年)
Ambient Air Quality in Major Cities (2014)

城 市 City	二氧化硫年平均浓度(微克/立方米) Annual Average Concentration of SO_2 ($\mu g/m^3$)	二氧化氮年平均浓度(微克/立方米) Annual Average Concentration of NO_2 ($\mu g/m^3$)	可吸入颗粒物(PM10)年平均浓度(微克/立方米) Annual Average Concentration of PM_{10} ($\mu g/m^3$)	一氧化碳日均值第95百分位浓度(毫克/立方米) 95th Percentile Daily Average Concentration of CO (mg/m^3)	臭氧(O3)最大8小时第90百分位浓度(微克/立方米) 90th Percentile Daily Maximum 8 Hours Average Concentration of O_3($\mu g/m^3$)	细颗粒物(PM2.5)年平均浓度(微克/立方米) Annual Average Concentration of $PM_{2.5}$ ($\mu g/m^3$)	空气质量达到及好于二级的天数(天) Days of Air Quality Equal to or Above Grade II (day)
北 京 Beijing	22	57	116	3.2	200	86	168
天 津 Tianjin	49	54	133	2.9	157	83	175
石 家 庄 Shijiazhuang	62	53	206	4.2	161	124	97
唐 山 Tangshan	73	60	163	4.7	169	101	133
秦 皇 岛 Qinhuangdao	54	49	113	3.5	114	61	239
邯 郸 Handan	57	51	186	3.9	147	115	93
保 定 Baoding	67	55	224	5.4	178	129	79
太 原 Taiyuan	73	36	138	3.2	125	72	197
大 同 Datong	46	32	95	3.6	114	43	300
阳 泉 Yangquan	88	44	154	2.8	101	71	96
长 治 Changzhi	38	39	116	3.5	102	67	235
临 汾 Linfen	60	32	94	4.2	95	63	240
呼和浩特 Hohhot	50	44	122	4.0	117	46	240
包 头 Baotou	54	46	151	3.3	140	55	187
赤 峰 Chifeng	56	25	112	1.6	108	47	257
沈 阳 Shenyang	82	52	124	2.0	165	74	190
大 连 Dalian	30	39	85	1.4	110	53	276
鞍 山 Anshan	57	38	133	3.8	146	76	198
抚 顺 Fushun	38	37	103	2.2	165	58	240
本 溪 Benxi	46	40	97	4.0	126	61	239
锦 州 Jinzhou	62	42	102	2.4	155	63	236
长 春 Changchun	41	47	118	1.5	132	68	239
吉 林 Jilin	24	38	109	2.5	141	66	240
哈 尔 滨 Harbin	57	52	111	1.6	111	72	241
齐齐哈尔 Qiqihar	29	21	63	1.5	92	39	300
牡 丹 江 Mudanjiang	25	32	91	1.7	119	59	264
上 海 Shanghai	18	45	71	1.3	149	52	278
南 京 Nanjing	25	54	124	1.6	183	74	188
无 锡 Wuxi	29	45	106	1.7	182	68	210
徐 州 Xuzhou	38	37	119	2.0	152	67	238
常 州 Changzhou	36	40	104	1.7	171	67	231
苏 州 Suzhou	25	53	86	1.5	164	66	227
南 通 Nantong	26	40	96	1.3	153	62	257
连 云 港 Lianyungang	30	35	111	2.0	145	61	250
扬 州 Yangzhou	34	37	106	1.5	130	65	222
镇 江 Zhenjiang	24	46	107	1.6	147	68	240
杭 州 Hangzhou	21	50	98	1.3	169	65	216
宁 波 Ningbo	17	41	73	1.4	140	46	302

资料来源：环境保护部。
Source:Ministry of Environmental Protection.

11-2 续表1 continued

城　市　City	二氧化硫年平均浓度(微克/立方米) Annual Average Concentration of SO$_2$ (μg/m^3)	二氧化氮年平均浓度(微克/立方米) Annual Average Concentration of NO$_2$ (μg/m^3)	可吸入颗粒物(PM$_{10}$)年平均浓度(微克/立方米) Annual Average Concentration of PM$_{10}$ (μg/m^3)	一氧化碳日均值第95百分位浓度(毫克/立方米) 95th Percentile Daily Average Concentration of CO (mg/m^3)	臭氧(O$_3$)最大8小时第90百分位浓度(微克/立方米) 90th Percentile Daily Maximum 8 Hours Average Concentration of O$_3$(μg/m^3)	细颗粒物(PM$_{2.5}$)年平均浓度(微克/立方米) Annual Average Concentration of PM$_{2.5}$ (μg/m^3)	空气质量达到及好于二级的天数(天) Days of Air Quality Equal to or Above Grade Ⅱ (day)
温　州 Wenzhou	17	50	75	1.7	134	46	299
湖　州 Huzhou	22	48	87	1.4	166	64	222
绍　兴 Shaoxing	36	50	96	1.4	167	63	228
合　肥 Hefei	23	31	113	1.6	69	83	151
芜　湖 Wuhu	27	28	96	1.9	72	67	249
马鞍山 Maanshan	29	35	108	2.1	105	67	247
福　州 Fuzhou	8	36	65	1.3	137	34	310
厦　门 Xiamen	16	37	59	1.0	128	37	344
泉　州 Quanzhou	9	24	68	1.2	96	34	346
南　昌 Nanchang	25	33	85	1.6	129	52	294
九　江 Jiujiang	30	31	86	1.4	136	46	280
济　南 Jinan	69	57	172	2.4	190	87	107
青　岛 Qingdao	38	45	107	1.6	154	58	236
淄　博 Zibo	123	67	171	3.1	187	97	91
枣　庄 Zaozhuang	74	47	170	1.8	195	92	103
烟　台 Yantai	28	40	84	1.6	152	52	246
潍　坊 Weifang	59	42	146	2.2	209	78	123
济　宁 Jinin	73	47	154	2.2	184	88	125
泰　安 Taian	50	46	132	2.6	146	76	193
日　照 Rizhao	31	38	112	2.0	148	62	231
郑　州 Zhengzhou	43	51	158	3.1	116	88	135
开　封 Kaifeng	34	37	128	3.2	130	83	150
洛　阳 Luoyang	49	42	129	3.3	143	74	151
平顶山 Pingdingshan	56	46	141	2.0	146	88	171
安　阳 Anyang	58	54	154	4.9	160	97	113
焦　作 Jiaozuo	62	46	134	3.7	166	80	181
三门峡 Sanmenxia	56	40	130	2.9	165	76	188
武　汉 Wuhan	21	55	114	1.8	156	82	177
宜　昌 Yichang	49	36	137	2.1	110	93	173
荆　州 Jingzhou	43	39	150	2.3	138	88	173
长　沙 Changsha	24	42	84	1.8	117	74	224
株　洲 Zhuzhou	36	39	102	1.7	139	74	229
湘　潭 Xiangtan	34	45	108	1.7	131	73	219
岳　阳 Yueyang	30	29	130	2.2	74	58	271
常　德 Changde	36	25	101	2.9	98	71	227
张家界 Zhangjiajie	18	18	91	2.6	114	65	229
广　州 Guangzhou	17	48	67	1.5	165	49	282
韶　关 Shaoguan	33	31	66	2.7	152	49	269

11-2 续表2 continued

城　市　　　City	二氧化硫年平均浓度(微克/立方米) Annual Average Concentration of SO$_2$ (μg/m^3)	二氧化氮年平均浓度(微克/立方米) Annual Average Concentration of NO$_2$ (μg/m^3)	可吸入颗粒物(PM$_{10}$)年平均浓度(微克/立方米) Annual Average Concentration of PM$_{10}$ (μg/m^3)	一氧化碳日均值第95百分位浓度(毫克/立方米) 95th Percentile Daily Average Concentration of CO (mg/m^3)	臭氧(O$_3$)最大8小时第90百分位浓度(微克/立方米) 90th Percentile Daily Maximum 8 Hours Average Concentration of O$_3$(μg/m^3)	细颗粒物(PM$_{2.5}$)年平均浓度(微克/立方米) Annual Average Concentration of PM$_{2.5}$ (μg/m^3)	空气质量达到及好于二级的天数(天) Days of Air Quality Equal to or Above Grade Ⅱ (day)
深　圳 Shenzhen	9	35	53	1.4	126	34	348
珠　海 Zhuhai	11	33	53	1.4	138	34	321
汕　头 Shantou	14	22	63	1.3	133	40	328
湛　江 Zhanjiang	13	15	47	1.6	134	29	318
南　宁 Nanning	15	37	84	1.6	126	49	292
柳　州 Liuzhou	32	30	92	1.7	155	67	240
桂　林 Guilin	22	28	86	2.0	136	66	250
北　海 Beihai	13	14	58	1.9	144	29	322
海　口 Haikou	6	16	42	0.9	102	23	346
重　庆 Chongqing	24	39	98	1.8	146	65	246
成　都 Chengdu	19	59	123	2.0	147	77	216
自　贡 Zigong	22	26	108	1.5	75	74	217
攀枝花 Panzhihua	51	32	83	3.2	99	40	336
泸　州 Luzhou	25	38	93	1.5	137	65	262
德　阳 Deyang	21	35	89	1.8	141	62	264
绵　阳 Mianyang	16	39	82	1.4	131	56	270
南　充 Nanchong	25	35	108	1.5	76	73	241
宜　宾 Yibin	27	31	97	3.3	138	66	245
贵　阳 Guiyang	24	31	74	1.3	103	48	301
遵　义 Zunyi	25	31	91	1.2	103	57	281
昆　明 Kunming	20	36	70	1.5	111	35	350
曲　靖 Qujing	27	21	58	1.8	118	35	353
玉　溪 Yuxi	28	22	53	3.4	122	30	337
拉　萨 Lhasa	10	20	59	1.8	134	25	321
西　安 Xi'an	32	47	152	3.0	128	77	172
铜　川 Tongchuan	35	40	118	3.4	148	69	219
宝　鸡 Baoji	24	36	120	3.4	120	70	220
咸　阳 Xianyang	31	38	132	2.3	131	71	202
渭　南 Weinan	35	37	127	2.3	122	75	202
延　安 Yan'an	35	51	121	3.8	138	53	254
兰　州 Lanzhou	29	48	126	2.7	108	61	247
金　昌 Jinchang	59	20	118	2.5	132	41	276
西　宁 Xining	41	38	121	2.5	89	63	261
银　川 Yinchuan	69	42	112	2.4	124	53	255
石嘴山 Shizuishan	81	31	127	1.8	151	51	230
乌鲁木齐 Urumqi	25	56	146	3.4	109	61	202
克拉玛依 Karamay	8	28	78	2.2	123	42	179

11-3 各地区城市面积和建设用地情况(2014年)
Urban Area and Land Used for Construction by Region(2014)

单位: 平方公里
(sq.km)

地 区	Region	城区面积 Urban Area	#建 成 区面积 Area of Built Districts	城市建设用地面积 Area of Land Used for Urban Construction			
				小 计 Sub-total	居住用地 Residential Area	公共管理与公共 服务设施用地 Area for Public Management & Service Facilities	商业服务业 设施用地 Area for Commercial Services Facilities
全 国	**National Total**	**184098.6**	**49772.6**	**49982.7**	**15783.1**	**4717.8**	**3390.7**
北 京	Beijing	12187.0	1385.6	1586.4	408.5	164.4	125.6
天 津	Tianjin	2363.1	797.1	786.8	199.9	58.0	45.8
河 北	Hebei	6412.4	1833.2	1719.1	592.0	168.0	116.0
山 西	Shanxi	2729.0	1097.4	1034.3	336.4	124.2	68.6
内蒙古	Inner Mongolia	6764.6	1184.8	1265.7	391.6	108.8	109.1
辽 宁	Liaoning	14084.2	2422.0	2444.9	819.2	178.7	185.2
吉 林	Jilin	3642.9	1362.8	1281.8	467.6	105.5	86.4
黑龙江	Heilongjiang	2786.8	1785.1	1773.7	635.4	178.5	88.4
上 海	Shanghai	6340.5	998.8	2915.6	1058.9	161.7	137.5
江 苏	Jiangsu	14609.8	4019.8	4067.9	1260.1	331.6	319.5
浙 江	Zhejiang	11094.6	2489.2	2532.0	708.9	217.2	201.6
安 徽	Anhui	5929.7	1835.2	1830.1	590.4	158.2	151.8
福 建	Fujian	4318.1	1326.4	1208.1	375.7	153.1	83.7
江 西	Jiangxi	2114.8	1201.3	1123.5	347.0	101.8	98.4
山 东	Shandong	21310.9	4400.1	4278.5	1302.9	442.3	289.1
河 南	Henan	4662.5	2374.7	2232.9	660.5	258.3	117.1
湖 北	Hubei	7680.6	2077.6	2422.7	693.1	246.0	138.4
湖 南	Hunan	4285.8	1540.2	1479.5	517.1	195.2	103.1
广 东	Guangdong	17036.4	5398.1	4415.6	1373.7	343.7	302.2
广 西	Guangxi	5886.6	1192.8	1141.3	349.5	126.0	64.2
海 南	Hainan	1276.7	303.1	258.3	95.1	34.1	9.3
重 庆	Chongqing	6643.4	1231.4	1028.8	326.8	91.5	63.0
四 川	Sichuan	6426.2	2216.6	2138.5	685.6	229.1	124.3
贵 州	Guizhou	2643.6	723.8	635.7	202.5	60.0	35.4
云 南	Yunnan	2903.3	977.0	910.5	325.6	104.2	69.9
西 藏	Tibet	361.6	126.3	124.7	35.6	28.4	13.7
陕 西	Shaanxi	1610.3	967.6	946.4	226.1	101.4	79.6
甘 肃	Gansu	1554.8	779.3	756.6	210.3	81.5	51.4
青 海	Qinghai	635.8	165.8	156.5	71.4	12.8	7.2
宁 夏	Ningxia	2111.0	441.3	376.4	125.7	51.9	19.5
新 疆	Xinjiang	1691.8	1118.4	1110.1	390.3	101.7	85.7

资料来源: 住房和城乡建设部(以下各表同)。
Source: Ministry of Housing and Urban-Rural Development(the same as in the following tables).

11-3 续表 continued

单位:平方公里 (sq.km)

地 区 Region	城市建设用地面积 Area of Land Used for Urban Construction					本年征用土地面积 Area of Land Requisition of the Year	#耕地 Arable Land
	工业用地 Area for Industrial	物流仓储用地 Area for Logistics & Storage	道路交通设施用地 Area for Road Traffic Facilities	公共设施用地 Area for Public Facilities	绿地与广场用地 Green Land & Square Land		
全 国 National Total	9934.1	1553.0	6666.3	2117.0	5623.6	1475.9	671.7
北 京 Beijing	240.0	49.5	260.7	29.1	111.4	14.4	2.6
天 津 Tianjin	185.9	57.5	139.9	22.0	77.7	16.6	8.2
河 北 Hebei	249.8	71.5	231.1	87.3	203.4	33.0	15.5
山 西 Shanxi	181.7	37.1	105.2	79.7	101.3	25.3	12.2
内蒙古 Inner Mongolia	170.6	44.7	201.1	75.3	164.6	25.2	11.4
辽 宁 Liaoning	570.5	71.0	287.9	70.1	262.5	70.0	35.9
吉 林 Jilin	269.0	39.6	150.3	65.2	98.3	36.1	24.2
黑龙江 Heilongjiang	334.3	81.8	212.0	71.7	171.7	24.3	8.2
上 海 Shanghai	733.1	85.5	418.9	130.3	189.6	35.5	21.0
江 苏 Jiangsu	923.6	117.6	493.1	147.3	475.1	146.9	68.1
浙 江 Zhejiang	610.7	56.3	357.3	115.6	264.4	105.5	53.8
安 徽 Anhui	341.6	51.1	268.5	61.0	207.4	107.3	56.5
福 建 Fujian	246.9	33.2	134.0	55.8	125.9	75.6	23.5
江 西 Jiangxi	207.5	27.9	153.3	51.4	136.2	39.7	13.4
山 东 Shandong	934.6	123.4	533.5	147.1	505.6	88.1	39.8
河 南 Henan	347.8	75.5	352.7	93.7	327.4	36.7	16.2
湖 北 Hubei	549.9	70.4	243.9	101.6	379.4	115.3	54.3
湖 南 Hunan	192.8	48.3	175.0	94.4	153.7	48.9	10.8
广 东 Guangdong	1121.5	110.6	602.2	153.8	407.8	78.8	23.3
广 西 Guangxi	174.6	43.4	208.6	49.0	126.0	62.0	24.1
海 南 Hainan	20.1	4.4	44.7	11.2	39.5	5.8	0.7
重 庆 Chongqing	218.6	22.2	174.1	30.4	102.2	88.6	51.4
四 川 Sichuan	428.1	48.8	255.5	143.3	223.9	50.8	20.7
贵 州 Guizhou	109.7	21.5	75.5	29.8	101.3	16.1	8.1
云 南 Yunnan	104.4	31.6	115.7	34.2	124.9	40.3	18.0
西 藏 Tibet	13.0	4.1	14.1	7.0	8.8		
陕 西 Shaanxi	118.2	21.2	156.5	31.3	212.2	22.5	8.9
甘 肃 Gansu	129.8	29.2	90.2	41.0	123.2	39.4	28.0
青 海 Qinghai	12.4	17.2	14.7	6.0	14.8	4.2	2.8
宁 夏 Ningxia	35.4	12.8	60.4	16.9	53.9	2.9	1.6
新 疆 Xinjiang	158.0	44.3	135.9	64.8	129.4	19.9	8.7

11-4　各地区城市市政设施情况(2014年)

Urban Municipal Facilities by Region (2014)

地　区	Region	道路长度 (公里) Length of Roads (km)	道路面积 (万平方米) Area of Roads (10 000 sq.m)	桥梁 (座) Number of Bridges (unit)	#立交桥 Inter-section Bridges	道路照明灯 (千盏) Number of Road Lamps (1 000 unit)	排水管道长度 (公里) Length of Drainage Pipes (km)	#污水管道 Sewers
全　国	**National Total**	**352333**	**683028**	**61872**	**4568**	**23019.1**	**511179**	**211157**
北　京	Beijing	8107	13834	2244	433	248.7	14290	6536
天　津	Tianjin	7275	13144	869	110	309.9	18748	9124
河　北	Hebei	12859	30113	1378	259	624.6	15924	6547
山　西	Shanxi	7107	14470	640	132	436.7	7428	2243
内蒙古	Inner Mongolia	8612	18432	374	111	746.5	12123	6702
辽　宁	Liaoning	16692	28997	1663	257	1562.2	16783	3707
吉　林	Jilin	8922	16887	750	149	500.7	9870	3595
黑龙江	Heilongjiang	12252	18359	1032	200	622.2	9922	3330
上　海	Shanghai	4851	9964	2439	54	523.8	20972	8009
江　苏	Jiangsu	39070	71151	14013	379	3198.4	66256	32144
浙　江	Zhejiang	19382	37323	9732	174	1392.1	35960	17360
安　徽	Anhui	12932	29124	1441	182	809.8	24580	9689
福　建	Fujian	7987	15436	1799	80	689.6	12709	6686
江　西	Jiangxi	7250	15578	659	64	602.3	10814	4258
山　东	Shandong	39404	78308	5109	257	1789.7	49554	19255
河　南	Henan	11627	28017	1287	126	825.5	19348	7428
湖　北	Hubei	18209	31145	1917	122	641.7	21484	6402
湖　南	Hunan	10947	20062	728	76	642.8	12612	5514
广　东	Guangdong	38213	67446	6377	499	2124.0	50320	16230
广　西	Guangxi	7638	15614	735	94	590.7	8771	2470
海　南	Hainan	2188	4747	151	9	169.0	3522	1463
重　庆	Chongqing	6893	14528	1379	268	449.6	11081	5542
四　川	Sichuan	12488	26264	2027	202	929.4	20606	9020
贵　州	Guizhou	3295	6531	573	36	401.3	5577	2565
云　南	Yunnan	7338	14182	653	46	413.2	10136	4958
西　藏	Tibet	585	970	10		28.8	610	100
陕　西	Shaanxi	6170	13557	678	139	622.2	7237	3345
甘　肃	Gansu	4151	8758	445	34	265.5	5016	2032
青　海	Qinghai	925	1835	127	4	115.8	1469	796
宁　夏	Ningxia	2134	6332	183	8	227.0	1460	317
新　疆	Xinjiang	6831	11917	460	64	515.9	5997	3792

11-5 各地区城市供水和用水情况(2014年)
Urban Water Supply and Use by Region (2014)

单位: 万立方米 (10 000 cu.m)

地 区 Region	供水总量 Total Water Supply	售水量按用途分 Water for Sale Classify by Purpose				
		合 计 Total	生产运营用水 Production & Operation	公共服务用水 Public Service	居民家庭用水 Household Use	其他用水 Other
全 国 **National Total**	**5466613**	**4626641**	**1623837**	**739288**	**2004657**	**258860**
北 京 Beijing	182419	162775	27472	55995	71117	8191
天 津 Tianjin	81249	71085	30036	10420	25271	5357
河 北 Hebei	151478	132576	59074	20425	48320	4758
山 西 Shanxi	83155	77259	29995	7595	37009	2660
内蒙古 Inner Mongolia	73864	63208	27554	10935	21322	3397
辽 宁 Liaoning	272641	208480	93146	40340	67142	7852
吉 林 Jilin	106813	79436	28097	16669	31651	3019
黑龙江 Heilongjiang	150272	122255	59771	18067	38027	6391
上 海 Shanghai	317260	248230	53542	64869	100165	29655
江 苏 Jiangsu	488062	427452	184371	60544	164353	18184
浙 江 Zhejiang	308411	271180	115740	30791	114883	9764
安 徽 Anhui	167781	140946	49957	21627	64145	5217
福 建 Fujian	156464	129865	41633	15327	59088	13817
江 西 Jiangxi	106053	85194	16056	17870	44761	6508
山 东 Shandong	347781	308638	144396	45397	107762	11083
河 南 Henan	191001	163432	68254	18984	67897	8298
湖 北 Hubei	269558	217982	66115	33779	108507	9580
湖 南 Hunan	192647	156315	42044	12237	89751	12284
广 东 Guangdong	840259	721646	220198	129618	319029	52801
广 西 Guangxi	162236	141829	61421	17241	61998	1169
海 南 Hainan	42580	34172	8073	4528	18500	3071
重 庆 Chongqing	112859	97943	29474	11343	52682	4444
四 川 Sichuan	221021	190034	41278	29389	112001	7367
贵 州 Guizhou	55793	45512	7598	6731	27856	3326
云 南 Yunnan	77708	60533	18430	5132	32906	4065
西 藏 Tibet	12437	9845	1933	3217	3964	730
陕 西 Shaanxi	92911	81693	30292	5230	42221	3951
甘 肃 Gansu	54565	50229	19420	7416	21306	2086
青 海 Qinghai	25031	21647	9824	1781	8396	1647
宁 夏 Ningxia	30343	27601	11635	4255	9980	1731
新 疆 Xinjiang	91961	77649	27008	11538	32646	6457

11-5 续表 continued

地 区	Region	用水人口 （万人） Population with Access to Water Supply (10 000 persons)	人均日生活用水量 （升） Daily Household Water Consumption per Capita (liter)	用水普及率 (%) Water Access Rate (%)
全 国	**National Total**	**43476.3**	**173.7**	**97.6**
北 京	Beijing	1859.0	187.5	100.0
天 津	Tianjin	786.5	124.3	100.0
河 北	Hebei	1617.1	116.9	99.3
山 西	Shanxi	1068.6	114.6	98.5
内蒙古	Inner Mongolia	854.2	103.5	97.8
辽 宁	Liaoning	2245.6	131.8	98.7
吉 林	Jilin	1083.2	122.8	93.8
黑龙江	Heilongjiang	1325.9	116.5	96.2
上 海	Shanghai	2425.7	186.4	100.0
江 苏	Jiangsu	2970.7	209.6	99.8
浙 江	Zhejiang	2026.7	197.0	99.9
安 徽	Anhui	1412.8	166.7	98.6
福 建	Fujian	1128.4	181.0	99.5
江 西	Jiangxi	965.9	178.7	97.8
山 东	Shandong	3036.3	138.8	99.9
河 南	Henan	2232.5	107.4	93.0
湖 北	Hubei	1856.4	210.6	98.8
湖 南	Hunan	1414.9	203.0	97.1
广 东	Guangdong	4969.3	247.5	97.3
广 西	Guangxi	935.5	235.0	94.4
海 南	Hainan	259.1	243.5	98.1
重 庆	Chongqing	1203.4	146.1	96.8
四 川	Sichuan	1796.3	216.0	91.1
贵 州	Guizhou	597.6	159.7	94.5
云 南	Yunnan	810.6	129.1	97.9
西 藏	Tibet	59.8	329.0	89.1
陕 西	Shaanxi	849.0	154.1	96.3
甘 肃	Gansu	543.6	146.3	95.0
青 海	Qinghai	165.1	176.5	99.7
宁 夏	Ningxia	266.0	148.6	97.3
新 疆	Xinjiang	710.7	171.8	98.2

11-6 各地区城市节约用水情况(2014年)

Urban Water Saving by Region (2014)

地 区 Region	实际用水量(万立方米) Actual Quantity of Water Used (10 000 cu.m)					
	合 计 Total	#工业 Industry	新水取用量 New Water Source Used	#工业 Industry	重复利用量 Recycled Use	#工业 Industry
全 国 **National Total**	**9435400**	**7804674**	**1950107**	**874086**	**7485293**	**6930588**
北 京 Beijing	311951	43600	251423	26841	60528	16759
天 津 Tianjin	504127	492115	41367	31439	462760	460676
河 北 Hebei	552968	376886	41031	27696	511937	349190
山 西 Shanxi	154370	120610	28096	11006	126274	109604
内蒙古 Inner Mongolia	210351	189622	43402	27382	166949	162240
辽 宁 Liaoning	1363568	1300016	136974	83270	1226594	1216746
吉 林 Jilin	168828	148098	53254	32921	115574	115177
黑龙江 Heilongjiang	238688	201040	109986	80899	128702	120141
上 海 Shanghai	87710	37075	87710	37075		
江 苏 Jiangsu	1646643	1354854	288552	165821	1358091	1189033
浙 江 Zhejiang	241527	211383	66128	41902	175399	169481
安 徽 Anhui	342121	323277	32631	16044	309490	307233
福 建 Fujian	127958	66088	68929	8365	59029	57723
江 西 Jiangxi	28439	10823	16569	4790	11870	6033
山 东 Shandong	1209448	1047985	198107	94818	1011341	953167
河 南 Henan	459826	424915	52560	27028	407266	397887
湖 北 Hubei	364601	312619	82487	39748	282114	272871
湖 南 Hunan	40569	28913	27319	16058	13250	12855
广 东 Guangdong	214835	150052	74500	12897	140335	137155
广 西 Guangxi	424617	365140	80332	23643	344285	341497
海 南 Hainan	329	245	156	98	173	147
重 庆 Chongqing	740	130	550	90	190	40
四 川 Sichuan	81163	44663	42266	11817	38897	32846
贵 州 Guizhou	30700	23920	11955	5493	18745	18427
云 南 Yunnan	61525	54157	14715	7648	46810	46509
西 藏 Tibet	38		38			
陕 西 Shaanxi	150035	132603	28789	13208	121246	119395
甘 肃 Gansu	258458	239352	30494	12988	227964	226364
青 海 Qinghai	3164	1004	1722	520	1442	484
宁 夏 Ningxia	136193	98080	19217	7760	116976	90320
新 疆 Xinjiang	19910	5409	18848	4821	1062	588

11-6 续表 continued

地 区　　Region	节约用水量 （万立方米） Water Saved (10 000 cu.m)	#工 业 Industry	重复利用率 (%) Reuse Rate (%)	#工业用水 重复利用率 Reuse Rate for Industrial Purpose
全 国　　**National Total**	405234	292290	79.3	88.8
北 京　　Beijing	8023	8	19.4	38.4
天 津　　Tianjin	339	235	91.8	93.6
河 北　　Hebei	12613	11991	92.6	92.7
山 西　　Shanxi	12691	8702	81.8	90.9
内蒙古　　Inner Mongolia	14350	10101	79.4	85.6
辽 宁　　Liaoning	36145	25406	90.0	93.6
吉 林　　Jilin	16658	14500	68.5	77.8
黑龙江　　Heilongjiang	11989	10633	53.9	59.8
上 海　　Shanghai	16290	13325		
江 苏　　Jiangsu	59726	47914	82.5	87.8
浙 江　　Zhejiang	13946	9062	72.6	80.2
安 徽　　Anhui	24025	19237	90.5	95.0
福 建　　Fujian	6087	3461	46.1	87.3
江 西　　Jiangxi	1701	924	41.7	55.7
山 东　　Shandong	78400	68010	83.6	91.0
河 南　　Henan	11064	6590	88.6	93.6
湖 北　　Hubei	11226	6792	77.4	87.3
湖 南　　Hunan	5894	4868	32.7	44.5
广 东　　Guangdong	13056	2359	65.3	91.4
广 西　　Guangxi	11998	8860	81.1	93.5
海 南　　Hainan	253	139	52.6	60.0
重 庆　　Chongqing	145	25	25.7	30.8
四 川　　Sichuan	7116	3512	47.9	73.5
贵 州　　Guizhou	2218	1748	61.1	77.0
云 南　　Yunnan	2944	77	76.1	85.9
西 藏　　Tibet	45			
陕 西　　Shaanxi	7704	6193	80.8	90.0
甘 肃　　Gansu	9071	4408	88.2	94.6
青 海　　Qinghai	209	209	45.6	48.2
宁 夏　　Ningxia	3616	2229	85.9	92.1
新 疆　　Xinjiang	5692	772	5.3	10.9

11-7 各地区城市污水排放和处理情况(2014年)
Urban Waste Water Discharged and Treated by Region (2014)

地 区	Region	城市污水排放量（万立方米）Waste Water Discharged (10 000 cu.m)	污水处理厂（座）Waste Water Treatment Plants (unit)	#二、三级处理 Secondary & Tertiary Treatment	污水处理厂污水处理能力（万立方米/日）Treatment Capacity (10 000 cu.m/day)	#二、三级处理 Secondary & Tertiary Treatment	污水处理厂污水处理量（万立方米）Volume of Waste Water Treated (10 000 cu.m)
全 国	**National Total**	**4453428**	**1807**	**1513**	**13086.8**	**11013.4**	**3827239**
北 京	Beijing	161548	51	44	429.5	405.5	136533
天 津	Tianjin	82316	40	40	260.0	260.0	74276
河 北	Hebei	157348	73	39	520.9	221.7	149281
山 西	Shanxi	67093	33	22	203.8	148.0	58490
内蒙古	Inner Mongolia	57212	40	33	189.5	172.5	51041
辽 宁	Liaoning	239889	90	76	767.7	646.2	210349
吉 林	Jilin	83347	38	18	258.3	174.0	74513
黑龙江	Heilongjiang	121559	53	26	317.3	121.2	77004
上 海	Shanghai	231685	51	51	788.0	788.0	207865
江 苏	Jiangsu	396336	189	157	1111.0	942.3	310725
浙 江	Zhejiang	250146	78	69	782.0	683.8	220057
安 徽	Anhui	144249	63	45	411.9	331.6	130097
福 建	Fujian	119013	49	49	324.3	324.3	99691
江 西	Jiangxi	81271	35	35	224.4	224.4	67090
山 东	Shandong	295243	151	151	927.8	927.8	280681
河 南	Henan	169502	66	52	550.3	410.2	154223
湖 北	Hubei	192893	74	60	540.6	420.9	170798
湖 南	Hunan	161784	59	58	408.6	398.6	129321
广 东	Guangdong	652251	226	210	1848.8	1554.3	596142
广 西	Guangxi	125341	34	26	286.6	249.0	75795
海 南	Hainan	28454	23	15	87.6	57.8	20321
重 庆	Chongqing	93517	42	39	252.9	242.9	85981
四 川	Sichuan	172892	75	56	479.2	341.5	137587
贵 州	Guizhou	45013	28	23	140.8	134.0	42669
云 南	Yunnan	78196	31	28	219.3	209.9	69399
西 藏	Tibet	10639	2	2	6.2	6.2	1710
陕 西	Shaanxi	86823	33	20	280.5	210.0	79492
甘 肃	Gansu	39211	22	20	137.2	125.2	29785
青 海	Qinghai	17700	8	8	34.2	34.2	10476
宁 夏	Ningxia	27114	11	9	65.5	50.5	21462
新 疆	Xinjiang	63843	39	32	232.1	196.9	54385

11-7 续表 continued

地 区　Region	其他污水处理设施 Other Waste Water Treatment Equipments		污水处理总能力（万立方米/日）Total Treatment Capacity (10 000 cu.m/day)	污 水 处理总量（万吨）Total Volume of Waste Water Treated (10 000 tons)	污水再生利用量（万吨）Total Volume of Waste Water Recycled & Reused (10 000 tons)	城市污水处理率（%）Waste Water Treatment Rate (%)	#污水处理厂集中处理率 Waste Water Treatment Concentration Rate
	处理能力（万立方米/日）Treatment Capacity (10 000 cu.m/day)	处理量（万吨）Volume of Treatment (10 000 tons)					
全　国　National Total	2036.7	188959	15123.5	4016198	363460	90.2	85.9
北　京　Beijing	12.5	2575	442.0	139108	68260	86.1	84.5
天　津　Tianjin	2.6	668	262.6	74944	2597	91.0	90.2
河　北　Hebei	2.3	298	523.2	149579	31798	95.1	94.9
山　西　Shanxi	4.7	802	208.5	59292	9338	88.4	87.2
内蒙古　Inner Mongolia			189.5	51041	6120	89.2	89.2
辽　宁　Liaoning	16.1	3283	783.8	213632	22350	89.1	87.7
吉　林　Jilin	4.5	579	262.8	75092	706	90.1	89.4
黑龙江　Heilongjiang	373.5	16861	690.8	93865	5266	77.2	63.4
上　海　Shanghai			788.0	207865		89.7	89.7
江　苏　Jiangsu	511.4	59704	1622.4	370429	61233	93.5	78.4
浙　江　Zhejiang	56.5	6787	838.5	226844	3383	90.7	88.0
安　徽　Anhui	204.3	8682	616.2	138779	1060	96.2	90.2
福　建　Fujian	110.1	5820	434.4	105511	96	88.7	83.8
江　西　Jiangxi	18.0	979	242.4	68069	796	83.8	82.6
山　东　Shandong	7.3	602	935.1	281283	51142	95.3	95.1
河　南　Henan	12.5	2594	562.8	156817	7619	92.5	91.0
湖　北　Hubei	69.8	6824	610.4	177622	15176	92.1	88.6
湖　南　Hunan	142.7	16458	551.3	145779	801	90.1	79.9
广　东　Guangdong	8.7	976	1857.5	597118	94	91.6	91.4
广　西　Guangxi	385.6	33820	672.2	109615	29	87.5	60.5
海　南　Hainan			87.6	20321	998	71.4	71.4
重　庆　Chongqing	4.9	980	257.8	86961	726	93.0	91.9
四　川　Sichuan	48.4	9991	527.6	147578	2792	85.4	79.6
贵　州　Guizhou			140.8	42669	22122	94.8	94.8
云　南　Yunnan	14.2	1868	233.5	71267	29529	91.1	88.8
西　藏　Tibet			6.2	1710		16.1	16.1
陕　西　Shaanxi			280.5	79492	6869	91.6	91.6
甘　肃　Gansu	23.8	3545	161.0	33330	2161	85.0	76.0
青　海　Qinghai			34.2	10476	649	59.2	59.2
宁　夏　Ningxia		3587	65.5	25049	1535	92.4	79.2
新　疆　Xinjiang	2.3	676	234.4	55061	8215	86.2	85.2

11-8　各地区城市市容环境卫生情况（2014年）
Urban Environmental Sanitation by Region (2014)

地　区　　Region	道路清扫保洁面积（万平方米）Area under Cleaning Program (10 000 sq.m)	生活垃圾清运量（万吨）Volume of Garbage Disposal (10 000 tons)	无害化处理厂（座）Number of Harmless Treatment Plants/Grounds (unit)	卫生填埋 Sanitary Landfill	焚烧 Incineration	其他 Others
全　国　**National Total**	**676093**	**17860.2**	**818**	**604**	**188**	**26**
北　京　Beijing	15104	733.8	25	16	3	6
天　津　Tianjin	10879	215.9	8	4	4	
河　北　Hebei	24549	614.1	40	32	7	1
山　西　Shanxi	15527	445.0	23	17	5	1
内蒙古　Inner Mongolia	18207	324.6	26	24	1	1
辽　宁　Liaoning	33721	917.1	29	25	2	2
吉　林　Jilin	14504	504.6	17	14	3	
黑龙江　Heilongjiang	22716	553.4	22	16	3	3
上　海　Shanghai	17490	608.4	12	5	5	2
江　苏　Jiangsu	55132	1352.4	58	29	28	1
浙　江　Zhejiang	36843	1229.1	59	26	32	1
安　徽　Anhui	26370	464.8	26	20	6	
福　建　Fujian	16243	598.9	27	13	13	1
江　西　Jiangxi	12893	308.5	17	17		
山　东　Shandong	65422	958.5	59	41	16	2
河　南　Henan	27197	832.8	43	39	4	
湖　北　Hubei	30527	739.3	39	28	11	
湖　南　Hunan	18032	600.8	34	32	2	
广　东　Guangdong	84873	2214.2	65	40	21	4
广　西　Guangxi	14065	338.9	19	17	2	
海　南　Hainan	6084	144.2	9	6	3	
重　庆　Chongqing	12304	399.4	16	14	2	
四　川　Sichuan	28574	780.0	40	32	8	
贵　州　Guizhou	5129	273.8	14	14		
云　南　Yunnan	15547	349.5	23	16	7	
西　藏　Tibet	2413	30.8				
陕　西　Shaanxi	15338	517.9	17	16		1
甘　肃　Gansu	7478	253.0	16	16		
青　海　Qinghai	2529	77.6	5	5		
宁　夏　Ningxia	7482	118.4	8	8		
新　疆　Xinjiang	12921	360.6	22	22		

11-8　续表 1　continued 1

单位: 万吨 　　　　　　　　　　　　　　　　　　　　　　　　　　　　　　　　　　　　　　(10 000 tons)

地　区	Region	无害化处理量 Amount of Harmless Treated	卫生填埋 Sanitary Landfill	焚烧 Incineration	其他 Others	市容环卫专用车辆设备(台) City Sanitation Special Vehicles (unit)
全　国	**National Total**	**16393.7**	**10744.3**	**5329.9**	**319.6**	**141431**
北　京	Beijing	730.8	488.6	156.1	86.2	10255
天　津	Tianjin	208.7	102.1	106.6		3036
河　北	Hebei	531.9	376.3	150.5	5.1	4820
山　西	Shanxi	409.7	292.2	117.5		4895
内蒙古	Inner Mongolia	311.8	286.4	24.5	0.9	2717
辽　宁	Liaoning	840.0	737.3	70.6	32.1	6097
吉　林	Jilin	312.4	216.2	96.2		5973
黑龙江	Heilongjiang	325.7	277.6	12.3	35.9	6887
上　海	Shanghai	608.4	328.8	238.5	41.2	5371
江　苏	Jiangsu	1326.9	455.2	871.6		11227
浙　江	Zhejiang	1229.0	460.4	768.6		6483
安　徽	Anhui	462.5	333.0	129.5		3116
福　建	Fujian	586.1	188.5	376.9	20.7	2578
江　西	Jiangxi	287.1	287.1			1630
山　东	Shandong	958.5	533.9	386.9	37.6	10324
河　南	Henan	773.1	635.8	137.3		4203
湖　北	Hubei	666.6	322.4	344.2		8851
湖　南	Hunan	599.0	568.4	30.6		3642
广　东	Guangdong	1912.7	1196.0	661.7	55.1	11729
广　西	Guangxi	323.3	311.2	12.0		3442
海　南	Hainan	144.0	82.3	61.6		1503
重　庆	Chongqing	396.2	261.0	135.2		2448
四　川	Sichuan	743.9	494.2	249.7		4436
贵　州	Guizhou	255.3	255.3			2352
云　南	Yunnan	323.2	132.0	191.2		2314
西　藏	Tibet					251
陕　西	Shaanxi	496.1	491.1		4.9	2938
甘　肃	Gansu	158.4	158.4			1717
青　海	Qinghai	67.0	67.0			475
宁　夏	Ningxia	110.4	110.4			1099
新　疆	Xinjiang	295.3	295.3			4622

11-8 续表 2 continued 2

地 区　　　Region	无 害 化处理能力（吨/日）Harmless Treatment Capacity (ton/day)	卫生填埋 Sanitary Landfill	焚烧 Incineration	其他 Others	生活垃圾无害化处理率（%）Proportion of Harmless Treated Garbage (%)
全　国　National Total	533455	335316	185957	12182	91.8
北　京　Beijing	21371	12121	5200	4050	99.6
天　津　Tianjin	9400	5100	4300		96.7
河　北　Hebei	17184	10524	6500	160	86.6
山　西　Shanxi	10525	7115	3350	60	92.1
内蒙古　Inner Mongolia	11190	9890	1200	100	96.1
辽　宁　Liaoning	22657	20075	1780	802	91.6
吉　林　Jilin	10893	7443	3450		61.9
黑龙江　Heilongjiang	10995	8355	1000	1640	58.9
上　海　Shanghai	20530	11230	8300	1000	100.0
江　苏　Jiangsu	50574	20257	29817	500	98.1
浙　江　Zhejiang	45981	16076	29705	200	100.0
安　徽　Anhui	15153	10203	4950		99.5
福　建　Fujian	18149	5349	12300	500	97.9
江　西　Jiangxi	9273	9273			93.1
山　东　Shandong	35171	19211	14700	1260	100.0
河　南　Henan	23207	19257	3950		92.8
湖　北　Hubei	24016	13066	10950		90.2
湖　南　Hunan	21609	20009	1600		99.7
广　东　Guangdong	64901	39906	23235	1760	86.4
广　西　Guangxi	8091	7491	600		95.4
海　南　Hainan	3880	2230	1650		99.8
重　庆　Chongqing	8710	5110	3600		99.2
四　川　Sichuan	21677	14217	7460		95.4
贵　州　Guizhou	5545	5545			93.3
云　南　Yunnan	9943	3583	6360		92.5
西　藏　Tibet					
陕　西　Shaanxi	15047	14897		150	95.8
甘　肃　Gansu	4475	4475			62.6
青　海　Qinghai	2110	2110			86.3
宁　夏　Ningxia	2980	2980			93.3
新　疆　Xinjiang	8218	8218			81.9

11-8　续表 3　continued 3

地　区 Region		粪便(万吨) Night Soil (10 000 tons)		公厕数 (座) Number of Public Lavatories	#三类以上 Better than Grade Ⅲ	每 万 人 拥有公厕 (座) Number of Public Lavatories per 10 000 Population
		清运量 Amount Disposed	无害化处理量 Amount Harmless Treated	(unit)		(unit)
全　国	**National Total**	**1552.0**	**692.0**	**124410**	**93086**	**2.79**
北　京	Beijing	216.1	197.4	5429	5429	2.92
天　津	Tianjin	32.7	14.0	1206	786	1.53
河　北	Hebei	96.9	14.2	6391	3743	3.92
山　西	Shanxi	34.1	0.7	3234	1576	2.98
内蒙古	Inner Mongolia	48.1	9.7	4075	1864	4.67
辽　宁	Liaoning	90.4	18.3	5353	1896	2.35
吉　林	Jilin	65.1	42.7	3729	1061	3.23
黑龙江	Heilongjiang	134.8	29.7	7064	2560	5.13
上　海	Shanghai	199.9	59.3	6168	4967	2.54
江　苏	Jiangsu	82.4	41.3	11178	9255	3.75
浙　江	Zhejiang	71.0	57.4	8026	6441	3.96
安　徽	Anhui	18.5	4.4	3192	2684	2.23
福　建	Fujian	4.0	2.9	3113	3092	2.74
江　西	Jiangxi	8.1	8.1	1982	1524	2.01
山　东	Shandong	127.2	57.5	6084	5266	2.00
河　南	Henan	44.4	12.7	7218	6545	3.01
湖　北	Hubei	19.5	4.6	5130	4171	2.73
湖　南	Hunan	14.4	7.3	3373	2611	2.31
广　东	Guangdong	85.1	51.6	9666	9076	1.89
广　西	Guangxi	9.8	3.2	2129	2035	2.15
海　南	Hainan	5.3		484	474	1.83
重　庆	Chongqing	67.0	17.3	2843	2234	2.29
四　川	Sichuan	18.0	7.0	4280	3040	2.17
贵　州	Guizhou	4.2	3.0	1375	1142	2.17
云　南	Yunnan	16.1	7.0	2374	1995	2.87
西　藏	Tibet			303	172	4.51
陕　西	Shaanxi	16.0	6.6	3794	3707	4.30
甘　肃	Gansu	17.6	11.4	1430	1153	2.50
青　海	Qinghai	1.3		669	302	4.04
宁　夏	Ningxia	3.9	2.7	687	576	2.51
新　疆	Xinjiang	0.4	0.3	2431	1709	3.36

11-9　各地区城市燃气情况(2014年)

Supply of Gas in Cities by Region (2014)

地　区　Region	人工煤气　Coal Gas				
	生产能力 （万立方米／日） Production Capacity (10 000 cu.m/day)	管道长度 （公里） Length of Pipeline (km)	供气总量 （万立方米） Total Gas Supply (10 000 cu.m)	#家庭用量 Domestic Consumption	用气人口 （万人） Population Covered (10 000 persons)
全　国　National Total	2102.1	29043	559513	145773	1757.0
北　京　Beijing					
天　津　Tianjin					
河　北　Hebei	88.1	3145	56763	13671	172.7
山　西　Shanxi	10.0	3952	46851	6234	85.2
内蒙古　Inner Mongolia	164.0	507	3500	2944	41.2
辽　宁　Liaoning	338.0	5835	63604	40841	591.3
吉　林　Jilin	88.1	1881	12827	9200	117.2
黑龙江　Heilongjiang	122.8	783	7783	3711	94.2
上　海　Shanghai	146.6	2109	31379	13502	35.0
江　苏　Jiangsu	38.0	270	612	470	9.0
浙　江　Zhejiang	1.8	112	478	454	4.3
安　徽　Anhui					
福　建　Fujian	8.0	321	2977	2510	21.4
江　西　Jiangxi	67.0	1059	30991	4358	18.4
山　东　Shandong	11.6	361	9438	3200	18.5
河　南　Henan	327.7	573	59436	2590	28.8
湖　北　Hubei					
湖　南　Hunan		440	2765	2206	32.0
广　东　Guangdong					
广　西　Guangxi	10.6	463	4739	3952	47.4
海　南　Hainan					
重　庆　Chongqing					
四　川　Sichuan	511.0	601	165113	5899	50.3
贵　州　Guizhou	102.0	2954	16034	8461	127.5
云　南　Yunnan	10.0	3164	40722	18211	239.1
西　藏　Tibet					
陕　西　Shaanxi					
甘　肃　Gansu	10.8	400	1676	1539	15.5
青　海　Qinghai					
宁　夏　Ningxia		42	70	68	3.2
新　疆　Xinjiang	46.0	71	1752	1752	5.0

11-9　续表 1　continued 1

地　区　　Region	天然气　　Natural Gas			
	管道长度 （公里） Length of Pipeline (km)	供气总量 （万立方米） Total Gas Supply (10 000 cu.m)	#家庭用量 Domestic Consumption	用气人口 （万人） Population Covered (10 000 persons)
全　国　**National Total**	**434571**	**9643783**	**1968878**	**25972.9**
北　京　Beijing	20574	1136874	126503	1424.6
天　津　Tianjin	16108	301000	38530	771.6
河　北　Hebei	12760	257439	60121	1028.4
山　西　Shanxi	6520	177638	44543	826.5
内蒙古　Inner Mongolia	6713	110922	18820	504.7
辽　宁　Liaoning	13468	126814	42102	995.7
吉　林　Jilin	6330	115404	27779	538.6
黑龙江　Heilongjiang	7261	116623	27244	725.7
上　海　Shanghai	26057	696093	124404	1553.9
江　苏　Jiangsu	55594	842071	147899	2125.0
浙　江　Zhejiang	25647	328121	51935	937.2
安　徽　Anhui	17155	219684	70415	1083.1
福　建　Fujian	7499	132312	10209	375.2
江　西　Jiangxi	8314	69115	23074	473.7
山　东　Shandong	40616	627532	148116	2280.1
河　南　Henan	17412	305240	96766	1448.9
湖　北　Hubei	20893	309438	68654	1174.9
湖　南　Hunan	11741	217162	73714	761.2
广　东　Guangdong	25541	1291347	145695	1618.7
广　西　Guangxi	3377	28510	12547	266.4
海　南　Hainan	2201	27635	11778	127.9
重　庆　Chongqing	17973	321485	114724	1070.9
四　川　Sichuan	31382	610050	203656	1595.2
贵　州　Guizhou	965	29011	11057	138.0
云　南　Yunnan	1173	4414	1105	110.3
西　藏　Tibet	1350	16	16	8.2
陕　西　Shaanxi	10527	285839	89683	766.9
甘　肃　Gansu	2087	159230	30765	298.0
青　海　Qinghai	1061	129793	18507	126.7
宁　夏　Ningxia	4123	218700	36968	188.3
新　疆　Xinjiang	12147	448271	91548	628.7

11-9 续表 2 continued 2

地 区 Region	液化石油气 Liquefied Petroleum Gas				燃气普及率 (%)
	管道长度 (公里) Length of Pipeline (km)	供气总量 (吨) Total Gas Supply (ton)	#家庭用量 Domestic Consumption	用气人口 (万人) Population Covered (10 000 persons)	Gas Access Rate (%)
全 国 National Total	10986	10828490	5862125	14378.4	94.6
北 京 Beijing	414	546293	234779	434.5	100.0
天 津 Tianjin	184	43154	21737	14.9	100.0
河 北 Hebei	271	161923	97071	334.2	94.3
山 西 Shanxi	275	69557	50733	126.9	95.8
内蒙古 Inner Mongolia	73	63069	57505	260.1	92.3
辽 宁 Liaoning	679	492406	224604	601.1	96.2
吉 林 Jilin	84	184553	109049	406.5	92.0
黑龙江 Heilongjiang	28	214429	122767	368.7	86.2
上 海 Shanghai	516	418013	252165	836.8	100.0
江 苏 Jiangsu	720	651779	390403	828.9	99.5
浙 江 Zhejiang	3330	701812	478585	1082.6	99.8
安 徽 Anhui	270	752627	123246	303.6	96.8
福 建 Fujian	216	298252	171537	724.4	98.8
江 西 Jiangxi	112	237316	194582	448.2	95.2
山 东 Shandong	560	395521	243954	724.6	99.5
河 南 Henan	17	223532	186580	533.2	83.8
湖 北 Hubei	265	350092	175407	605.6	94.7
湖 南 Hunan	19	189230	149766	537.0	91.2
广 东 Guangdong	2338	3684390	1812506	3319.1	96.6
广 西 Guangxi	12	267632	223605	607.8	93.0
海 南 Hainan	18	89419	78709	127.0	96.5
重 庆 Chongqing		95672	37173	101.3	94.3
四 川 Sichuan	148	175131	102940	146.3	90.9
贵 州 Guizhou	125	76043	71045	217.1	76.3
云 南 Yunnan	230	210629	80419	281.7	76.2
西 藏 Tibet	1	62481	36321	30.2	57.1
陕 西 Shaanxi		28635	17058	71.2	95.1
甘 肃 Gansu		59662	52469	164.4	83.5
青 海 Qinghai		6250	6227	20.4	88.8
宁 夏 Ningxia		19885	9854	52.5	89.2
新 疆 Xinjiang	81	59105	49329	67.7	96.9

11-10 各地区城市集中供热情况(2014年)

Central Heating in Cities by Region (2014)

地 区	Region	供热能力 Heating Capacity		供热总量 Total Heating Supply	
		蒸 汽 (吨/小时) Steam (ton/hour)	热 水 (兆瓦) Hot Water (megawatts)	蒸 汽 (万吉焦) Steam (10 000 gigajoules)	热 水 (万吉焦) Hot Water (10 000 gigajoules)
全 国	**National Total**	**84664**	**447068**	**55614**	**276546**
北 京	Beijing	300	40445	166	35300
天 津	Tianjin	3769	22596	1538	11254
河 北	Hebei	7142	29554	5684	19144
山 西	Shanxi	1225	26412	834	15067
内蒙古	Inner Mongolia	342	38000	182	27585
辽 宁	Liaoning	12776	69158	7505	44083
吉 林	Jilin	1598	41998	457	22465
黑龙江	Heilongjiang	4874	44551	2497	35482
上 海	Shanghai				
江 苏	Jiangsu				
浙 江	Zhejiang	8914	20	10857	
安 徽	Anhui	4493	20182	2870	46
福 建	Fujian				
江 西	Jiangxi				
山 东	Shandong	23396	43427	14020	25005
河 南	Henan	6088	9544	3150	5572
湖 北	Hubei	2080	278	1279	44
湖 南	Hunan				
广 东	Guangdong				
广 西	Guangxi				
海 南	Hainan				
重 庆	Chongqing				
四 川	Sichuan				
贵 州	Guizhou		240		132
云 南	Yunnan				
西 藏	Tibet	13		130	
陕 西	Shaanxi	3708	11428	2150	5872
甘 肃	Gansu	200	14146	88	9175
青 海	Qinghai		348		290
宁 夏	Ningxia	1687	7138	985	4109
新 疆	Xinjiang	2060	27604	1221	15920

11-10 续表 continued

地 区 Region	管道长度(公里) Length of Pipelines (km)		供热面积 (万平方米) Heated Area (10 000 sq.m)	#住 宅 Housing
	蒸 汽 Steam	热 水 Hot Water		
全 国 **National Total**	**12476**	**174708**	**611246**	**449989**
北 京 Beijing	44	12038	56786	38085
天 津 Tianjin	362	17352	34240	25985
河 北 Hebei	1094	10040	52296	39288
山 西 Shanxi	49	8339	42916	32388
内蒙古 Inner Mongolia	28	9224	41967	28491
辽 宁 Liaoning	1373	32045	96587	74885
吉 林 Jilin	294	17309	45006	33020
黑龙江 Heilongjiang	423	16797	57656	39337
上 海 Shanghai				
江 苏 Jiangsu				
浙 江 Zhejiang	1196		8001	29
安 徽 Anhui	606	15	2304	988
福 建 Fujian				
江 西 Jiangxi				
山 东 Shandong	3442	30787	83003	67517
河 南 Henan	1484	3583	18993	15249
湖 北 Hubei	237	20	1765	1183
湖 南 Hunan				
广 东 Guangdong				
广 西 Guangxi				
海 南 Hainan				
重 庆 Chongqing				
四 川 Sichuan				
贵 州 Guizhou		38	191	33
云 南 Yunnan				
西 藏 Tibet	620		22	
陕 西 Shaanxi	311	1630	19825	16790
甘 肃 Gansu	101	4313	15270	11199
青 海 Qinghai		179	456	343
宁 夏 Ningxia	713	2428	8757	7072
新 疆 Xinjiang	100	8572	25205	18107

11-11　各地区城市园林绿化情况(2014年)

Area of Parks & Green Land in Cities by Region (2014)

单位: 公顷 (hectare)

地　区 Region		绿化覆 盖面积 Green Covered Area	#建成区 Completed Area	绿　地 面　积 Area of Green Land	#建成区 Completed Area	公园绿 地面积 Park Green Land
全　国	**National Total**	**2921029**	**2000515**	**2527962**	**1808175**	**576817**
北　京	Beijing	70111	70111	68438	68438	23223
天　津	Tianjin	27843	27843	25307	25307	7652
河　北	Hebei	90136	76870	79393	69881	23541
山　西	Shanxi	46692	43987	40448	38719	12253
内蒙古	Inner Mongolia	62720	47148	57372	43090	16423
辽　宁	Liaoning	196122	97148	121982	90410	26406
吉　林	Jilin	50909	48821	45263	43908	13912
黑龙江	Heilongjiang	85312	64224	76346	58895	16681
上　海	Shanghai	136427	38382	125741	33878	17789
江　苏	Jiangsu	297376	171265	265543	157696	42901
浙　江	Zhejiang	149641	101425	132619	91370	26155
安　徽	Anhui	107540	75569	89512	67868	18909
福　建	Fujian	67984	56767	60396	51719	14475
江　西	Jiangxi	55327	53586	50809	49983	13955
山　东	Shandong	232174	188277	205208	168473	51952
河　南	Henan	98862	90995	85661	79482	23834
湖　北	Hubei	96603	78675	75546	69068	20866
湖　南	Hunan	67118	59519	57273	53576	14355
广　东	Guangdong	486241	223676	421884	200717	83195
广　西	Guangxi	79421	46834	72414	40245	11086
海　南	Hainan	16623	12522	14672	11176	3437
重　庆	Chongqing	57805	50000	52515	46030	21107
四　川	Sichuan	92272	83145	82116	74435	22191
贵　州	Guizhou	41085	24587	35721	22634	7906
云　南	Yunnan	41284	37266	37309	33590	9113
西　藏	Tibet	5630	5530	4195	4144	725
陕　西	Shaanxi	44104	39143	36354	33005	10999
甘　肃	Gansu	26404	24010	22342	21510	7320
青　海	Qinghai	5442	5235	5340	5142	1786
宁　夏	Ningxia	24944	16760	23195	16076	4897
新　疆	Xinjiang	60879	41194	57050	37711	7774

注: 公园绿地面积包括综合公园、社区公园、专类公园、带状公园和街旁绿地。

Note: Area of park green areas includes comprehensive park, community park, topic park, belt-shaped park and green area nearby street.

11-11 续表 continued

地 区	Region	人均公园绿地面积(平方米) Park Green Land per Capita (sq.m)	建成区绿化覆盖率(%) Green Covered Area as % of Completed Area (%)	建成区绿地率(%) Parks & Green Land as % of Completed Area (%)	公园个数(个) Number of Parks (unit)	公园面积(公顷) Area of Parks (hectare)
全 国	National Total	13.1	40.2	36.3	13037	352423
北 京	Beijing	15.9	47.4	45.3	245	13294
天 津	Tianjin	9.7	34.9	31.8	94	2124
河 北	Hebei	14.5	41.9	38.1	479	16373
山 西	Shanxi	11.3	40.1	35.3	259	9417
内蒙古	Inner Mongolia	18.8	39.8	36.4	260	12090
辽 宁	Liaoning	11.6	40.1	37.3	374	13829
吉 林	Jilin	12.1	35.8	32.2	183	6231
黑龙江	Heilongjiang	12.1	36.0	33.0	331	9626
上 海	Shanghai	7.3	38.4	33.9	161	2301
江 苏	Jiangsu	14.4	42.6	39.2	883	21879
浙 江	Zhejiang	12.9	40.8	36.7	1106	15949
安 徽	Anhui	13.2	41.2	37.0	348	11303
福 建	Fujian	12.8	42.8	39.0	557	11402
江 西	Jiangxi	14.1	44.6	41.6	310	8596
山 东	Shandong	17.1	42.8	38.3	790	32621
河 南	Henan	9.9	38.3	33.5	306	12002
湖 北	Hubei	11.1	37.9	33.2	329	11206
湖 南	Hunan	9.9	38.6	34.8	247	9555
广 东	Guangdong	16.3	41.4	37.2	3408	70151
广 西	Guangxi	11.2	39.3	33.7	196	7767
海 南	Hainan	13.0	41.3	36.9	58	2074
重 庆	Chongqing	17.0	40.6	37.4	307	10751
四 川	Sichuan	11.3	37.5	33.6	466	12369
贵 州	Guizhou	12.5	34.0	31.3	63	5066
云 南	Yunnan	11.0	38.1	34.4	646	6673
西 藏	Tibet	10.8	43.8	32.8	59	723
陕 西	Shaanxi	12.5	40.5	34.1	191	5417
甘 肃	Gansu	12.8	30.8	27.6	116	4079
青 海	Qinghai	10.8	31.6	31.0	29	949
宁 夏	Ningxia	17.9	38.0	36.4	73	2282
新 疆	Xinjiang	10.7	36.8	33.7	163	4325

11-12　各地区城市公共交通情况(2014年)
Urban Public Transportation by Region (2014)

地　区　Region	年末公共交通运营数(辆) Number of Public Transport Operations at year-end (unit)	公共汽、电车 Buses & Trolleybus	轨道交通 Subways, Light Rail, Streetcar	标准运营车数(标台) Standard Operating Motor Vehicles (standard unit)	运营线路总长度(公里) Length of Operating Routes (km)	出租汽车数(辆) Number of Taxies (unit)
全　国　**National Total**	**476255**	**458955**	**17300**	**578576**	**620051**	**1074386**
北　京　Beijing	28331	23667	4664	46171	20776	67546
天　津　Tianjin	11770	11144	626	14267	15028	31940
河　北　Hebei	15977	15977		18474	20305	50435
山　西　Shanxi	8301	8301		9595	13658	30401
内蒙古　Inner Mongolia	6836	6836		7874	11109	38347
辽　宁　Liaoning	21872	21386	486	26825	23603	80951
吉　林　Jilin	11723	11343	380	11925	13129	55725
黑龙江　Heilongjiang	15706	15640	66	17620	17930	65068
上　海　Shanghai	19832	16155	3677	29028	24475	50738
江　苏　Jiangsu	36016	34745	1271	44921	54797	53488
浙　江　Zhejiang	27048	26532	516	31345	50273	36732
安　徽　Anhui	13915	13915		16616	12319	38792
福　建　Fujian	13426	13426		15119	19675	20380
江　西　Jiangxi	7307	7307		8459	11718	13369
山　东　Shandong	34138	34138		40033	59238	60119
河　南　Henan	20417	20267	150	23399	20866	46247
湖　北　Hubei	18249	17671	578	22388	18541	35182
湖　南　Hunan	15745	15649	96	18167	14698	25846
广　东　Guangdong	56862	53866	2996	67877	94568	66135
广　西　Guangxi	7774	7774		9107	10699	16592
海　南　Hainan	2879	2879		3162	4758	6105
重　庆　Chongqing	11769	10881	888	13905	12191	19629
四　川　Sichuan	22797	22407	390	28038	20883	34304
贵　州　Guizhou	5834	5834		6714	6269	15967
云　南　Yunnan	9334	9100	234	10241	16679	17746
西　藏　Tibet	451	451		566	997	1554
陕　西　Shaanxi	11647	11365	282	13968	9470	23766
甘　肃　Gansu	5488	5488		5537	5872	20337
青　海　Qinghai	2113	2113		2385	1978	7269
宁　夏　Ningxia	3296	3296		3600	5890	12831
新　疆　Xinjiang	9402	9402		11250	7663	30845

资料来源：交通运输部。
Source: Ministry of Transport.

11-12 续表 continued

地 区 Region	客运总量 (万人次) Volume of Passenger Transport (10 000 persontimes)	公共汽、 电车 Buses & Trolleybus	轨道交通 Subways, Light Rail, Streetcar	每万人拥有 公交车辆 (标台) Motor Vehicles for Public Transport per 10 000 Population (standard unit)	轮 渡 Ferry	
					运营船数 (艘) Number of Operating Vessels (unit)	客运总量 (万人次) Volume of Passengers Transport (10 000 persontimes)
全 国 National Total	8495033	7228457	1266576	13.0	305	10301
北 京 Beijing	815848	477180	338668	24.8		
天 津 Tianjin	181072	151011	30061	18.1		
河 北 Hebei	205342	205342		11.3		
山 西 Shanxi	131496	131496		8.8		
内蒙古 Inner Mongolia	107099	107099		9.0		
辽 宁 Liaoning	440165	405165	35000	11.8		
吉 林 Jilin	176867	169206	7661	10.3		
黑龙江 Heilongjiang	251360	245973	5387	12.8	45	412
上 海 Shanghai	549257	266530	282727	12.0	50	1464
江 苏 Jiangsu	506163	442725	63438	15.1	15	509
浙 江 Zhejiang	357679	341776	15903	15.5	6	316
安 徽 Anhui	211631	211631		11.6		
福 建 Fujian	225977	225977		13.3	33	3314
江 西 Jiangxi	129185	129185		8.6		
山 东 Shandong	403854	403854		13.2	3	82
河 南 Henan	263819	257033	6786	9.7		
湖 北 Hubei	367410	331786	35624	11.9	56	1390
湖 南 Hunan	280807	276227	4580	12.5	15	142
广 东 Guangdong	1089333	757868	331465	13.3	74	2488
广 西 Guangxi	130990	130990		9.2		
海 南 Hainan	43815	43815		12.0		
重 庆 Chongqing	292391	240681	51710	11.2	8	185
四 川 Sichuan	413075	390383	22692	14.2		
贵 州 Guizhou	142596	142596		10.6		
云 南 Yunnan	152878	147956	4922	12.4		
西 藏 Tibet	8380	8380		8.4		
陕 西 Shaanxi	269246	239293	29953	15.8		
甘 肃 Gansu	113738	113738		9.7		
青 海 Qinghai	34971	34971		14.4		
宁 夏 Ningxia	42744	42744		13.2		
新 疆 Xinjiang	155845	155845		15.5		

11-13　环保重点城市道路交通噪声监测情况(2014年)
Monitoring of Urban Road Traffic Noise in Main
Environmental Protection Cities　(2014)

城　　市　City	路段总长度 (米) Total Length of Roads (m)	超标路段 (米) Roads with Excess Noise (m)	路段超标率 (%) Percentage of Roads with Excess Noise (%)	路段平均路宽 (米) Average Width of Roads (m)	平均车流量 (辆/小时) Average Traffic Volume (car/hour)	等效声级 dB(A) Average Noise Value dB(A)
北　　京　Beijing	962668	380108	39.5	33	3683	69.1
天　　津　Tianjin	509108	78737	15.5	28	2022	67.5
石　家　庄　Shijiazhuang	363331	118850	32.7	20	542	68.4
唐　　山　Tangshan	111745			33	2401	65.2
秦　皇　岛　Qinhuangdao	100281			37	1276	65.1
邯　　郸　Handan	135738	57487	42.4	28	1141	69.4
保　　定　Baoding	202378	39398	19.5	43	1889	67.7
太　　原　Taiyuan	137561	33587	24.4	27	3138	68.0
大　　同　Datong	66370	3590	5.4	29	2311	67.2
阳　　泉　Yangquan	53700	820	1.5	24	992	66.0
长　　治　Changzhi	51910			29	2059	67.0
临　　汾　Linfen	54125	25830	47.7	22	1427	69.8
呼和浩特　Hohhot	224288	76162	34.0	33	2231	69.0
包　　头　Baotou	151945	730	0.5	24	2325	66.2
赤　　峰　Chifeng	80576	15769	19.6	25	1237	67.1
沈　　阳　Shenyang	140800	56300	40.0	32	3242	69.9
大　　连　Dalian	425933	146771	34.5	25	1876	67.9
鞍　　山　Anshan	132560			24	1336	65.7
抚　　顺　Fushun	146369	48551	33.2	21	1521	69.1
本　　溪　Benxi	67715	3095	4.6	19	579	65.9
锦　　州　Jinzhou	134204	40894	30.5	18	1725	68.6
长　　春　Changchun	279749	104117	37.2	29	3015	69.1
吉　　林　Jilin	151714	56780	37.4	37	1860	69.5
哈　尔　滨　Harbin	114408	51280	44.8	20	3606	69.3
齐齐哈尔　Qiqihar	77445	19453	25.1	42	1070	68.2
牡　丹　江　Mudanjiang	90689	6132	6.8	21	1192	65.8
上　　海　Shanghai	211806	116835	55.2	26	512	69.8
南　　京　Nanjing	185516	32814	17.7	30	3481	67.2
无　　锡　Wuxi	162659	13500	8.3	26	1320	66.8
徐　　州　Xuzhou	226690	77830	34.3	31	1123	69.1
常　　州　Changzhou	425500	68300	16.1	37	1371	67.9
苏　　州　Suzhou	403412	22960	5.7	32	1369	65.8
南　　通　Nantong	210140	48500	23.1	41	1487	68.3
连　云　港　Lianyungang	104120			55	579	67.5
扬　　州　Yangzhou	132380	1500	1.1	40	2701	66.2
镇　　江　Zhenjiang	324498	35665	11.0	37	1318	67.0
杭　　州　Hangzhou	689650	212650	30.8	31	1556	68.6
宁　　波　Ningbo	110010	32166	29.2		1316	68.1

资料来源：环境保护部(以下各表同)。

Source:Ministry of Environmental Protection (the same as in the following tables).

11-13 续表 1 continued 1

城　市　City	路段总长度 (米) Total Length of Roads (m)	超标路段 (米) Roads with Excess Noise (m)	路段超标率 (%) Percentage of Roads with Excess Noise (%)	路段平均路宽 (米) Average Width of Roads (m)	平均车流量 (辆/小时) Average Traffic Volume (car/hour)	等效声级 dB(A) Average Noise Value dB(A)
温　州　Wenzhou	245090	36030	14.7	34	1927	67.4
湖　州　Huzhou	207586	18720	9.0	30	1427	68.2
绍　兴　Shaoxing	212500	39040	18.4	40	1409	67.8
合　肥　Hefei	591699	55200	9.3	49	2379	67.5
芜　湖　Wuhu	404794	76474	18.9	46	1496	68.3
马 鞍 山　Maanshan	98530	25590	26.0	43	1099	66.5
福　州　Fuzhou	292560	97800	33.4	30	2809	68.7
厦　门　Xiamen	308514	23995	7.8	45	2260	66.3
泉　州　Quanzhou	516129	66807	12.9	30	778	68.3
南　昌　Nanchang	252118	57654	22.9	38	1861	67.4
九　江　Jiujiang	96785	5505	5.7	32	2500	65.2
济　南　Jinan	178311	72687	40.8	42	2394	69.7
青　岛　Qingdao	527610	194655	36.9	29	1820	67.8
淄　博　Zibo	165628	11358	6.9	27	1976	66.4
枣　庄　Zaozhuang	22240	6560	29.5	20	906	68.6
烟　台　Yantai	112310	46490	41.4	27	2450	69.1
潍　坊　Weifang	145710	33840	23.2	41	1932	68.1
济　宁　Jinin	51970			32	1916	66.6
泰　安　Taian	268914	96932	36.0	25	1057	68.4
日　照　Rizhao	186200			33	2114	65.3
郑　州　Zhengzhou	131325			31	957	62.2
开　封　Kaifeng	73670	5260	7.1	26	1556	67.7
洛　阳　Luoyang	163320	25870	15.8	46	1670	67.3
平 顶 山　Pingdingshan	45965	7200	15.7	35	3319	69.1
安　阳　Anyang	69134	23571	34.1	53	1732	69.0
焦　作　Jiaozuo	58000	7900	13.6	50	1467	66.1
三 门 峡　Sanmenxia	45690	2250	4.9	19	1265	65.3
武　汉　Wuhan	220502	83892	38.0	21	2255	69.2
宜　昌　Yichang	281158	109888	39.1	20	1001	68.7
荆　州　Jingzhou	59320	8945	15.1	34	1936	68.1
长　沙　Changsha	355660	207200	58.3	36	2803	69.8
株　洲　Zhuzhou	78940	10231	13.0	30	2444	65.4
湘　潭　Xiangtan	133050	26550	20.0	25	1341	66.0
岳　阳　Yueyang	75180	29950	39.8	19	1691	69.3
常　德　Changde	86090	17190	20.0	24	997	68.5
张 家 界　Zhangjiajie	62800	39100	62.3	30	1630	69.8
广　州　Guangzhou	844555	247399	29.3	27	730	68.9
韶　关　Shaoguan	74202	7150	9.6	20	1786	67.2

11-13 续表 2 continued 2

城 市　City		路段总长度 （米） Total Length of Roads (m)	超标路段 （米） Roads with Excess Noise (m)	路段超标率 （%） Percentage of Roads with Excess Noise (%)	路段平均路宽 （米） Average Width of Roads (m)	平均车流量 （辆／小时） Average Traffic Volume (car/hour)	等效声级 dB(A) Average Noise Value dB(A)
深　圳	Shenzhen	394356	117543	29.8	49	2867	68.8
珠　海	Zhuhai	222710			36	1108	67.1
汕　头	Shantou	292709	72330	24.7	39	925	68.4
湛　江	Zhanjiang	186500	57100	30.6	39	636	66.9
南　宁	Nanning	139752	54631	39.1	37	2093	69.1
柳　州	Liuzhou	211819	980	0.5	29	618	66.2
桂　林	Guilin	104700	40110	38.3	19	617	69.7
北　海	Beihai	49220	9730	19.8	50	1462	66.6
海　口	Haikou	148790	26090	17.5	38	3170	68.2
重　庆	Chongqing	656430	111050	16.9	23	1999	66.6
成　都	Chengdu	429162	53353	12.4	39	3592	69.2
自　贡	Zigong	50250	21980	43.7	17	2179	69.3
攀 枝 花	Panzhihua	147	21	14.3	14	1585	67.8
泸　州	Luzhou	25350	6895	27.2	36	1561	68.3
德　阳	Deyang	33300			33	1419	66.7
绵　阳	Mianyang	79453			31	2784	67.9
南　充	Nanchong	56405	7100	12.6	32	1522	67.6
宜　宾	Yibin	125086	28354	22.7	26	1465	68.2
贵　阳	Guiyang	285230	116440	40.8	43	5436	69.5
遵　义	Zunyi	134971	8178	6.1	24	1556	64.7
昆　明	Kunming	296353	16078	5.4	35	2898	68.2
曲　靖	Qujing	72110	9150	12.7	43	1403	65.7
玉　溪	Yuxi	38099			33	1206	65.7
拉　萨	Lhasa	52950	8950	16.9	20	588	67.9
西　安	Xi'an	202347	40025	19.8	34	2453	68.0
铜　川	Tongchuan	107100			14	925	66.2
宝　鸡	Baoji	88926			16	1127	67.8
咸　阳	Xianyang	114500	9500	8.3	27	443	66.1
渭　南	Weinan	48200			18	675	66.1
延　安	Yan'an	7700			11	1654	68.2
兰　州	Lanzhou	123370	18746	15.2	21	2512	68.3
金　昌	Jinchang	39589	2200	5.6	23	280	66.0
西　宁	Xining	85680	49370	57.6	17	3148	69.8
银　川	Yinchuan	198070	20230	10.2	34	1816	66.6
石 嘴 山	Shizuishan	52401			16	858	65.2
乌鲁木齐	Urumqi	364056	54149	14.9	41	3562	66.4
克拉玛依	Karamay	131000	900	0.7	17	827	64.4

11-14 环保重点城市区域环境噪声监测情况(2014年)
Monitoring of Urban Area Environmental Noise in Main
Environmental Protection Cities (2014)

城　市	City	等效声级 dB(A) Average Noise Value dB(A)	城　市	City	等效声级 dB(A) Average Noise Value dB(A)	城　市	City	等效声级 dB(A) Average Noise Value dB(A)
北　京	Beijing	53.6	温　州	Wenzhou	54.5	深　圳	Shenzhen	56.8
天　津	Tianjin	53.6	湖　州	Huzhou	53.9	珠　海	Zhuhai	54.2
石家庄	Shijiazhuang	52.4	绍　兴	Shaoxing	55.3	汕　头	Shantou	56.1
唐　山	Tangshan	52.2	合　肥	Hefei	54.4	湛　江	Zhanjiang	53.9
秦皇岛	Qinhuangdao	56.3	芜　湖	Wuhu	54.9	南　宁	Nanning	53.5
邯　郸	Handan	53.5	马鞍山	Maanshan	55.5	柳　州	Liuzhou	55.0
保　定	Baoding	55.8	福　州	Fuzhou	57.8	桂　林	Guilin	54.0
太　原	Taiyuan	52.9	厦　门	Xiamen	56.5	北　海	Beihai	54.8
大　同	Datong	53.7	泉　州	Quanzhou	54.9	海　口	Haikou	54.9
阳　泉	Yangquan	54.8	南　昌	Nanchang	53.9	重　庆	Chongqing	53.7
长　治	Changzhi	52.0	九　江	Jiujiang	53.6	成　都	Chengdu	54.2
临　汾	Linfen	52.0	济　南	Jinan	54.2	自　贡	Zigong	57.4
呼和浩特	Hohhot	54.2	青　岛	Qingdao	58.2	攀枝花	Panzhihua	51.6
包　头	Baotou	54.0	淄　博	Zibo	52.9	泸　州	Luzhou	54.5
赤　峰	Chifeng	53.5	枣　庄	Zaozhuang	54.9	德　阳	Deyang	50.4
沈　阳	Shenyang	55.8	烟　台	Yantai	54.2	绵　阳	Mianyang	53.5
大　连	Dalian	54.4	潍　坊	Weifang	55.1	南　充	Nanchong	56.9
鞍　山	Anshan	53.2	济　宁	Jinin	51.5	宜　宾	Yibin	54.3
抚　顺	Fushun	54.0	泰　安	Taian	55.3	贵　阳	Guiyang	59.0
本　溪	Benxi	56.0	日　照	Rizhao	52.3	遵　义	Zunyi	55.0
锦　州	Jinzhou	53.4	郑　州	Zhengzhou	54.0	昆　明	Kunming	53.8
长　春	Changchun	55.6	开　封	Kaifeng	53.5	曲　靖	Qujing	51.5
吉　林	Jilin	53.3	洛　阳	Luoyang	53.1	玉　溪	Yuxi	54.9
哈尔滨	Harbin	59.3	平顶山	Pingdingshan	55.1	拉　萨	Lhasa	48.2
齐齐哈尔	Qiqihar	51.7	安　阳	Anyang	54.3	西　安	Xi'an	55.2
牡丹江	Mudanjiang	55.9	焦　作	Jiaozuo	53.9	铜　川	Tongchuan	55.4
上　海	Shanghai	55.6	三门峡	Sanmenxia	53.7	宝　鸡	Baoji	53.6
南　京	Nanjing	53.8	武　汉	Wuhan	55.3	咸　阳	Xianyang	57.0
无　锡	Wuxi	57.3	宜　昌	Yichang	53.4	渭　南	Weinan	54.8
徐　州	Xuzhou	56.7	荆　州	Jingzhou	53.5	延　安	Yan'an	56.4
常　州	Changzhou	52.6	长　沙	Changsha	54.7	兰　州	Lanzhou	54.4
苏　州	Suzhou	54.0	株　洲	Zhuzhou	54.0	金　昌	Jinchang	53.4
南　通	Nantong	58.0	湘　潭	Xiangtan	52.7	西　宁	Xining	52.5
连云港	Lianyungang	53.3	岳　阳	Yueyang	51.0	银　川	Yinchuan	53.0
扬　州	Yangzhou	54.6	常　德	Changde	54.5	石嘴山	Shizuishan	53.0
镇　江	Zhenjiang	54.8	张家界	Zhangjiajie	52.2	乌鲁木齐	Urumqi	53.2
杭　州	Hangzhou	56.4	广　州	Guangzhou	55.1	克拉玛依	Karamay	52.9
宁　波	Ningbo	58.2	韶　关	Shaoguan	55.7			

11-15 主要城市区域环境噪声声源构成情况(2014年)

Composition of Environmental Noises by Sources in Major Cities (2014)

单位：%，dB(A) (%,dB(A))

城　　市　　City	交通噪声 Traffic Noise		工业噪声 Industry Noise	
	所占比例 Percentage of Total	平均声级 Average Noise Value	所占比例 Percentage of Total	平均声级 Average Noise Value
北　京　Beijing	23.8	55.8	7.6	57.2
天　津　Tianjin	7.9	59.5	11.0	54.3
石家庄　Shijiazhuang	25.5	53.2	7.9	54.1
太　原　Taiyuan	32.8	54.2	4.7	53.5
呼和浩特　Hohhot	11.4	57.9	1.5	57.8
沈　阳　Shenyang	13.3	62.6	7.5	57.1
长　春　Changchun	26.7	63.1	3.3	56.8
哈尔滨　Harbin	16.7	60.8	2.3	59.9
上　海　Shanghai	7.2	57.5	18.5	57.0
南　京　Nanjing	31.5	53.2	24.8	53.7
杭　州　Hangzhou	18.8	57.7	5.7	56.4
合　肥　Hefei	20.3	55.0	23.6	54.8
福　州　Fuzhou	18.1	62.6	8.6	61.3
南　昌　Nanchang	18.4	53.1	11.5	54.9
济　南　Jinan	20.6	54.3	7.5	53.2
郑　州　Zhengzhou	13.1	54.1	1.8	53.7
武　汉　Wuhan	14.2	60.3	15.5	56.2
长　沙　Changsha	23.4	56.1	4.8	55.2
广　州　Guangzhou	26.5	55.9	15.5	54.5
南　宁　Nanning	17.0	56.1	2.1	52.7
海　口　Haikou	29.0	57.8	56.2	53.2
重　庆　Chongqing	18.7	57.1	9.0	55.2
成　都　Chengdu	16.3	57.5	5.0	54.4
贵　阳　Guiyang	22.7	60.0	7.3	57.6
昆　明　Kunming	31.6	55.2	5.7	52.8
拉　萨　Lhasa				
西　安　Xi'an	13.0	59.5	1.0	61.7
兰　州　Lanzhou	25.9	55.4	3.3	57.2
西　宁　Xining	30.4	52.9	2.7	53.4
银　川　Yinchuan	53.3	53.3	6.1	54.6
乌鲁木齐　Urumqi	25.0	56.7	9.8	54.3

11-15 续表 continued

单位：%，dB(A)   (%,dB(A))

城　　市　　City	施工噪声 Construction Noise		生活噪声 Household Noise		其他噪声 Other Noise	
	所占比例 Percentage of Total	平均声级 Average Noise Value	所占比例 Percentage of Total	平均声级 Average Noise Value	所占比例 Percentage of Total	平均声级 Average Noise Value
北　京　Beijing	4.3	55.0	63.8	52.2	0.5	56.2
天　津　Tianjin	1.3	54.3	49.4	52.5	30.4	53.8
石家庄　Shijiazhuang	1.0	54.5	60.8	51.9	4.8	52.2
太　原　Taiyuan	5.2	54.1	55.6	52.0	1.7	52.7
呼和浩特　Hohhot	12.9	55.2	74.2	53.3		
沈　阳　Shenyang	6.7	61.4	72.5	54.0		
长　春　Changchun	2.5	62.8	67.5	52.3		
哈尔滨　Harbin	1.4	61.3	55.1	59.6	24.5	57.5
上　海　Shanghai			67.9	55.0	6.4	55.8
南　京　Nanjing	1.8	59.3	41.9	54.0		
杭　州　Hangzhou	1.7	57.4	73.8	56.1		
合　肥　Hefei	3.5	54.6	52.1	53.9	0.5	59.5
福　州　Fuzhou	3.0	57.9	70.3	56.1		
南　昌　Nanchang	2.3	55.1	67.8	53.9		
济　南　Jinan			71.9	54.2		
郑　州　Zhengzhou	3.6	52.4	60.9	53.4	20.6	53.8
武　汉　Wuhan	2.4	55.3	65.7	53.9	2.2	60.5
长　沙　Changsha	2.4	55.0	67.0	53.6	2.4	55.8
广　州　Guangzhou	1.3	57.6	55.4	54.9	1.3	55.1
南　宁　Nanning	13.3	52.7	58.1	53.1	9.5	52.6
海　口　Haikou	2.9	55.8	6.2	53.6	5.7	58.3
重　庆　Chongqing	1.5	57.0	70.8	52.5		
成　都　Chengdu			78.7	53.6		
贵　阳　Guiyang	9.2	59.6	52.0	56.4	8.8	55.6
昆　明　Kunming	5.7	55.1	53.5	52.8	3.5	53.3
拉　萨　Lhasa					100.0	47.9
西　安　Xi'an	0.5	57.6	82.0	54.3	3.5	59.3
兰　州　Lanzhou	0.5	56.9	42.9	53.5	27.4	54.9
西　宁　Xining	2.7	52.1	64.2	53.6		
银　川　Yinchuan	3.3	54.4	37.3	52.3		
乌鲁木齐　Urumqi	2.7	57.1	62.5	52.7		52.9

十二、农村环境

Rural Environment

12-1 全国农村环境情况(2000-2014年)

Rural Environment (2000-2014)

年 份 Year	农村改水 累计受益人口 (万人) Accumulative Benefiting Population from Drinking Water Improvement Projects (10 000 persons)	农村改水 累计受益率 (%) Proportion of Benefiting Population from Drinking Water Improvement (%)	累计使用卫生 厕所户数 (万户) Households with Access to Sanitation Lavatory (10 000 households)	卫生厕所 普及率 (%) Sanitation Lavatory Access Rate (%)	农村沼气池 产气量 (亿立方米) Production of Methane in Rural Areas (100 million cu.m)	太阳能 热水器 (万平方米) Water Heaters Using Solar Energy (10 000 sq.m)	太阳灶 (台) Solar Kitchen Ranges (unit)
2000	88112	92.4	9572	44.8	25.9	1107.8	332390
2001	86113	91.0	11405	46.1	29.8	1319.4	388599
2002	86833	91.7	12062	48.7	37.0	1621.7	478426
2003	87387	92.7	12624	50.9	47.5	2464.8	526177
2004	88616	93.8	13192	53.1	55.7	2845.9	577625
2005	88893	94.1	13740	55.3	72.9	3205.6	685552
2006	86629	91.1	13873	55.0	83.6	3941.0	865238
2007	87859	92.1	14442	57.0	101.7	4286.4	1118763
2008	89447	93.6	15166	59.7	118.4	4758.7	1356755
2009	90251	94.3	16056	63.2	130.8	4997.1	1484271
2010	90834	94.9	17138	67.4	139.6	5488.9	1617233
2011	89971	94.2	18019	69.2	152.8	6231.9	2139454
2012	91208	95.3	18628	71.7	157.6	6801.8	2207246
2013	89938	95.6	19401	74.1	157.8	7294.6	2264356
2014	91511	95.8	19939	76.1	155.0	7782.9	2299635

12-2 各地区农村改水、改厕情况(2014年)

Drinking Water and Sanitation Lavatory Improvement in Rural Area by Region(2014)

单位: 万人 (10 000 persons)

地 区 Region	农村总人口 Rural	累计已改水受益人口 Population of Benefiting from Drinking Water Improvement	农村改水 Access to Drinking Water Improvement		
			自来水 Tap Water		
			厂、站(个) Factory Station (unit)	累计受益人口 Accumulative Benefiting Population	占农村总人口比重(%) % of all Rural Population
全 国 **National Total**	**95566.86**	**91511.31**	**555362**	**75470.87**	**78.97**
北 京 Beijing	268.30	268.30	3278	267.10	99.55
天 津 Tianjin	378.70	378.70	3510	374.85	98.98
河 北 Hebei	5444.32	5390.05	31602	4822.23	88.57
山 西 Shanxi	2434.50	2230.35	16967	2089.95	85.85
内蒙古 Inner Mongolia	1464.73	1411.29	11660	966.36	65.98
辽 宁 Liaoning	2228.77	2159.66	10677	1660.06	74.48
吉 林 Jilin	1542.12	1542.12	16846	1357.46	88.03
黑龙江 Heilongjiang	2105.64	2098.33	14812	1474.58	70.03
上 海 Shanghai	283.50	283.47	29	283.47	99.99
江 苏 Jiangsu	4918.03	4871.09	3709	4871.09	99.05
浙 江 Zhejiang	3594.75	3566.23	20367	3487.64	97.02
安 徽 Anhui	5392.96	5057.53	10431	3466.25	64.27
福 建 Fujian	2957.28	2918.88	20736	2748.72	92.95
江 西 Jiangxi	3383.02	3369.54	19089	2386.55	70.55
山 东 Shandong	6953.12	6905.67	23266	6572.15	94.52
河 南 Henan	8295.85	7558.37	36112	5723.16	68.99
湖 北 Hubei	4486.78	4465.58	4202	3411.71	76.04
湖 南 Hunan	5368.47	4983.38	46913	4054.01	75.52
广 东 Guangdong	6055.00	6006.73	26749	5415.84	89.44
广 西 Guangxi	4318.29	3878.95	47343	3236.14	74.94
海 南 Hainan	575.46	541.44	13705	484.52	84.20
重 庆 Chongqing	2573.23	2545.86	19825	2343.76	91.08
四 川 Sichuan	6890.47	6574.48	53702	4521.09	65.61
贵 州 Guizhou	3339.01	2887.34	28202	2445.42	73.24
云 南 Yunnan	3711.19	3368.54	35433	2608.01	70.27
西 藏 Tibet					
陕 西 Shaanxi	2361.00	2154.00	27800	949.62	40.22
甘 肃 Gansu	2080.05	2030.25	4013	1461.03	70.24
青 海 Qinghai	380.60	348.21	1711	307.81	80.88
宁 夏 Ningxia	414.42	394.13	454	359.42	86.73
新 疆 Xinjiang	1367.30	1322.84	2219	1320.88	96.60

资料来源:国家卫生和计划生育委员会(下表同)。

Source: National Health and Family Planning Commission (the same as in the following table).

12-2 续表 1 continued 1

单位: 万人   (10 000 persons)

地 区	Region	农村改水 Access to Drinking Water Improvement					
		手压机井 Manually Operated Motor-pumped Wells			雨水收集 Rain Collection		
		数 量 (万台) Number (10 000 units)	累计受益人口 Accumulative Benefiting Population	占农村总人口(%) % of all Rural Population	水 窖 (个) Water Cellars (unit)	累计受益人口 Accumulative Benefiting Population	占农村总人口(%) % of all Rural Population
全 国	**National Total**	**9053.40**	**10022.41**	**10.49**	**2031063**	**1432.90**	**1.50**
北 京	Beijing						
天 津	Tianjin	2.51	3.85	1.02			
河 北	Hebei	482.01	515.80	9.47	14933	15.83	0.29
山 西	Shanxi	1080.50	48.32	1.98	142578	43.79	1.80
内蒙古	Inner Mongolia	91.28	312.94	21.37	42846	6.15	0.42
辽 宁	Liaoning	85.59	237.12	10.64	1963	28.93	1.30
吉 林	Jilin	53.47	191.39	12.41			
黑龙江	Heilongjiang	169.38	606.97	28.83			
上 海	Shanghai						
江 苏	Jiangsu						
浙 江	Zhejiang	8.41	31.56	0.88	6502	0.91	0.03
安 徽	Anhui	523.72	1455.46	26.99		2.45	0.05
福 建	Fujian	4625.60	55.20	1.87			
江 西	Jiangxi	150.35	637.05	18.83	10	0.15	
山 东	Shandong	258.84	328.60	4.73		-6.28	-0.09
河 南	Henan	567.37	1704.26	20.54	25571	19.13	0.23
湖 北	Hubei	111.20	589.70	13.14	150628	60.69	1.35
湖 南	Hunan	126.62	500.20	9.32	969	3.81	0.07
广 东	Guangdong	145.65	501.66	8.28	80	0.88	0.01
广 西	Guangxi	83.30	405.60	9.39	134350	115.26	2.67
海 南	Hainan	9.87	45.22	7.86			
重 庆	Chongqing	13.65	72.68	2.82	2014	13.18	0.51
四 川	Sichuan	204.02	1081.01	15.69	64791	91.98	1.33
贵 州	Guizhou	53.97	9.47	0.28	112544	184.43	5.52
云 南	Yunnan	9.00	60.92	1.64	517993	302.39	8.15
西 藏	Tibet						
陕 西	Shaanxi	153.70	460.26	19.49	63434	222.83	9.44
甘 肃	Gansu	34.10	154.09	7.41	618415	283.36	13.62
青 海	Qinghai	5.33	7.50	1.97	40290	14.43	3.79
宁 夏	Ningxia	3.93	4.20	1.01	91152	28.60	6.90
新 疆	Xinjiang	0.03	1.39	0.10			

12-2 续表 2 continued 2

| 地 区 Region | 农村改水
Access to Drinking Water Improvement | | 农村改厕（万户）
Access to Sanitation Lavatory Improvement
(10 000 households) | | | | |
| | 其他 Other | | 农 村
总户数
Total
Rural
Households | 累计使用
卫生厕所
户 数
Accumulative
Households
Sanitary
Toilets | 累计使用
卫生公厕
户 数
Accumulative
Households
Using
Sanitary
Public
Lavatories | 卫生厕所
普 及 率
(%)
Access
Rate
to Sanitary
Toilets
(%) | 无害化卫
生厕所普
及率 (%)
Access
Rate to
Harmless
Sanitary
Toilets
(%) |
	累计受 益人口 （万人） Accumulative Benefiting Population (10 000 persons)	占农村 总人口 (%) % of all Rural Population					
全 国 **National** **Total**	**4585.12**	**4.80**	**26219.06**	**19939.33**	**3990.92**	**76.05**	**55.18**
北 京 Beijing	1.20	0.45	118.84	116.65	16.37	98.15	98.08
天 津 Tianjin			123.44	115.48	13.95	93.55	93.55
河 北 Hebei	36.19	0.66	1503.59	915.23	52.70	60.87	41.69
山 西 Shanxi	48.29	1.98	681.08	365.06	124.75	53.60	30.05
内蒙古 Inner Mongolia	125.84	8.59	395.13	209.65	67.91	53.06	26.32
辽 宁 Liaoning	233.55	10.48	682.41	466.59	30.38	68.37	33.78
吉 林 Jilin	-6.73	-0.44	440.33	337.10	16.73	76.56	16.31
黑龙江 Heilongjiang	16.77	0.80	624.58	464.78	106.56	74.42	15.89
上 海 Shanghai			86.32	83.25	515.61	96.45	94.46
江 苏 Jiangsu			1571.33	1509.75	2.78	96.08	85.48
浙 江 Zhejiang	46.11	1.28	1203.29	1140.48	205.04	94.78	86.48
安 徽 Anhui	133.37	2.47	1434.76	934.95	176.94	65.16	36.42
福 建 Fujian	114.97	3.89	803.59	737.26	74.16	91.75	90.20
江 西 Jiangxi	345.79	10.22	841.28	748.49	199.74	88.97	64.99
山 东 Shandong	11.20	0.16	2097.74	1921.14	110.70	91.58	56.41
河 南 Henan	111.83	1.35	2152.96	1620.72	423.94	75.28	57.20
湖 北 Hubei	403.48	8.99	1055.92	871.27	0.25	82.51	53.52
湖 南 Hunan	425.36	7.92	1483.42	1016.55	73.18	68.53	40.58
广 东 Guangdong	88.35	1.46	1484.54	1352.35	149.78	91.10	84.94
广 西 Guangxi	121.96	2.82	1053.78	877.64	142.27	83.28	75.67
海 南 Hainan	11.70	2.03	128.48	101.86	11.36	79.28	78.11
重 庆 Chongqing	116.24	4.52	726.86	468.72		64.49	64.49
四 川 Sichuan	880.40	12.78	2030.17	1509.16	893.56	74.34	57.24
贵 州 Guizhou	248.01	7.43	845.89	413.76	66.37	48.91	31.55
云 南 Yunnan	397.22	10.70	963.71	604.95	139.57	62.77	35.40
西 藏 Tibet							
陕 西 Shaanxi	521.29	22.08	711.67	361.39	100.69	50.78	42.91
甘 肃 Gansu	131.77	6.33	484.84	334.09	62.49	68.91	30.25
青 海 Qinghai	18.47	4.85	92.08	60.00	10.35	65.16	10.67
宁 夏 Ningxia	1.91	0.46	106.69	67.40	24.00	63.17	51.43
新 疆 Xinjiang	0.57	0.04	290.34	213.61	178.79	73.57	49.04

12-3 各地区农村改水、改厕投资情况(2014年)
Investment of Drinking Water and Sanitation Lavatory Improvement
in Rural Area by Region(2014)

单位: 万元 (10 000 yuan)

地 区	Region	农村改水 Access to Drinking Water Improvement			农村改厕 Access to Sanitation Lavatory Improvement		
		农村改水投资 Investment of Water Drinking Improvement	#国家投资 State Investment	国家投资占总投资比重(%) Proportion of State Investment in Total (%)	农村改厕投资 Investment of Sanitation Lavatory Improvement	#国家投资 State Investment	国家投资占总投资比重(%) Proportion of State Investment in Total (%)
全 国	National Total	3445656.5	2720394.7	79.0	948625.0	409512.5	43.2
北 京	Beijing	8079.0	8079.0	100.0	4156.8	4012.8	96.5
天 津	Tianjin	315.8	46.0	14.6	678.7		
河 北	Hebei	61466.4	49114.5	79.9	183220.0	108524.6	59.2
山 西	Shanxi	24561.6	17758.0	72.3	22019.8	14351.7	65.2
内蒙古	Inner Mongolia	56289.0	45661.2	81.1	10506.1	6525.7	62.1
辽 宁	Liaoning	28202.5	20334.0	72.1	23497.1	17533.8	74.6
吉 林	Jilin	45772.0	45772.0	100.0			
黑龙江	Heilongjiang	13250.6	8063.4	60.9	5676.1	2131.0	37.5
上 海	Shanghai	78685.0	51577.0	65.5	3587.6	932.9	26.0
江 苏	Jiangsu	193154.3	103663.2	53.7	51144.7	36702.3	71.8
浙 江	Zhejiang	92447.4	56034.4	60.6	77693.0	36171.0	46.6
安 徽	Anhui	163670.4	147503.9	90.1	34085.8	13568.5	39.8
福 建	Fujian	82025.1	63725.9	77.7	26515.3	3812.2	14.4
江 西	Jiangxi	47149.9	35335.6	74.9	41205.3	11909.8	28.9
山 东	Shandong	129978.8	99271.4	76.4	33906.3	10916.9	32.2
河 南	Henan	303997.4	263615.6	86.7	24446.8	11372.8	46.5
湖 北	Hubei	170066.4	128071.5	75.3	34746.8	16879.7	48.6
湖 南	Hunan	243917.0	160647.7	65.9	16469.7	6102.0	37.0
广 东	Guangdong	137078.6	99118.8	72.3	56246.8	3262.2	5.8
广 西	Guangxi	307976.2	236829.3	76.9	93089.9	15481.6	16.6
海 南	Hainan	33682.8	32136.6	95.4	20820.4	2082.9	10.0
重 庆	Chongqing	23530.0	22352.0	95.0	12730.0	10968.0	86.2
四 川	Sichuan	155632.7	128833.0	82.8	78160.8	36294.8	46.4
贵 州	Guizhou	140215.9	137421.6	98.0	21510.4	7601.3	35.3
云 南	Yunnan	189021.6	161547.2	85.5	20174.1	7486.8	37.1
西 藏	Tibet						
陕 西	Shaanxi	168482.0	108615.0	64.5	23813.8	13567.4	57.0
甘 肃	Gansu	94433.2	66623.3	70.6	11695.5	1164.7	10.0
青 海	Qinghai	34772.3	29098.3	83.7	1265.3	944.5	74.6
宁 夏	Ningxia	19101.1	14222.5	74.5	3180.7	1821.7	57.3
新 疆	Xinjiang	398701.7	379323.2	95.1	12381.5	7389.3	59.7

12-4 各地区农村可再生能源利用情况(2014年)
Use of Renewable Energy in Rural Area by Region (2014)

地 区 Region	沼气池产气总量(万立方米) Total Production of Methane (10 000 cu.m)	#处理农业废弃物沼气工程 Methane Generating Projects of Disposing Agricultural Wastes	太阳能热水器(万平方米) Water Heaters Using Solar Energy (10 000 sq.m)	太阳房(万平方米) Solar Energy Houses (10 000 sq.m)	太阳灶(台) Solar Kitchen Ranges (unit)	生活污水净化沼气池(个) Household Waste Water Purification and Methane Generating Tanks(unit)
全 国 National	1550395.4	225762.5	7782.9	2527.6	2299635	210719
北 京 Beijing	2474.1	2429.9	76.8	115.3	675	
天 津 Tianjin	2700.6	1427.3	35.6	0.7		8
河 北 Hebei	84259.3	9757.7	628.3	128.1	51432	139
山 西 Shanxi	17845.2	2340.0	410.7	0.2	50830	28
内 蒙 Inner Mongolia	12201.1	2636.1	64.1	88.6	56085	1
辽 宁 Liaoning	12739.0	3138.9	139.2	538.0	976	
吉 林 Jilin	4591.4	545.7	65.4	289.4	783	3
黑龙江 Heilongjiang	9462.3	5072.4	77.8	520.3	511	
上 海 Shanghai	1993.5	1993.5	84.6	5.0		
江 苏 Jiangsu	35659.1	15076.4	840.2	5.2		36225
浙 江 Zhejiang	15581.2	9934.9	623.6		40	74332
安 徽 Anhui	28114.8	3599.1	539.6			1599
福 建 Fujian	30010.0	9310.0	39.1			1100
江 西 Jiangxi	62171.0	9217.7	184.8	0.5		1927
山 东 Shandong	96769.1	21229.9	1164.2	14.5	5988	151
河 南 Henan	136689.5	31805.2	531.6	1.9		546
湖 北 Hubei	96221.8	9290.5	325.8			1296
湖 南 Hunan	100846.0	9343.6	202.6	7.0		2043
广 东 Guangdong	35787.9	17853.6	72.5	0.1	48	6483
广 西 Guangxi	158758.4	2085.1	95.3			118
海 南 Hainan	34048.5	9705.3	389.5			
重 庆 Chongqing	44896.4	3298.0	52.2			17051
四 川 Sichuan	236642.5	33179.0	182.2	2.7	121417	66982
贵 州 Guizhou	68024.7	3559.5	63.8			387
云 南 Yunnan	130801.9	319.8	339.3		264	159
西 藏 Tibet	5783.5	21.3	149.3		388721	4
陕 西 Shaanxi	26670.1	1364.2	190.5	0.8	250595	105
甘 肃 Gansu	40125.5	1927.5	116.6	311.1	749980	25
青 海 Qinghai	3187.5	168.0	7.2	472.9	243018	
宁 夏 Ningxia	2922.7	1430.0	38.1	16.0	361994	7
新 疆 Xinjiang	12416.9	2702.4	52.3	9.4	16278	

资料来源：农业部。
Source: Ministry of Agriculture.

12-5 各地区农业有效灌溉和农用化肥施用情况(2014年)
Agriculture Irrigated Area and Use of Chemical Fertilizers by Region (2014)

地 区 Region	有效灌溉面积(千公顷) Area Irrigated (1 000 hectares)	化 肥施用量(万吨) Use of Chemical Fertilizers (10 000 tons)	氮 肥 Nitrogenous Fertilizer	磷 肥 Phosphate Fertilizer	钾 肥 Potash Fertilizer	复合肥 Compound Fertilizer
全 国 **National Total**	**64539.5**	**5995.9**	**2392.9**	**845.3**	**641.9**	**2115.8**
北 京 Beijing	143.1	11.6	5.4	0.7	0.6	5.0
天 津 Tianjin	308.9	23.3	10.6	3.5	1.7	7.5
河 北 Hebei	4404.2	335.6	150.7	46.9	28.0	110.0
山 西 Shanxi	1408.2	119.6	35.9	17.5	10.0	56.2
内蒙古 Inner Mongolia	3011.9	222.7	97.1	38.7	19.0	67.9
辽 宁 Liaoning	1474.0	151.6	67.9	12.1	12.9	58.6
吉 林 Jilin	1628.4	226.7	70.4	7.2	15.7	133.4
黑龙江 Heilongjiang	5305.2	251.9	89.0	52.4	37.9	72.7
上 海 Shanghai	184.1	10.2	5.1	0.8	0.5	3.8
江 苏 Jiangsu	3890.5	323.6	163.9	43.3	19.4	97.0
浙 江 Zhejiang	1425.4	89.6	47.6	10.7	7.2	24.1
安 徽 Anhui	4331.7	341.4	111.6	35.7	32.6	161.5
福 建 Fujian	1116.1	122.6	47.5	17.2	24.8	33.1
江 西 Jiangxi	2001.6	142.9	42.3	22.4	21.5	56.8
山 东 Shandong	4901.9	468.1	154.4	48.2	42.0	223.5
河 南 Henan	5101.1	705.8	241.5	119.8	64.2	280.3
湖 北 Hubei	2855.3	348.3	146.3	63.9	31.6	106.5
湖 南 Hunan	3101.7	247.8	107.5	27.6	44.1	68.7
广 东 Guangdong	1771.0	249.6	101.7	22.9	49.3	75.6
广 西 Guangxi	1600.0	258.7	74.7	31.3	57.4	95.4
海 南 Hainan	259.9	49.5	14.7	3.9	8.6	22.3
重 庆 Chongqing	677.3	97.3	49.9	17.9	5.4	24.1
四 川 Sichuan	2666.3	250.2	125.7	49.9	17.7	56.9
贵 州 Guizhou	981.8	101.3	52.0	11.9	9.6	27.8
云 南 Yunnan	1709.0	226.9	113.3	33.4	24.8	55.4
西 藏 Tibet	244.0	5.3	2.0	1.1	0.6	1.7
陕 西 Shaanxi	1226.5	230.2	96.1	18.4	23.8	91.8
甘 肃 Gansu	1297.1	97.6	40.7	18.6	8.6	29.7
青 海 Qinghai	182.5	9.7	4.0	1.7	0.3	3.8
宁 夏 Ningxia	498.9	39.7	17.8	4.5	2.5	14.8
新 疆 Xinjiang	4831.9	237.0	105.7	61.3	19.8	50.2

资料来源：国家统计局(下表同)。

Source: National Bureau of Statistics (the same as in the following table).

12-6　各地区农用塑料薄膜和农药使用量情况(2014年)
Use of Agricultural Plastic Film and Pesticide by Region (2014)

地　区	Region	塑料薄膜使用量 (吨) Use of Agricultural Plastic Film (ton)	地膜使用量 (吨) Use of Plastic Film for Covering Plants (ton)	地膜覆盖面积 (公顷) Area Covered by Plastic Film (hectare)	农药使用量 (吨) Use of Pesticide (ton)
全　国	**National Total**	**2580211**	**1441453**	**18140255**	**1806919**
北　京	Beijing	10903	2903	16544	3603
天　津	Tianjin	12274	4637	73072	3642
河　北	Hebei	137918	66828	1102706	86329
山　西	Shanxi	48381	33742	585064	31029
内蒙古	Inner Mongolia	89409	64534	1117615	30875
辽　宁	Liaoning	146207	41387	315728	60294
吉　林	Jilin	57858	26478	184927	59517
黑龙江	Heilongjiang	84424	33619	338851	87381
上　海	Shanghai	19287	5335	21296	4666
江　苏	Jiangsu	119846	46287	604627	79531
浙　江	Zhejiang	65677	28811	153145	58748
安　徽	Anhui	96155	42906	430713	113974
福　建	Fujian	60932	29998	140900	56391
江　西	Jiangxi	53122	31095	128518	94764
山　东	Shandong	305168	126249	2218705	156350
河　南	Henan	163477	76390	1076675	129866
湖　北	Hubei	69186	40645	391970	126099
湖　南	Hunan	82946	55867	717110	124277
广　东	Guangdong	46206	24999	133024	112664
广　西	Guangxi	44087	33226	416345	71999
海　南	Hainan	28100	13800	43156	39900
重　庆	Chongqing	43824	22964	237447	18437
四　川	Sichuan	130263	90430	997214	59385
贵　州	Guizhou	48949	32031	304246	13425
云　南	Yunnan	110993	89523	1023760	57225
西　藏	Tibet	1724	1418	3422	1012
陕　西	Shaanxi	41479	21096	447888	12793
甘　肃	Gansu	176169	107640	1337167	77832
青　海	Qinghai	7046	5734	66124	1886
宁　夏	Ningxia	15281	11082	197481	2586
新　疆	Xinjiang	262921	229798	3314815	30439

附录一、人口资源环境
主要统计指标

APPENDIX I.
Main Indicators of Population,
Resource & Environment Statistics

附录1　人口资源环境主要统计指标

Main Indicators of Population, Resources & Environment Statistics

指　　标		Indicator		2012	2013	2014
1.人口构成		**Population Structure**				
总人口	（万人）	Population	(10 000 persons)	135404	136072	136782
#城镇		Urban		71182	73111	74916
乡村		Rural		64222	62961	61866
2.土地资源		**Land Resource**				
耕地面积	（万公顷）	Cultivated Land	(10 000 hectares)	13515.8	13516.3	13505.7
人均耕地面积	（亩）	Cultivated Land per Capita	(mu)	1.50	1.49	1.48
3.水资源		**Water Resource**				
水资源总量	（亿立方米）	Water Resources	(100 million cu.m)	29528.8	27957.9	27266.9
人均水资源量	（立方米/人）	Per Capita Water Resources	(cu.m/person)	2186.2	2059.7	1998.6
用水总量	（亿立方米）	Water Use	(100 million cu.m)	6131.2	6183.4	6094.9
#工业用水量		Industry		1380.7	1406.4	1356.1
人均用水量	（立方米/人）	Per Capita Water Use	(cu.m/person)	453.9	455.5	446.7
单位GDP用水量	（立方米/万元）	Water Use /GDP	(cu.m/10 000 yuan)	127.1	119.0	109.4
单位工业增加值用水量		Water Use/Value Added of Industry		71.1	67.3	60.7
（立方米/万元）			(cu.m/10 000 yuan)			
4.森林资源		**Forest Resource**				
森林面积	（万公顷）	Forest Area	(10 000 hectares)	20768.7	20768.7	20768.7
森林覆盖率	（%）	Forest Coverage Rate	(%)	21.63	21.63	21.63
活立木总蓄积量	（亿立方米）	Standing Forest Stock	(100 million cu.m)	164.3	164.3	164.3
森林蓄积量	（亿立方米）	Stock Volume of Forest	(100 million cu.m)	151.4	151.4	151.4
人均森林面积	（公顷/人）	Per Capita Forest Area	(hectare/person)	0.15	0.15	0.15
5.能源		**Energy**				
一次能源生产量	（万吨标准煤）	Primary Energy Production	(10 000 tce)	351041	358784	361866
构成(能源生产总量=100)		Composition (Energy Production=100)				
原煤	（%）	Raw Coal	(%)	76.2	75.4	73.6
原油	（%）	Crude Oil	(%)	8.5	8.4	8.4
天然气	（%）	Natural Gas	(%)	4.1	4.4	4.7
一次电力及其他	（%）	Primary Electricity & Others	(%)	11.2	11.8	13.3
人均能源生产量(千克标准煤/人)		Per Capita Energy Production	(kgce/person)	2599	2643	2652
能源消费总量	（万吨标准煤）	Total Energy Consumption	(10 000 tce)	402138	416913	425806
构成(能源生产总量=100)		Composition (Energy Consumption=100)				
煤炭	（%）	Coal	(%)	68.5	67.4	65.6
石油	（%）	Petroleum	(%)	17.0	17.1	17.4
天然气	（%）	Natural Gas	(%)	4.8	5.3	5.6
一次电力及其他	（%）	Primary Electricity & Others	(%)	9.7	10.2	11.4

附录1　续表　continued

指　标	Indicator	2012	2013	2014
人均能源消费量(千克标准煤／人)	Per Capita Energy Consumption　　(kgce/person)	2977	3071	3121
能源生产弹性系数	Elasticity Ratio of Energy Production	0.41	0.29	0.12
能源消费弹性系数	Elasticity Ratio of Energy Consumption	0.51	0.48	0.29
电力生产弹性系数	Elasticity Ratio of Electric Power Production	0.75	1.16	0.55
电力消费弹性系数	Elasticity Ratio of Electric Power Consumption	0.77	1.16	0.55
单位国内生产总值能源消费量 （吨标准煤／万元）	Energy Consumption/GDP　　(tce/10 000 yuan)	0.83	0.80	0.76
6.污染物排放	**Pollutant Discharge**			
废水排放量　　　　（亿吨）	Waste Water Discharge　　(100 million tons)	684.8	695.4	716.2
化学需氧量排放量　（万吨）	COD Discharge　　(10 000 tons)	2423.7	2352.7	2294.6
氨氮排放量　　　　（万吨）	Ammonia Nitrogen Discharge　　(10 000 tons)	253.6	245.7	238.5
二氧化硫排放量　　（万吨）	Sulphur Dioxide Emission　　(10 000 tons)	2117.6	2043.9	1974.4
氮氧化物排放量　　（万吨）	Nitrogen Oxides Emission　　(10 000 tons)	2337.8	2227.4	2078.0
一般工业固体废物倾倒丢弃量 （万吨）	Common Industry Solid Wastes Discharged (10 000 tons)	144.2	129.3	59.4
单位国内生产总值废水排放量 （吨／万元）	Waste Water Discharge/GDP (ton/10 000 yuan)	14.2	13.4	12.9
单位国内生产总值化学需氧量 排放量　　（千克／万元）	COD Discharge/GDP (kg/10 000 yuan)	5.0	4.5	4.1
单位国内生产总值氨氮排放量 （千克／万元）	Ammonia Nitrogen Discharge/GDP (kg/10 000 yuan)	0.5	0.5	0.4
单位国内生产总值二氧化硫排放量 （千克／万元）	Emission of SO_2/GDP (kg/10 000 yuan)	4.4	3.9	3.5
单位国内生产总值氮氧化物排放量 （千克／万元）	Emission of Nitrogen Oxides/GDP (kg/10 000 yuan)	4.8	4.3	3.7
城市生活垃圾清运量　（万吨）	Urban Garbage Disposal　　(10 000 tons)	17081	17239	17860
7.污染治理投资	**Investment in Treatment of Environmental Pollution**			
环境污染治理投资　（亿元）	Investment in Anti-pollution Projects (100 milliom yuan)	8253	9037	9575
环境污染治理投资占GDP 比重　　　　　（%）	Investment in Anti-pollution Projects as Percentage of GDP　　(%)	1.55	1.54	1.51

附录二、"十二五"时期
主要环境保护指标

APPENDIX II.
Main Environmental Indicators
in the 12th Five-year Plan Period

附录2-1 "十二五"时期资源环境主要指标
Indicators on Resources & Environment
in the 12th Five-year Plan

指　标　　　　　　　　　Item		2010	2015	年均增长 (%) Annual Growth Rate (%)	属　性 Attribute
耕地保有量　　　　　(亿亩) Total Cultivated Land　(100 million mu)		18.18	18.18	[0]	约束性 Obligatory
单位工业增加值用水量 降低　　　　　(%)	Reduction of Water Consumption per unit Industrial Added Value　(%)			[30]	约束性 Obligatory
农业灌溉用水有效利用系数	Efficient Utilization Coefficient of Agricultural Irrigation Water	0.50	0.53	[0.03]	预期性 Anticipated
非化石能源占一次能源消费 比重　　　　　(%)	Proportion of Consumption on Non-fossil Energy to Primary Energy　(%)	8.3	11.4	[3.1]	约束性 Obligatory
单位国内生产总值能源 消耗降低　　　(%)	Reduction of Energy Consumption per unit GDP　(%)			[16]	约束性 Obligatory
单位国内生产总值二氧化碳 排放降低　　　(%)	Reduction of CO_2 Emission per unit GDP　(%)			[17]	约束性 Obligatory
主要污染物排放总量减少 (%) Reduction of Total Major Pollutants Emission Volume 　　　　(%)	化学需氧量　　COD			[8]	约束性 Obligatory
	二氧化硫　　　SO_2			[8]	
	氨氮　　　Ammonia Nitrogen			[10]	
	氮氧化物　　NO_x			[10]	
森林增长 Increase of Forest	森林覆盖率(%) Forest Coverage Rate (%)	20.36	21.66	[1.3]	约束性 Obligatory
	森林蓄积量　　Stock Volume of Forest (亿立方米)　　(100 million cu.m)	137	143	[6]	

注：国内生产总值按可比价格计算；[ ]内为五年累计数。
Note:Figures of GDP is of 2010 price; those in [ ] are accumulative figures in five years.

附录2-2 "十二五"时期环境保护主要指标
Indicators on Environmental Protection in the 12th Five-year Plan

指　标	Item	2010	2015	2015年比2010年增长(%) Increase in 2015 over 2010(%)
化学需氧量排放总量 （万吨）	Discharge of COD (10 000 tons)	2551.7	2347.6	-8%
氨氮排放总量 （万吨）	Discharge of Ammonia Nitrogen (10 000 tons)	264.4	238.0	-10%
二氧化硫排放总量 （万吨）	Emission of Sulphur Dioxide (10 000 tons)	2267.8	2086.4	-8%
氮氧化物排放总量 （万吨）	Emission of Nitrogen Oxides (10 000 tons)	2273.6	2046.2	-10%
地表水国控断面劣Ⅴ类水质的比例 （%）	Proportion of Water Quality Worse than Grade Ⅴ in Surface Water Monitored Section (%)	17.7	<15	-2.7 percentage points
七大水系国控断面水质好于Ⅲ类的比例 （%）	Proportion of Water Quality better than Grade Ⅲ in Main Water System Monitored Section (%)	55	>60	5.0 percentage points
地级以上城市空气质量达到二级标准以上的比例 （%）	Proportion of Air Quality Equal above Grade Ⅱ in Prefecture level city (%)	72	≥80	8.0 percentage points

附录三、东中西部地区主要环境指标

APPENDIX III.
Main Environmental Indicators by Eastern, Central & Western

附录3-1　东中西部地区水资源情况(2014年)

Water Resources by Eastern,Central & Western (2014)

单位: 亿立方米　　　　　　　　　　　　　　　　　　　　　　　　　　　　　　(100 million cu.m)

区　域 Area		地　区 Region	水资源 总　量 Total Amount of Water Resources	地表水 Surface Water Resources	地下水 Ground Water Resources	地表水与 地下水 重复量 Duplicated Measurement of Surface Water and Groundwater	人均水 资源量 per Capita Water Resources
	全　国	**National Total**	**27266.9**	**26263.9**	**7745.0**	**6742.0**	**1998.6**
	东部小计	**Eastern Total**	**5186.5**	**4899.3**	**1434.2**	**1146.9**	**997.5**
	北　京	Beijing	20.3	6.5	16.0	2.2	95.1
	天　津	Tianjin	11.4	8.3	3.7	0.6	76.1
	河　北	Hebei	106.2	46.9	89.3	30.1	144.3
东　部	上　海	Shanghai	47.1	40.1	10.0	3.0	194.8
	江　苏	Jiangsu	399.3	296.4	118.9	16.0	502.3
Eastern	浙　江	Zhejiang	1132.1	1118.2	231.8	217.9	2057.3
	福　建	Fujian	1219.6	1218.4	330.5	329.3	3218.0
	山　东	Shandong	148.4	76.6	116.9	45.0	152.1
	广　东	Guangdong	1718.4	1709.0	420.5	411.1	1608.4
	海　南	Hainan	383.5	378.7	96.7	91.9	4266.0
	中部小计	**Central Total**	**5518.4**	**5246.2**	**1556.3**	**1284.1**	**1525.5**
	山　西	Shanxi	111.0	65.2	97.3	51.4	305.1
中　部	安　徽	Anhui	778.5	712.9	178.9	113.3	1285.4
	江　西	Jiangxi	1631.8	1613.3	397.2	378.7	3600.6
Central	河　南	Heinan	283.4	177.4	166.8	60.9	300.7
	湖　北	Hubei	914.3	885.9	282.0	253.6	1574.3
	湖　南	Hunan	1799.4	1791.5	434.1	426.2	2680.1
	西部小计	**Western Total**	**15165.9**	**14929.4**	**4256.7**	**4020.2**	**4128.1**
	内 蒙 古	Inner Mongolia	537.8	397.6	236.3	96.1	2149.9
	广　西	Guangxi	1990.9	1989.6	403.0	401.7	4203.3
	重　庆	Chongqing	642.6	642.6	121.8	121.8	2155.9
	四　川	Sichuan	2557.7	2556.5	606.2	605.1	3148.5
西　部	贵　州	Guizhou	1213.1	1213.1	294.4	294.4	3461.1
	云　南	Yunnan	1726.6	1726.6	558.4	558.4	3673.3
Western	西　藏	Tibet	4416.3	4416.3	985.1	985.1	140200.0
	陕　西	Shaanxi	351.6	325.8	124.1	98.3	932.8
	甘　肃	Gansu	198.4	190.5	112.6	104.7	767.0
	青　海	Qinghai	793.9	776.0	349.4	331.5	13675.5
	宁　夏	Ningxia	10.1	8.2	21.3	19.4	153.0
	新　疆	Xinjiang	726.9	686.6	443.9	403.6	3186.9
	东北小计	**Northeast Total**	**1396.3**	**1189.1**	**497.9**	**290.7**	**1272.1**
东　北	辽　宁	Liaoning	145.9	123.7	82.3	60.1	332.4
Northeast	吉　林	Jilin	306.0	251.0	120.2	65.2	1112.2
	黑 龙 江	Heilongjiang	944.3	814.4	295.4	165.5	2463.1

资料来源: 水利部。

Source:Ministry of Water Resource.

附录3-2 东中西部地区废水排放情况(2014年)

Discharge of Waste Water by Eastern, Central & Western (2014)

单位: 万吨 (10 000 tons)

区域 Area	地区 Region	废水排放 总量 Total Volume of Waste Water Discharged	工业废水 Industrial Waste Water	城镇生活污水 Household Waste Water	集中式污染 治理设施 Centralized Pollution Control Facilities
全 国 National Total		7161751	2053430	5102788	5533
东部小计 Eastern Total		3509914	1002541	2504638	2735
北 京 Beijing		150714	9174	141374	166
天 津 Tianjin		89361	19011	70303	48
河 北 Hebei		309824	108562	201162	100
上 海 Shanghai		221160	43939	176940	281
东 部 江 苏 Jiangsu		601158	204890	395931	337
Eastern 浙 江 Zhejiang		418262	149380	268360	521
福 建 Fujian		260579	102052	158310	218
山 东 Shandong		514423	180022	334100	301
广 东 Guangdong		905082	177554	726799	729
海 南 Hainan		39351	7956	31361	34
中部小计 Central Total		1660132	475662	1182969	1501
山 西 Shanxi		145033	49250	95746	37
安 徽 Anhui		272313	69580	202522	211
中 部 江 西 Jiangxi		208289	64856	143079	354
Central 河 南 Heinan		422832	128048	294643	141
湖 北 Hubei		301704	81657	219798	249
湖 南 Hunan		309960	82271	227181	509
西部小计 Western Total		1457011	400419	1055534	1057
内 蒙 古 Inner Mongolia		111917	39325	72556	36
广 西 Guangxi		219304	72936	146198	170
重 庆 Chongqing		145822	34968	110705	149
四 川 Sichuan		331277	67577	263468	232
贵 州 Guizhou		110912	32674	78141	97
西 部 云 南 Yunnan		157544	40443	116905	196
Western 西 藏 Tibet		5450	431	5017	1
陕 西 Shaanxi		145785	36163	109536	86
甘 肃 Gansu		65973	19742	46209	22
青 海 Qinghai		23001	8214	14779	8
宁 夏 Ningxia		37277	15147	22120	11
新 疆 Xinjiang		102748	32799	69900	49
东北小计 Northeast Total		534693	174807	359646	240
东 北 辽 宁 Liaoning		262879	90631	172115	133
Northeast 吉 林 Jilin		122171	42192	79913	66
黑 龙 江 Heilongjiang		149644	41984	107618	41

资料来源：环境保护部(以下各表同)。

Source:Ministry of Environmental Protection (the same as in the following tables).

附录3-2 续表 1 continued 1

单位: 吨 (ton)

区 域 Area		地 区 Region	化学需氧量 排放总量 COD Discharged	工业 Industry	农业 Agriculture	生活 Household	集中式污染 治理设施 Centralized Pollution Control Facilities
	全 国	**National Total**	**22945914**	**3113519**	**11023905**	**8643944**	**164546**
	东部小计	**Eastern Total**	**7978358**	**1052433**	**3758568**	**3112815**	**54543**
	北 京	Beijing	168840	6050	72201	82194	8395
	天 津	Tianjin	214328	28269	105058	80459	542
	河 北	Hebei	1268548	168218	870899	222142	7290
	上 海	Shanghai	224361	24766	30331	163438	5826
东 部 Eastern	江 苏	Jiangsu	1100043	204361	364090	527877	3715
	浙 江	Zhejiang	725367	166342	192467	360421	6137
	福 建	Fujian	629822	77631	204819	343224	4148
	山 东	Shandong	1780422	130511	1260559	385112	4240
	广 东	Guangdong	1670626	235501	557958	864345	12823
	海 南	Hainan	196001	10784	100187	83602	1428
	中部小计	**Central Total**	**5627792**	**652208**	**2526992**	**2399048**	**49543**
	山 西	Shanxi	441324	72385	169091	197074	2774
	安 徽	Anhui	885604	81751	364833	432220	6800
中 部 Central	江 西	Jiangxi	720057	79691	227721	403951	8695
	河 南	Heinan	1318692	158863	767318	385927	6583
	湖 北	Hubei	1033126	125811	448078	446947	12291
	湖 南	Hunan	1228989	133708	549951	532928	12401
	西部小计	**Western Total**	**5955933**	**1162946**	**2385351**	**2365785**	**41850**
	内 蒙 古	Inner Mongolia	847660	99469	593185	152962	2044
	广 西	Guangxi	743985	161863	204676	373957	3489
	重 庆	Chongqing	386394	53360	119739	212663	634
	四 川	Sichuan	1216275	105322	518638	586861	5454
	贵 州	Guizhou	326668	67250	59281	195164	4973
西 部 Western	云 南	Yunnan	533824	162472	71448	286925	12980
	西 藏	Tibet	27917	907	5389	21321	299
	陕 西	Shaanxi	504916	95565	189456	216952	2943
	甘 肃	Gansu	373230	88586	138930	144082	1631
	青 海	Qinghai	105011	41373	21821	39598	2219
	宁 夏	Ningxia	219807	99821	101191	17905	890
	新 疆	Xinjiang	670247	186960	361597	117395	4295
	东北小计	**Northeast Total**	**3383830**	**245932**	**2352993**	**766296**	**18609**
东 北 Northeast	辽 宁	Liaoning	1216980	85406	838288	287403	5882
	吉 林	Jilin	742999	66488	484071	181599	10841
	黑 龙 江	Heilongjiang	1423852	94038	1030634	297294	1887

附录3-2 续表 2 continued 2

单位: 吨 (ton)

区 域 Area	地 区 Region	氨氮 排放总量 Ammona Nitrogen Discharged	工业 Industry	农业 Agriculture	生活 Household	集中式污染 治理设施 Centralized Pollution Control Facilities
	全 国 **National Total**	2385342	231609	755469	1381559	16705
	东部小计 **Eastern Total**	911954	72795	276339	557722	5098
	北 京 Beijing	18951	328	4243	13672	708
	天 津 Tianjin	24485	3708	5278	15456	43
	河 北 Hebei	102709	12602	41842	47718	547
	上 海 Shanghai	44589	1798	3057	39438	296
东 部 Eastern	江 苏 Jiangsu	142539	13686	37534	90834	485
	浙 江 Zhejiang	103191	10143	24936	67582	530
	福 建 Fujian	89343	5494	31314	52125	410
	山 东 Shandong	155030	9625	68624	76335	446
	广 东 Guangdong	208190	14428	50981	141279	1503
	海 南 Hainan	22927	982	8530	13284	131
	中部小计 **Central Total**	653978	65117	239236	344657	4969
	山 西 Shanxi	53667	6887	11889	34631	260
	安 徽 Anhui	100496	6903	36275	56697	621
中 部 Central	江 西 Jiangxi	85979	6728	27857	50688	705
	河 南 Heinan	139024	11127	59388	67709	801
	湖 北 Hubei	120375	12652	43821	62486	1416
	湖 南 Hunan	154437	20821	60006	72446	1165
	西部小计 **Western Total**	581307	76206	158175	342593	4333
	内 蒙 古 Inner Mongolia	49318	11421	11563	26145	189
	广 西 Guangxi	79281	6730	25045	47230	277
	重 庆 Chongqing	51275	3453	12252	35407	163
	四 川 Sichuan	134743	5218	54233	74629	662
	贵 州 Guizhou	38004	3691	7593	26135	585
西 部 Western	云 南 Yunnan	56486	3991	11301	39543	1651
	西 藏 Tibet	3441	41	512	2867	21
	陕 西 Shaanxi	58237	8675	14827	34441	294
	甘 肃 Gansu	38138	11756	5435	20834	114
	青 海 Qinghai	9806	1915	829	6926	136
	宁 夏 Ningxia	16641	7867	2068	6645	62
	新 疆 Xinjiang	45938	11447	12518	21793	180
	东北小计 **Northeast Total**	238103	17491	81719	136587	2306
东 北 Northeast	辽 宁 Liaoning	100112	7407	32548	59225	932
	吉 林 Jilin	53053	4083	16483	31330	1158
	黑 龙 江 Heilongjiang	84937	6001	32688	46032	216

附录3-3　东中西部地区废气排放情况(2014年)

Emission of Waste Gas by Eastern,Central & Western (2014)

单位: 吨　　　　　　　　　　　　　　　　　　　　　　　　　　　　　　　　　　　(ton)

区 域 Area	地 区 Region	二氧化硫 排放总量 Total Volume of Sulphur Dioxide Emission	工业 Industrial	生活 Household	集中式污染 治理设施 Centralized Pollution Control Facilities
全　国	**National Total**	**19744160**	**17403523**	**2338651**	**1985**
东部小计	**Eastern Total**	**5853815**	**5296183**	**556376**	**1257**
北　京	Beijing	78906	40347	38475	84
天　津	Tianjin	209200	195395	13767	38
河　北	Hebei	1189903	1047351	142531	21
上　海	Shanghai	188149	155360	32765	24
东 部 江　苏	Jiangsu	904741	870175	34266	300
Eastern 浙　江	Zhejiang	574012	560083	13567	363
福　建	Fujian	355957	337632	18314	11
山　东	Shandong	1590237	1358883	231148	206
广　东	Guangdong	730147	699102	30840	205
海　南	Hainan	32564	31855	704	5
中部小计	**Central Total**	**4641236**	**4133404**	**507554**	**278**
山　西	Shanxi	1208225	1077990	130218	17
安　徽	Anhui	492966	440642	52303	20
中 部 江　西	Jiangxi	534415	517408	16855	152
Central 河　南	Heinan	1198182	1031667	166461	54
湖　北	Hubei	583759	506192	77563	4
湖　南	Hunan	623689	559504	64155	30
西部小计	**Western Total**	**7410007**	**6410779**	**998947**	**280**
内 蒙 古	Inner Mongolia	1312436	1167133	145302	1
广　西	Guangxi	466589	431075	35469	45
重　庆	Chongqing	526944	474805	52129	10
四　川	Sichuan	796402	725729	70516	157
贵　州	Guizhou	925787	702427	223354	7
西 部 云　南	Yunnan	636683	582558	54102	23
Western 西　藏	Tibet	4250	1360	2886	4
陕　西	Shaanxi	780954	671642	109286	27
甘　肃	Gansu	575649	476964	98684	…
青　海	Qinghai	154276	118046	36229	1
宁　夏	Ningxia	377056	340969	36086	1
新　疆	Xinjiang	852981	718070	134906	5
东北小计	**Northeast Total**	**1839102**	**1563158**	**275774**	**170**
东 北 辽　宁	Liaoning	994597	926035	68495	68
Northeast 吉　林	Jilin	372256	319643	52612	1
黑 龙 江	Heilongjiang	472248	317480	154668	101

附录3-3　续表 1　continued 1

单位: 吨
(ton)

区　域 Area	地　区 Region	氮氧化物 排放总量 Nitrogen Oxides Emission	工业 Industry	生活 Household	机动车 Motor Vehicle	集中式污染 治理设施 Centralized Pollution Control Facilities
全　国	**National Total**	**20780015**	**14047862**	**450686**	**6278119**	**3348**
东部小计	**Eastern Total**	**7421003**	**5076880**	**129292**	**2212727**	**2104**
北　京	Beijing	150955	64400	14109	72187	260
天　津	Tianjin	282300	216947	9517	55771	66
河　北	Zhejiang	1512469	987289	35514	489623	44
上　海	Shanghai	332790	228621	18734	85149	286
东　部 江　苏	Jiangsu	1232552	888222	6419	337428	483
Eastern 浙　江	Zhejiang	687850	519251	3372	164779	448
福　建	Fujian	411662	301289	2357	107978	37
山　东	Shandong	1593311	1123280	31948	437901	181
广　东	Guangdong	1122112	682729	6865	432228	291
海　南	Hainan	95002	64852	457	29685	9
中部小计	**Central Total**	**4972288**	**3250787**	**100231**	**1620942**	**328**
山　西	Shanxi	1069860	778224	34631	256929	75
安　徽	Anhui	807305	556553	11614	239097	41
中　部 江　西	Jiangxi	540115	309665	4782	225629	40
Central 河　南	Heinan	1422013	879629	26235	516053	97
湖　北	Hubei	580222	367357	13850	198999	16
湖　南	Hunan	552773	359360	9119	184234	60
西部小计	**Western Total**	**6204929**	**4294758**	**143793**	**1765900**	**477**
内蒙古	Inner Mongolia	1258281	983093	29697	245487	5
广　西	Guangxi	442399	300191	3822	138296	89
重　庆	Chongqing	355018	233690	4310	116999	19
四　川	Sichuan	585439	368649	11629	204942	219
贵　州	Guizhou	491071	368770	10934	111357	11
西　部 云　南	Yunnan	498880	292498	5906	200396	79
Western 西　藏	Tibet	48344	3866	393	44083	2
陕　西	Shaanxi	705756	509575	25901	170248	33
甘　肃	Gansu	418400	279591	16171	122636	2
青　海	Qinghai	134518	93322	8786	32408	2
宁　夏	Ningxia	404032	322510	4421	77099	2
新　疆	Xinjiang	862792	539004	21824	301950	14
东北小计	**Northeast Total**	**2181796**	**1425436**	**77371**	**678550**	**439**
东　北 辽　宁	Liaoning	901964	632477	14092	255194	201
Northeast 吉　林	Jilin	549247	363499	11993	173680	74
黑龙江	Heilongjiang	730585	429460	51285	249676	163

附录3-3 续表 2 continued 2

单位: 吨 (ton)

区 域 Area	地 区 Region	烟(粉)尘 排放总量 Soot (Powder) Dust Emission	工业 Industry	生活 Household	机动车 Motor Vehicle	集中式污染 治理设施 Centralized Pollution Control Facilities
	全 国 National Total	17407508	14561343	2270890	573527	1747
	东部小计 Eastern Total	5328287	4584159	546842	196434	853
	北 京 Beijing	57372	22710	31556	3051	56
	天 津 Tianjin	139511	112187	21072	6245	8
	河 北 Zhejiang	1797683	1450723	301790	45127	45
	上 海 Shanghai	141650	131433	4017	6120	80
东 部 Eastern	江 苏 Jiangsu	763678	720479	18193	24750	255
	浙 江 Zhejiang	379666	358776	6500	14176	214
	福 建 Fujian	367903	349196	9673	9027	7
	山 东 Shandong	1208102	1024473	140861	42723	45
	广 东 Guangdong	449549	395328	12412	41668	141
	海 南 Hainan	23171	18854	767	3547	3
	中部小计 Central Total	4504165	3765217	583806	154934	208
	山 西 Shanxi	1506778	1145107	340032	21610	28
	安 徽 Anhui	652782	585283	44368	23096	35
中 部 Central	江 西 Jiangxi	462331	428759	7827	25707	38
	河 南 Heinan	882103	715479	114936	51641	47
	湖 北 Hubei	504006	438294	48940	16748	24
	湖 南 Hunan	496166	452295	27702	16132	37
	西部小计 Western Total	5185672	4351311	680340	153734	288
	内 蒙 古 Inner Mongolia	1021510	818754	173922	28817	18
	广 西 Guangxi	402935	376019	13669	13231	17
	重 庆 Chongqing	226131	214774	4106	7242	9
	四 川 Sichuan	428630	398729	14607	15207	87
	贵 州 Guizhou	377856	343039	23756	11056	5
西 部 Western	云 南 Yunnan	366819	329955	19160	17693	10
	西 藏 Tibet	13890	7808	1391	4690	2
	陕 西 Shaanxi	709137	537753	157821	13517	47
	甘 肃 Gansu	345811	260903	76351	8554	3
	青 海 Qinghai	239867	175875	61328	2658	6
	宁 夏 Ningxia	239171	211746	18799	8624	2
	新 疆 Xinjiang	813916	675956	115432	22445	83
	东北小计 Northeast Total	2389383	1860657	459903	68425	397
东 北 Northeast	辽 宁 Liaoning	1120701	957920	137068	25641	73
	吉 林 Jilin	475133	368032	89539	17478	84
	黑 龙 江 Heilongjiang	793549	534705	233296	25307	241

附录3-4　东中西部地区固体废物产生及处理情况(2014年)
Generation and Disposal of Solid Wastes
by Eastern,Central & Western (2014)

单位: 万吨 (10 000 tons)

区　域 Area	地　区 Region	一般工业 固体废物 产生量 Common Industrial Solid Wastes Generated	一般工业 固体废物综合 利用量 Common Industrial Solid Wastes Utilized	一般工业 固体废物 处置量 Common Industrial Solid Wastes Disposed	一般工业 固体废物 贮存量 Stock of Common Industrial Solid Wastes	一般工业 固体废物 倾倒丢弃量 Common Industrial Solid Wastes Discharged
	全　国　National Total	325620	204330	80388	45033	59.38
	东部小计　Eastern Total	92289	65429	25426	2574	2.25
	北　京　Beijing	1021	895	126	…	
	天　津　Tianjin	1735	1724	11	…	
	河　北　Hebei	41928	18228	22927	1512	
	上　海　Shanghai	1925	1877	47	2	0.03
东　部 Eastern	江　苏　Jiangsu	10925	10578	279	183	0.29
	浙　江　Zhejiang	4542	4303	205	41	…
	福　建　Fujian	4835	4278	585	51	0.04
	山　东　Shandong	19199	18380	582	428	…
	广　东　Guangdong	5665	4893	631	150	1.89
	海　南　Hainan	515	274	34	207	
	中部小计　Central Total	83877	59137	15617	9882	4.20
	山　西　Shanxi	30199	19681	7716	2867	
	安　徽　Anhui	12000	10466	1079	893	
中　部 Central	江　西　Jiangxi	10821	6121	232	4476	3.15
	河　南　Heinan	15917	12319	3013	717	0.01
	湖　北　Hubei	8006	6139	1701	221	0.46
	湖　南　Hunan	6934	4410	1876	707	0.59
	西部小计　Western Total	109531	61498	27249	22484	43.71
	内　蒙　古　Inner Mongolia	23191	13260	8272	2256	0.44
	广　西　Guangxi	8038	5058	1454	1792	0.37
	重　庆　Chongqing	3068	2648	407	72	6.70
	四　川　Sichuan	14246	6185	5512	2849	1.12
	贵　州　Guizhou	7394	4313	1382	1819	1.46
西　部 Western	云　南　Yunnan	14481	7216	4633	2826	6.73
	西　藏　Tibet	383	8	34	358	
	陕　西　Shaanxi	8682	5464	2136	1093	0.03
	甘　肃　Gansu	6141	3086	2044	1014	
	青　海　Qinghai	12423	6999	3	5449	0.03
	宁　夏　Ningxia	3694	2928	563	329	
	新　疆　Xinjiang	7790	4334	807	2628	26.84
	东北小计　Northeast Total	39923	18267	12095	10094	9.22
东　北 Northeast	辽　宁　Liaoning	28666	10719	9422	8725	5.93
	吉　林　Jilin	4944	3478	1116	593	
	黑　龙　江　Heilongjiang	6312	4069	1558	776	3.29

附录3-4　续表　continued

单位: 万吨 (10 000 tons)

区　域 Area	地　区 Region	危险废物 产生量 Hazardous Wastes Generated	危险废物 综合利用量 Hazardous Wastes Utilized	危险废物 处置量 Hazardous Wastes Disposed	危险废物 贮存量 Stock of Hazardous Wastes
	全　国　**National Total**	**3633.52**	**2061.80**	**929.02**	**690.62**
	东部小计　**Eastern Total**	**1439.61**	**982.29**	**434.29**	**38.96**
	北　京　Beijing	14.83	8.21	6.61	0.02
	天　津　Tianjin	12.11	3.99	8.15	…
	河　北　Zhejiang	38.95	19.52	19.14	0.52
	上　海　Shanghai	62.84	26.79	35.73	1.13
东　部	江　苏　Jiangsu	243.33	125.25	113.07	7.02
Eastern	浙　江　Zhejiang	157.92	62.35	89.83	11.39
	福　建　Fujian	28.23	10.47	14.11	5.00
	山　东　Shandong	709.77	639.77	62.77	12.39
	广　东　Guangdong	169.41	85.77	82.80	1.29
	海　南　Hainan	2.22	0.17	2.08	0.19
	中部小计　**Central Total**	**548.27**	**421.88**	**99.65**	**32.04**
	山　西　Shanxi	22.24	17.24	4.76	0.33
	安　徽　Anhui	78.08	65.08	13.18	0.61
中　部	江　西　Jiangxi	46.91	29.51	17.70	1.62
Central	河　南　Heinan	66.98	39.75	26.76	0.54
	湖　北　Hubei	73.41	37.77	29.77	6.20
	湖　南　Hunan	260.64	232.54	7.49	22.74
	西部小计　**Western Total**	**1411.26**	**553.62**	**280.78**	**601.86**
	内　蒙　古　Inner Mongolia	112.54	34.71	38.30	40.21
	广　西　Guangxi	105.71	71.82	27.52	9.24
	重　庆　Chongqing	37.62	21.92	14.99	1.04
	四　川　Sichuan	133.39	68.89	66.23	1.42
	贵　州　Guizhou	32.95	24.81	5.97	3.07
西　部	云　南　Yunnan	240.00	137.08	28.58	79.93
Western	西　藏　Tibet				
	陕　西　Shaanxi	63.70	21.21	34.78	10.02
	甘　肃　Gansu	35.00	9.81	19.83	6.37
	青　海　Qinghai	325.68	146.03	5.00	176.81
	宁　夏　Ningxia	5.34	3.08	2.13	0.16
	新　疆　Xinjiang	319.33	14.26	37.44	273.60
	东北小计　**Northeast Total**	**234.39**	**104.01**	**114.29**	**17.76**
东　北	辽　宁　Liaoning	98.08	33.41	49.76	16.41
Northeast	吉　林　Jilin	104.94	62.10	42.02	0.82
	黑　龙　江　Heilongjiang	31.38	8.50	22.51	0.53

附录3-5　东中西部地区环境污染治理投资情况(2014年)
Investment in the Treatment of Evironmental Pollution
by Eastern,Central & Western (2014)

单位: 亿元 (100 million yuan)

区　域 Area	地　区 Region	环境污染治理投资总额 Total Investment in Treatment of Environ-mental Pollution	城市环境基础设施建设投资 Investment in Urban Environment Infrastructure Facilities	工业污染源治理投资 Investment in Treatment of Industrial Pollution Sources	当年完成环保验收项目环保投资 Environmental Protection Investment in the Environmental Protection Acceptance Projects in the Year	环境污染治理投资占GDP比重(%) Investment in Anti-pollution Projects as Percentage of GDP (%)
全　国	**National Total**	**9575.5**	**5463.9**	**997.7**	**3113.9**	**1.51**
东部小计	**Eastern Total**	**4305.0**	**2604.4**	**480.0**	**1220.6**	**1.23**
北　京	Beijing	624.4	535.6	7.6	81.2	2.93
天　津	Tianjin	278.9	177.2	22.1	79.6	1.77
河　北	Hebei	455.5	266.3	89.0	100.2	1.55
上　海	Shanghai	250.0	82.0	17.8	150.2	1.06
东 部 江　苏	Jiangsu	880.6	579.3	48.5	252.8	1.35
Eastern 浙　江	Zhejiang	474.2	229.0	67.6	177.6	1.18
福　建	Fujian	193.4	142.4	42.4	8.6	0.80
山　东	Shandong	823.8	490.1	141.6	192.0	1.39
广　东	Guangdong	303.1	95.3	37.9	170.0	0.45
海　南	Hainan	21.1	7.1	5.6	8.4	0.60
中部小计	**Central Total**	**1778.4**	**1206.3**	**160.2**	**411.9**	**1.28**
山　西	Shanxi	293.2	178.7	31.1	83.4	2.30
安　徽	Anhui	428.7	303.0	17.6	108.1	2.06
中 部 江　西	Jiangxi	231.2	172.3	12.3	46.5	1.47
Central 河　南	Heinan	295.1	172.9	55.5	66.8	0.84
湖　北	Hubei	316.5	211.7	26.3	78.5	1.16
湖　南	Hunan	213.7	167.8	17.3	28.6	0.79
西部小计	**Western Total**	**2486.1**	**1333.3**	**285.1**	**867.7**	**1.80**
内 蒙 古	Inner Mongolia	562.3	319.4	77.5	165.4	3.16
广　西	Guangxi	200.4	147.9	17.9	34.7	1.28
重　庆	Chongqing	168.4	92.6	5.0	70.8	1.18
四　川	Sichuan	288.2	148.1	23.2	116.8	1.01
贵　州	Guizhou	170.4	84.0	18.5	67.9	1.84
西 部 云　南	Yunnan	152.0	56.4	24.4	71.2	1.19
Western 西　藏	Tibet	14.4	2.2	1.0	11.1	1.56
陕　西	Shaanxi	285.4	203.5	33.4	48.4	1.61
甘　肃	Gansu	143.5	68.1	17.6	57.7	2.10
青　海	Qinghai	30.0	15.0	7.5	7.5	1.30
宁　夏	Ningxia	78.6	24.6	27.3	26.8	2.86
新　疆	Xinjiang	392.4	171.4	31.7	189.3	4.24
东北小计	**Northeast Tota**	**551.7**	**319.9**	**72.3**	**159.4**	**0.96**
东 北 辽　宁	Liaoning	271.5	129.5	38.2	103.8	0.95
Northeast 吉　林	Jilin	98.1	66.4	16.4	15.3	0.71
黑 龙 江	Heilongjiang	182.1	124.1	17.8	40.3	1.21

资料来源: 环境保护部、住房和城乡建设部。
Source: Ministry of Environmental Protection,Ministry of Housing and Urban-Rural Development.

附录3-6　东中西部地区城市环境情况(2014年)

Urban Environment by Eastern,Central & Western (2014)

区　域 Area	地　区 Region	城市污水 排放量 (万立方米) Volume of Municipal Sewage Discharge (10 000 cu.m)	城市污水 处理率 (%) Rate of Municipal Sewage Discharge (%)	城市燃气 普及率 (%) Gas Access Rate (%)	生活垃圾无 害化处理率 (%) Domestic Garbage Harmless Disposal Rate (%)
	全　国　**National Total**	**4453428**	**90.2**	**94.6**	**91.8**
	东部小计　**Eastern Total**	**2374340**	**91.5**	**98.5**	**95.0**
	北　京　Beijing	161548	86.1	100.0	99.6
	天　津　Tianjin	82316	91.0	100.0	96.7
	河　北　Hebei	157348	95.1	94.3	86.6
	上　海　Shanghai	231685	89.7	100.0	100.0
东　部 Eastern	江　苏　Jiangsu	396336	93.5	99.5	98.1
	浙　江　Zhejiang	250146	90.7	99.8	100.0
	福　建　Fujian	119013	88.7	98.8	97.9
	山　东　Shandong	295243	95.3	99.5	100.0
	广　东　Guangdong	652251	91.6	96.6	86.4
	海　南　Hainan	28454	71.4	96.5	99.8
	中部小计　**Central Total**	**816792**	**91.4**	**91.8**	**94.3**
	山　西　Shanxi	67093	88.4	95.8	92.1
	安　徽　Anhui	144249	96.2	96.8	99.5
中　部 Central	江　西　Jiangxi	81271	83.8	95.2	93.1
	河　南　Heinan	169502	92.5	83.8	92.8
	湖　北　Hubei	192893	92.1	94.7	90.2
	湖　南　Hunan	161784	90.1	91.2	99.7
	西部小计　**Western Total**	**817501**	**87.4**	**89.5**	**91.0**
	内　蒙　古　Inner Mongolia	57212	89.2	92.3	96.1
	广　西　Guangxi	125341	87.5	93.0	95.4
	重　庆　Chongqing	93517	93.0	94.3	99.2
	四　川　Sichuan	172892	85.4	90.9	95.4
	贵　州　Guizhou	45013	94.8	76.3	93.3
西　部 Western	云　南　Yunnan	78196	91.1	76.2	92.5
	西　藏　Tibet	10639	16.1	57.1	
	陕　西　Shaanxi	86823	91.6	95.1	95.8
	甘　肃　Gansu	39211	85.0	83.5	62.6
	青　海　Qinghai	17700	59.2	88.8	86.3
	宁　夏　Ningxia	27114	92.4	89.2	93.3
	新　疆　Xinjiang	63843	86.2	96.9	81.9
	东北小计　**Northeast Total**	**444795**	**86.0**	**92.3**	**74.8**
东　北 Northeast	辽　宁　Liaoning	239889	89.1	96.2	91.6
	吉　林　Jilin	83347	90.1	92.0	61.9
	黑　龙　江　Heilongjiang	121559	77.2	86.2	58.9

资料来源：住房和城乡建设部。

Source:Ministry of Housing and Urban-Rural Derelopment.

附录3-7 东中西部地区农村环境情况(2014年)
Rural Environment by Eastern,Central & Western (2014)

区 域 Area	地 区 Region	改水累计受益人口 (万人) Benefiting Population from Rural DrinkingWater Improvement Projects (10 000 persons)	累计改水 受益率 (%) Proportion of Benefiting Population (%)	卫生厕所 普及率 (%) Access Rate to Sanitary Lavatory (%)	无害化卫生 厕所普及率 (%) Access Rate to Harmless Sanitary Lavatory (%)
	全 国 **National Total**	**91511.3**	**95.76**	**76.05**	**55.18**
	东部小计 **Eastern Total**	**31130.6**	**99.05**	**87.64**	**72.29**
	北 京 Beijing	268.3	100.00	98.15	98.08
	天 津 Tianjin	378.7	100.00	93.55	93.55
	河 北 Hebei	5390.1	99.00	60.87	41.69
	上 海 Shanghai	283.5	99.99	96.45	94.46
东 部	江 苏 Jiangsu	4871.1	99.05	96.08	85.48
Eastern	浙 江 Zhejiang	3566.2	99.21	94.78	86.48
	福 建 Fujian	2918.9	98.70	91.75	90.20
	山 东 Shandong	6905.7	99.32	91.58	56.41
	广 东 Guangdong	6006.7	99.20	91.10	84.94
	海 南 Hainan	541.4	94.09	79.28	78.11
	中部小计 **Central Total**	**27664.8**	**94.22**	**72.65**	**48.01**
	山 西 Shanxi	2230.4	91.61	53.60	30.05
	安 徽 Anhui	5057.5	93.78	65.16	36.42
中 部	江 西 Jiangxi	3369.5	99.60	88.97	64.99
Central	河 南 Heinan	7558.4	91.11	75.28	57.20
	湖 北 Hubei	4465.6	99.53	82.51	53.52
	湖 南 Hunan	4983.4	92.83	68.53	40.58
	西部小计 **Western Total**	**26915.9**	**93.13**	**66.49**	**49.34**
	内 蒙 古 Inner Mongolia	1411.3	96.35	53.06	26.32
	广 西 Guangxi	3879.0	89.83	83.28	75.67
	重 庆 Chongqing	2545.9	98.94	64.49	64.49
	四 川 Sichuan	6574.5	95.41	74.34	57.24
	贵 州 Guizhou	2887.3	86.47	48.91	31.55
西 部	云 南 Yunnan	3368.5	90.77	62.77	35.40
Western	西 藏 Tibet				
	陕 西 Shaanxi	2154.0	91.23	50.78	42.91
	甘 肃 Gansu	2030.3	97.61	68.91	30.25
	青 海 Qinghai	348.2	91.49	65.16	10.67
	宁 夏 Ningxia	394.1	95.10	63.17	51.43
	新 疆 Xinjiang	1322.8	96.75	73.57	49.04
	东北小计 **Northeast Total**	**5800.1**	**98.70**	**72.60**	**22.98**
东 北	辽 宁 Liaoning	2159.7	96.90	68.37	33.78
Northeast	吉 林 Jilin	1542.1	100.00	76.56	16.31
	黑 龙 江 Heilongjiang	2098.3	99.65	74.42	15.89

资料来源:国家卫生和计划生育委员会。
Source: National Health and Family Planning Commission.

附录四、世界主要国家和地区环境统计指标

APPENDIX IV.

Main Environmental Indicators of the World's Major Countries and Regions

附录4-1 淡水资源(2011年)

国家或地区	Country or Area	淡水抽取量 (亿立方米) Total Freshwater Withdrawals (100 million m³)	人均可再生淡水资源 (立方米) Renewable Internal Freshwater Resources per Capita (m³)
世 界	World	38937.7	6123
阿 富 汗	Afghanistan	202.8	1620
阿尔巴尼亚	Albania	18.4	8529
阿尔及利亚	Algeria	61.6	298
安 哥 拉	Angola	6.4	7334
安提瓜和巴布达	Antigua and Barbuda	0.1	590
阿 根 廷	Argentina	325.7	6777
荷 兰	Netherlands	106.1	659
亚美尼亚	Armenia	28.3	2314
澳大利亚	Australia	225.8	22039
奥 地 利	Austria	36.6	6529
阿塞拜疆	Azerbaijan	122.1	885
巴 林	Bahrain	3.6	3
孟加拉国	Bangladesh	358.7	687
巴巴多斯	Barbados	0.6	284
白俄罗斯	Belarus	43.4	3927
比 利 时	Belgium	62.2	1086
伯 利 兹	Belize	1.5	50588
贝 宁	Benin	1.3	1053
不 丹	Bhutan	3.4	106933
玻利维亚	Bolivia	20.3	29396
波 黑	Bosnia and Herzegovinian	3.4	9246
博茨瓦纳	Botswana	1.9	1208
巴 西	Brazil	580.7	27512
文 莱	Brunei Darussalam	0.9	20910
保加利亚	Bulgaria	61.2	2858
布基纳法索	Burkina Faso	9.9	781
布 隆 迪	Burundi	2.9	1054
柬 埔 寨	Cambodia	21.8	8257
喀 麦 隆	Cameroon	9.6	12904
加 拿 大	Canada	459.7	82647
佛 得 角	Cape Verde	0.2	612
中 非	Central African Rep.	0.7	31784
乍 得	Chad	3.7	1242
智 利	Chile	113.4	51073
哥伦比亚	Colombia	126.5	44861
科 摩 罗	Comoros	0.1	1714
刚果(金)	Congo, Dem. Rep.	6.2	14078
刚果(布)	Congo, Rep.	0.5	52540
哥斯达黎加	Costa Rica	26.8	23725
科特迪瓦	Cote D'Ivoire	14.1	3963
克罗地亚	Croatia	6.3	8807
古 巴	Cuba	75.6	3381

资料来源：世界银行WDI数据库。
Source: World Bank WDI Database.

Freshwater (2011)

占水资源总量的比重 (%) % of Internal Resources	年度淡水抽取量 Freshwater Withdrawals		
	农业用水 % for Agriculture	工业用水 % for Industry	生活用水 % for Domestic
9.2	**70.0**	**18.3**	**11.8**
43.0	98.6	0.6	0.8
6.8	57.7	12.4	30.0
54.8	64.0	13.5	22.5
0.4	32.8	28.8	38.4
9.6	20.0	20.0	60.0
11.8	66.1	12.2	21.7
96.5	0.7	87.5	11.8
41.2	65.8	4.4	29.8
4.6	73.8	10.6	15.6
6.7	2.7	79.0	18.3
150.5	76.4	19.3	4.3
8935.0	44.5	5.7	49.8
34.2	87.8	2.2	10.0
76.1	32.8	38.4	28.7
11.7	19.4	53.8	26.9
51.8	0.6	87.7	11.7
0.9	20.0	73.3	6.7
1.3	45.4	23.1	31.5
0.4	94.1	0.9	5.0
0.7	57.2	15.2	27.6
1.0		14.4	99.0
8.1	41.2	18.0	40.7
1.1	54.6	17.5	28.0
1.1			
29.1	16.3	67.7	16.0
7.9	70.1	1.6	28.3
2.9	77.1	5.9	17.0
1.8	94.0	1.5	4.5
0.4	76.1	7.1	16.8
1.6	11.8	68.7	19.6
7.3	90.9	1.8	7.3
0.1	1.5	16.5	82.0
2.5	51.8	24.1	24.1
1.3	70.3	20.5	9.2
0.6	38.9	4.2	56.9
0.8	47.0	5.0	48.0
0.1	17.7	19.8	62.6
…	8.7	21.7	69.6
2.4	53.4	17.2	29.5
1.8	42.6	19.1	38.3
1.7	1.7	13.6	84.6
19.8	74.7	9.9	15.5

国家或地区	Country or Area	淡水抽取量 （亿立方米） Total Freshwater Withdrawals (100 million m^3)	人均可再生淡水资源 （立方米） Renewable Internal Freshwater Resources per Capita (m^3)
塞浦路斯	Cyprus	1.8	699
捷 克	Czech Rep.	17.0	1253
丹 麦	Denmark	6.6	1077
吉 布 提	Djibouti	0.2	354
多米尼加	Dominican Rep.	34.9	2069
厄瓜多尔	Ecuador	152.5	28334
埃 及	Egypt	683.0	23
萨尔瓦多	El Salvador	13.8	2837
赤道几内亚	Equatorial Guinea	0.2	36313
厄立特里亚	Eritrea	5.8	472
爱沙尼亚	Estonia	18.0	9486
埃塞俄比亚	Ethiopia	55.6	1365
斐 济	Fiji	0.8	32895
芬 兰	Finland	16.3	19858
法 国	France	316.2	3059
加 蓬	Gabon	1.3	102884
冈 比 亚	Gambia	0.7	1729
格鲁吉亚	Georgia	18.1	12966
德 国	Germany	323.0	1308
加 纳	Ghana	9.8	1221
希 腊	Greece	94.7	5133
危地马拉	Guatemala	29.3	7425
几 内 亚	Guinea	16.2	20248
几内亚比绍	Guinea-Bissau	1.8	9851
圭 亚 那	Guyana	16.4	304723
海 地	Haiti	12.0	1297
洪都拉斯	Honduras	11.9	12336
匈 牙 利	Hungary	55.9	602
冰 岛	Iceland	1.7	532892
印 度	India	7610.0	1184
印度尼西亚	Indonesia	1133.0	8281
伊 朗	Iran	933.0	1704
伊 拉 克	Iraq	660.0	1108
爱 尔 兰	Ireland	7.9	10706
以 色 列	Israel	19.5	97
意 大 利	Italy	454.1	3005
牙 买 加	Jamaica	5.9	3475
卢 森 堡	Luxemburg	0.6	1929
日 本	Japan	900.4	3364
约 旦	Jordan	9.4	110
哈萨克斯坦	Kazakhstan	211.4	3886
肯 尼 亚	Kenya	27.4	493
朝 鲜	Korea, Dem.	86.6	2720
韩 国	Korea, Rep.	254.7	1303

continued 1

年度淡水抽取量 Freshwater Withdrawals			
占水资源 总量的比重 (%) % of Internal Resources	农业用水 % for Agriculture	工业用水 % for Industry	生活用水 % for Domestic
23.6	86.4	3.3	10.3
12.9	1.8	56.5	41.7
11.0	36.1	5.5	58.5
6.3	15.8		84.2
16.6	64.3	1.9	33.9
3.5	91.5	2.5	6.0
3794.4	86.4	5.9	7.8
7.8	55.2	17.2	27.5
0.1	5.8	14.9	79.3
20.8	94.5	0.2	5.3
14.1	0.5	96.6	3.0
4.6	93.6	0.4	6.0
0.3	61.2	10.8	28.0
1.5	3.1	72.2	24.7
15.8	12.4	69.3	18.3
0.1	38.5	8.8	52.8
2.4	28.1	24.4	47.6
3.1	58.2	22.1	19.8
30.2	0.3	83.9	15.9
3.2	66.4	9.7	23.9
16.3	89.3	1.8	8.9
2.7	54.9	30.4	14.7
0.7	84.0	3.2	12.9
1.1	82.3	4.6	13.1
0.7	97.6	0.6	1.8
9.2	77.5	3.8	18.8
1.3	57.8	24.8	17.4
93.2	5.6	82.5	11.9
0.1	42.4	8.5	49.1
52.6	90.4	2.2	7.4
5.6	81.9	6.5	11.6
72.6	92.2	1.2	6.7
187.5	78.8	14.7	6.5
1.6	10.0	74.0	16.0
260.5	57.8	5.8	36.4
24.9	44.1	35.9	20.1
6.2	34.2	21.9	43.9
6.0	0.3	36.5	63.1
20.9	63.1	17.6	19.3
138.0	65.0	4.1	31.0
32.9	66.2	29.6	4.2
13.2	79.2	3.7	17.2
12.9	76.4	13.2	10.4
39.3	62.0	12.0	26.0

国家或地区	Country or Area	淡水抽取量 （亿立方米） Total Freshwater Withdrawals （100 million m³）	人均可再生淡水资源 （立方米） Renewable Internal Freshwater Resources per Capita （m³）
科 威 特	Kuwait	9.1	
吉尔吉斯斯坦	Kyrgyzstan	100.8	8873
老 挝	Laos	42.6	29197
拉脱维亚	Latvia	4.1	8133
黎 巴 嫩	Lebanon	13.1	1095
莱 索 托	Lesotho	0.5	2577
利比里亚	Liberia	1.8	49023
利 比 亚	Libya	43.3	115
立 陶 宛	Lithuania	23.8	5135
马 其 顿	Macedonia	10.3	2567
马达加斯加	Madagascar	146.8	15545
马 拉 维	Malawi	9.7	1044
马来西亚	Malaysia	132.1	20168
马尔代夫	Maldives	0.1	90
马 里	Mali	65.5	4162
马 耳 他	Malta	0.5	121
毛里塔尼亚	Mauritania	16.0	108
毛里求斯	Mauritius	7.3	2139
墨 西 哥	Mexico	798.0	3427
摩尔多瓦	Moldova	19.2	281
摩 纳 哥	Monaco	0.1	
蒙 古	Mongolia	4.3	12635
黑 山	Montenegro	1.6	
摩 洛 哥	Morocco	126.1	905
莫桑比克	Mozambique	7.4	4080
缅 甸	Myanmar	332.3	19159
纳米比亚	Namibia	3.0	2778
尼 泊 尔	Nepal	97.9	7298
新 西 兰	New Zealand	47.5	74230
尼加拉瓜	Nicaragua	12.9	32125
尼 日 尔	Niger	23.6	212
尼日利亚	Nigeria	103.1	1346
挪 威	Norway	29.4	77124
阿 曼	Oman	13.2	463
巴基斯坦	Pakistan	1835.0	312
巴 拿 马	Panama	4.5	39409
巴布亚新几内亚	Papua New Guinea	3.9	114217
巴 拉 圭	Paraguay	4.9	14301
秘 鲁	Peru	193.4	54567
菲 律 宾	Philippines	815.6	5039
波 兰	Poland	119.6	1391
葡 萄 牙	Portugal	84.6	3600
波多黎各	Puerto Rico	10.0	1922
卡 塔 尔	Qatar	4.4	29

continued 2

	年度淡水抽取量　Freshwater Withdrawals		
占水资源 总量的比重 (%) % of Internal Resources	农业用水 % for Agriculture	工业用水 % for Industry	生活用水 % for Domestic
	53.9	2.3	43.9
20.6	93.8	3.1	3.2
2.2	93.0	4.0	3.1
2.5	11.6	49.6	38.7
27.3	59.5	11.5	29.0
1.0	20.0	40.0	40.0
0.1	33.6	26.6	39.8
618.0	82.9	3.1	14.1
15.3	3.5	90.0	6.6
19.0	12.3	66.6	21.1
4.4	97.5	0.9	1.6
6.0	83.6	4.1	12.3
2.3	34.2	36.3	29.5
19.7		5.1	94.9
10.9	90.1	0.9	9.0
106.7	35.3	0.9	63.8
400.3	93.7	1.6	4.7
26.4	67.7	2.8	29.5
19.5	76.7	9.3	14.0
191.5	39.7	51.8	8.6
			100.0
1.2	53.0	27.1	19.9
	1.1	39.0	59.9
43.5	87.3	2.9	9.8
0.7	73.9	3.3	22.8
3.3	89.0	1.0	10.0
4.9	71.0	4.7	24.3
4.9	98.2	0.3	1.5
1.5	74.3	4.2	21.5
0.7	83.9	2.1	14.1
67.5	88.0	1.2	10.8
4.7	53.4	15.1	31.5
0.8	28.8	42.9	28.3
94.4	88.4	1.4	10.1
333.6	94.0	0.8	5.3
0.3	50.9	3.3	45.8
0.1	0.3	42.7	57.0
0.5	71.4	8.2	20.4
1.2	84.9	8.3	6.8
17.0	82.2	10.1	7.7
22.3	9.7	59.6	30.7
22.3	73.0	19.4	7.6
14.0	7.4	1.7	90.9
792.9	59.0	1.8	39.2

年度淡水抽取量　Freshwater Withdrawals

国家或地区	Country or Area	淡水抽取量 （亿立方米） Total Freshwater Withdrawals (100 million m³)	人均可再生淡水资源 （立方米） Renewable Internal Freshwater Resources per Capita (m³)
罗马尼亚	Romania	68.8	1978
俄 罗 斯	Russia	662.0	30169
卢 旺 达	Rwanda	1.5	852
圣多美和普林西比	Sao Tome and Principe	…	11901
沙特阿拉伯	Saudi Arabia	236.7	86
塞内加尔	Senegal	22.2	1935
塞尔维亚	Serbia	41.2	1158
塞 舌 尔	Seychelles	0.1	
塞拉利昂	Sierra Leone	4.9	27278
新 加 坡	Singapore	1.9	116
斯洛伐克	Slovakia	6.9	2334
斯洛文尼亚	Slovenia	9.4	9095
索 马 里	Somalia	33.0	606
南　　非	South Africa	125.0	886
西 班 牙	Spain	324.6	2408
斯里兰卡	Sri Lanka	129.5	2530
苏　　丹	Sudan	371.4	641
苏 里 南	Suriname	6.7	166113
斯威士兰	Swaziland	10.4	2178
瑞　　典	Sweden	26.2	18097
瑞　　士	Switzerland	26.1	5106
叙 利 亚	Syrian Arab Republic	167.6	325
塔吉克斯坦	Tajikistan	114.9	8120
坦桑尼亚	Tanzania	51.8	1812
泰　　国	Thailand	573.1	3372
东 帝 汶	Timor-Leste	11.7	6986
多　　哥	Togo	1.7	1777
特立尼达和多巴哥	Trinidad and Tobago	2.3	2881
突 尼 斯	Tunisia	28.5	393
土 耳 其	Turkey	401.0	3107
土库曼斯坦	Turkmenistan	279.5	275
乌 干 达	Uganda	3.2	1110
乌 克 兰	Ukraine	384.8	1162
阿 联 酋	United Arab Emirates	40.0	17
英　　国	United Kingdom	129.9	2311
美　　国	United States	4784.0	9044
乌 拉 圭	Uruguay	36.6	17438
乌兹别克斯坦	Uzbekistan	560.0	557
委内瑞拉	Venezuela	90.6	24488
越　　南	Viet Nam	820.3	4092
约旦河西岸和加沙	West Bank and Gaza	4.2	207
也　　门	Yemen	35.7	90
赞 比 亚	Zambia	17.4	5882
津巴布韦	Zimbabwe	42.1	918

continued 3

年度淡水抽取量 Freshwater Withdrawals			
占水资源 总量的比重 (%) % of Internal Resources	农业用水 % for Agriculture	工业用水 % for Industry	生活用水 % for Domestic
16.3	17.0	61.1	21.9
1.5	19.9	59.8	20.2
1.6	68.0	8.0	24.0
0.3			
986.3	88.0	3.0	9.0
8.6	93.0	2.6	4.4
49.0	1.9	81.6	16.6
	6.6	27.7	65.7
0.3	71.0	9.7	19.4
31.7	4.0	51.0	45.0
5.5	3.2	50.3	46.5
5.1	0.2	82.3	17.5
55.0	99.5	0.1	0.5
27.9	62.7	6.1	31.2
29.2	60.5	21.7	17.8
24.5	87.3	6.4	6.2
123.8	97.1	0.6	2.3
0.8	92.5	3.0	4.5
39.5	96.6	1.2	2.3
1.5	4.1	58.7	37.2
6.5	1.9	57.5	40.6
235.0	87.5	3.7	8.8
18.1	90.9	3.6	5.6
6.2	89.4	0.5	10.2
25.5	90.4	4.9	4.8
14.3	91.4	0.2	8.5
1.5	45.0	2.4	52.7
6.0	8.6	25.2	66.2
67.9	76.0	3.9	12.8
17.7	73.8	10.7	15.5
1989.3	94.3	3.0	2.7
0.8	37.8	14.5	47.7
72.5	51.2	36.4	12.5
2665.3	82.8	1.7	15.4
9.0	9.9	33.0	57.1
17.0	40.2	46.1	13.7
6.2	86.6	2.2	11.2
342.7	90.0	2.7	7.3
1.3	43.8	7.5	48.7
22.8	94.8	3.8	1.5
51.5	45.2	6.9	47.9
169.8	90.7	1.8	7.4
2.2	75.9	7.5	16.7
34.3	78.9	7.1	14.0

年度淡水抽取量　Freshwater Withdrawals

附录4-2　城市污水产生量
Produced Municipal Wastewater

单位：十亿立方米/年

(billion m³/yr)

国家或地区	Country or Area	年份	数值	国家或地区	Country or Area	年份	数值
阿尔及利亚	Algeria	2010	0.73	克罗地亚	Croatia	2011	0.26
阿 根 廷	Argentina	1997	3.53	塞浦路斯	Cyprus	2005	0.02
亚美尼亚	Armenia	2011	0.75	捷 克	Czech Republic	2009	1.25
澳大利亚	Australia	2008	2.09	多米尼加	Dominican Republic	2011	0.43
奥 地 利	Austria	2009	2.35	厄瓜多尔	Ecuador	1999	0.63
阿塞拜疆	Azerbaijan	2005	0.66	埃 及	Egypt	2011	8.50
巴 林	Bahrain	1997	0.08	萨尔瓦多	El Salvador	2010	0.18
孟加拉国	Bangladesh	2000	0.73	厄立特里亚	Eritrea	2000	0.02
白俄罗斯	Belarus	1993	0.99	爱沙尼亚	Estonia	2009	0.39
比 利 时	Belgium	2003	1.11	法 国	France	2008	3.79
伯 利 兹	Belize	1994	…	德 国	Germany	2007	5.29
不 丹	Bhutan	2000	…	加 纳	Ghana	2006	0.28
玻利维亚	Bolivia	2001	0.14	危地马拉	Guatemala	1998	0.37
波 黑	Bosnia and Herzegovina	2011	0.07	匈 牙 利	Hungary	2004	4.16
巴 西	Brazil	1996	2.57	印 度	India	2012	14.00
保加利亚	Bulgaria	2009	0.46	伊 朗	Iran	2010	3.55
布基纳法索	Burkina Faso	2000	…	伊 拉 克	Iraq	2012	0.58
柬 埔 寨	Cambodia	2000	1.18	以 色 列	Israel	2007	0.50
加 拿 大	Canada	2006	5.40	意 大 利	Italy	2007	3.93
智 利	Chile	1999	1.07	日 本	Japan	2006	14.00
哥伦比亚	Colombia	2010	2.40	约 旦	Jordan	2008	0.18
哥斯达黎加	Costa Rica	2000	0.09	哈萨克斯坦	Kazakhstan	1993	1.83
拉脱维亚	Latvia	2009	0.28	科 威 特	Kuwait	2008	0.25
黎 巴 嫩	Lebanon	2011	0.31	沙特阿拉伯	Saudi Arabia	2000	0.73
莱 索 托	Lesotho	1994	…	塞 舌 尔	Seychelles	2003	0.01
利 比 亚	Libya	1999	0.55	新 加 坡	Singapore	2000	0.47
立 陶 宛	Lithuania	2009	0.26	斯洛伐克	Slovakia	2009	0.56
卢 森 堡	Luxembourg	2003	0.09	斯洛文尼亚	Slovenia	2010	0.17
马来西亚	Malaysia	2000	1.40	南 非	South Africa	2000	3.20
马尔代夫	Maldives	2000	…	西 班 牙	Spain	2008	2.96
马 耳 他	Malta	2009	0.02	斯里兰卡	Sri Lanka	2000	0.35
墨 西 哥	Mexico	2010	7.41	斯威士兰	Swaziland	2002	0.01
摩 纳 哥	Monaco	2009	0.01	瑞 士	Switzerland	2005	1.44
蒙 古	Mongolia	2012	0.15	叙 利 亚	Syrian	2000	0.65
黑 山	Montenegro	2008	0.04	塔吉克斯坦	Tajikistan	2004	4.70
摩 洛 哥	Morocco	2010	0.70	泰 国	Thailand	2012	5.11
缅 甸	Myanmar	2000	0.02	突 尼 斯	Tunisia	2010	0.25
尼 泊 尔	Nepal	2006	0.14	土 耳 其	Turkey	2010	3.58
尼加拉瓜	Nicaragua	1996	0.07	土库曼斯坦	Turkmenistan	2000	0.27
阿 曼	Oman	2000	0.09	乌 干 达	Uganda	2010	0.01
巴基斯坦	Pakistan	2012	4.37	阿 联 酋	United Arab Emirates	1995	0.50
巴 拿 马	Panama	1998	0.39	英 国	United Kingdom	2002	4.02
菲 律 宾	Philippines	2010	7.08	美 国	United States	1995	79.57
波 兰	Poland	2009	2.20	乌兹别克斯坦	Uzbekistan	2000	1.08
葡 萄 牙	Portugal	2009	0.58	委内瑞拉	Venezuela	1996	2.90
卡 塔 尔	Qatar	2005	0.06	越 南	Viet Nam	2012	0.74
韩 国	Korea Rep.	2000	5.94	也 门	Yemen	2000	0.07
俄 罗 斯	Russia	2002	16.20	津巴布韦	Zimbabwe	2012	0.19

资料来源:联合国粮农组织数据库。

Source:FAO Database.

附录4-3 温室气体排放量
Emissions of Greenhouse Gas

单位：千吨二氧化碳当量 | | | | | (kt of CO$_2$ eq.)

国家或地区	Country or Area	1990	2000	2005	2008	2010
阿尔巴尼亚	Albania		15.5	61.8	86.9	105.0
阿尔及利亚	Algeria	326.0	371.9	487.4	613.9	701.0
安哥拉	Angola		0.7	19.3	26.5	31.0
阿根廷	Argentina	2296.5	408.8	664.9	872.4	999.0
亚美尼亚	Armenia		42.0	332.2	469.6	565.0
澳大利亚	Australia	4872.8	4198.3	6459.6	8243.5	9051.0
奥地利	Austria	1437.8	1419.5	2219.5	2862.4	3976.0
阿塞拜疆	Azerbaijan	175.6	41.3	265.1	335.3	300.0
巴林	Bahrain	2535.7	236.1	278.6	320.9	320.0
白俄罗斯	Belarus	2.6	131.6	463.6	635.2	553.0
比利时	Belgium	141.9	1154.6	1981.2	2578.0	2776.0
波黑	Bosnia and Herzegovina	616.7	409.7	566.9	753.2	885.0
巴西	Brazil	8396.7	5025.2	8617.5	10326.6	10621.0
文莱	Brunei Darussalam		100.7	255.6	354.9	427.0
保加利亚	Bulgaria	2.2	122.2	380.1	526.2	666.0
喀麦隆	Cameroon	932.3	514.7	417.5	422.1	353.0
加拿大	Canada	12990.6	18247.8	22330.2	25627.3	29826.0
智利	Chile	16.7	6.9	9.2	8.1	8.0
哥伦比亚	Colombia	41.9	28.4	83.1	96.9	106.0
刚果(布)	Congo, Rep.		0.8	4.7	6.7	8.0
哥斯达黎加	Costa Rica		25.2	61.5	83.2	98.0
克罗地亚	Croatia	890.4	79.3	58.4	77.3	89.0
古巴	Cuba		34.2	127.8	185.9	226.0
塞浦路斯	Cyprus		78.4	188.3	256.1	304.0
捷克	Czech Republic	6.2	441.3	1111.8	1497.0	3659.0
丹麦	Denmark	88.4	767.0	1302.5	1684.5	1750.0
厄瓜多尔	Ecuador		19.7	62.2	86.7	104.0
埃及	Egypt	2050.5	2565.6	3189.8	3622.8	3887.0
萨尔瓦多	El Salvador		41.4	76.4	99.6	116.0
爱沙尼亚	Estonia	2.1	13.3	39.4	53.3	63.0
埃塞俄比亚	Ethiopia		3.6	10.3	13.3	16.0
芬兰	Finland	100.2	521.8	822.5	1079.5	1288.0
法国	France	9468.2	12971.2	15039.2	19205.0	21677.0
加蓬	Gabon		2.9	8.4	11.8	14.0
格鲁吉亚	Georgia		2.5	11.8	16.7	20.0
德国	Germany	12545.7	18513.9	21517.5	27037.8	26843.0
加纳	Ghana	596.2	148.0	14.7	11.2	13.0
希腊	Greece	2318.5	2811.5	2157.0	1250.2	1407.0
危地马拉	Guatemala	0.1	157.6	477.8	665.8	797.0
匈牙利	Hungary	702.0	761.9	1505.1	1684.5	1778.0
冰岛	Iceland	1036.9	144.8	151.7	358.5	207.0
印度	India	9563.6	13550.7	15539.7	20406.9	23538.0
印度尼西亚	Indonesia	1720.7	997.4	1020.5	1146.0	1241.0
伊朗	Iran	2590.8	1833.4	2464.0	2828.5	3096.0
伊拉克	Iraq	252.9	156.1	86.0	101.7	112.0
爱尔兰	Ireland	36.4	908.4	1143.3	1306.1	1291.0
以色列	Israel	1049.4	1787.6	1967.4	2452.1	2777.0

资料来源：世界银行WDI数据库。
Source:World Bank WDI Database.

附录4-3　续表　continued

单位：千吨二氧化碳当量

(kt of CO$_2$ eq.)

国家或地区	Country or Area	1990	2000	2005	2008	2010
意 大 利	Italy	4074.0	8752.3	10386.0	13325.4	15544.0
牙 买 加	Jamaica		17.8	50.3	70.3	84.0
日 本	Japan	28280.1	50326.2	52914.4	63750.7	70795.0
约 旦	Jordan		19.7	110.3	158.8	193.0
哈萨克斯坦	Kazakhstan		57.5	336.7	482.9	584.0
朝 鲜	Korea, Dem.	0.2	1760.1	2787.1	3693.8	4188.0
韩 国	Korea, Rep.	6157.2	14587.3	12003.3	11172.9	8957.0
科 威 特	Kuwait	263.1	498.2	925.6	1235.4	1451.0
吉尔吉斯斯坦	Kyrgyz Republic		7.9	24.0	34.8	42.0
拉脱维亚	Latvia	0.8	195.7	882.1	1238.6	1355.0
利 比 亚	Libya	282.4	178.2	280.3	331.5	366.0
立 陶 宛	Lithuania	1.0	172.9	650.3	923.9	1301.0
卢 森 堡	Luxembourg	0.2	52.1	100.6	132.4	146.0
马 其 顿	Macedonia		51.8	119.1	157.6	185.0
马来西亚	Malaysia	597.8	525.7	994.0	1286.7	1195.0
马 耳 他	Malta		50.0	114.2	153.2	173.0
墨 西 哥	Mexico	2965.8	4733.2	7479.5	9265.8	12018.0
摩尔多瓦	Moldova		1.9	8.0	11.3	14.0
莫桑比克	Mozambique		43.7	281.1	306.8	338.0
荷 兰	Netherlands	6180.4	7462.9	3597.8	4459.4	4907.0
新 西 兰	New Zealand	941.4	758.3	966.7	1199.3	1481.0
尼日利亚	Nigeria	241.9	270.9	665.7	875.2	1023.0
挪 威	Norway	8579.3	5742.8	5218.5	5179.9	1823.0
阿 曼	Oman		8.6	173.6	266.9	361.0
巴基斯坦	Pakistan	1009.0	347.2	819.4	951.6	1036.0
秘 鲁	Peru		103.1	327.6	452.0	539.0
菲 律 宾	Philippines	161.9	221.4	365.3	421.7	459.0
波 兰	Poland	532.2	1376.3	2547.9	3249.8	2592.0
葡 萄 牙	Portugal	110.8	505.3	776.9	1012.7	1735.0
罗马尼亚	Romania	2007.7	795.1	742.3	970.3	991.0
俄 罗 斯	Russia	25788.6	50688.0	60112.5	66127.5	63382.0
沙特阿拉伯	Saudi Arabia	2441.4	1340.1	2170.7	2588.3	2874.0
塞尔维亚	Serbia	762.4	1968.1	4422.8	6111.3	7338.0
新 加 坡	Singapore	501.5	1409.6	2496.4	3266.4	3296.0
斯洛伐克	Slovak Republic	68.3	185.6	391.3	525.8	1576.0
斯洛文尼亚	Slovenia	769.0	323.3	468.9	576.7	602.0
南 非	South Africa	1491.1	1728.8	2544.0	2914.4	3210.0
西 班 牙	Spain	6146.0	8037.1	9055.1	11347.8	12095.0
瑞 典	Sweden	888.6	1485.3	2068.4	2340.9	2198.0
瑞 士	Switzerland	902.6	1239.2	2025.0	2634.1	2740.0
塔吉克斯坦	Tajikistan	2806.1	798.0	383.0	348.3	361.0
泰 国	Thailand	1429.5	453.1	1103.9	1274.5	1388.0
土 耳 其	Turkey	2572.7	2538.5	5041.3	6441.0	7351.0
土库曼斯坦	Turkmenistan		10.9	72.9	112.2	139.0
乌 克 兰	Ukraine	224.1	454.2	699.3	930.6	989.0
阿 联 酋	United Arab Emirates	843.4	878.1	1064.1	1279.0	1422.0
英 国	United Kingdom	5244.2	8376.7	10189.0	12797.3	14300.0
美 国	United States	92209.6	173334.1	237251.6	290919.6	350383.0
乌 拉 圭	Uruguay		29.3	58.7	71.8	81.0
乌兹别克斯坦	Uzbekistan		192.0	603.2	825.6	981.0
委内瑞拉	Venezuela	3248.1	1124.5	1249.6	1854.3	2135.0

附录4-4　二氧化碳排放量
Emissions of CO$_2$

单位：千吨　　（1000 t）

国家或地区	Country or Area	2000	2010	国家或地区	Country or Area	2000	2010
阿富汗	Afghanistan	781	8236	多米尼加	Dominican Republic	20117	20964
阿尔巴尼亚	Albania	3022	4283	厄瓜多尔	Ecuador	20942	32636
阿尔及利亚	Algeria	87931	123475	埃及	Egypt	141326	204776
安道尔	Andorra	524	517	萨尔瓦多	El Salvador	5743	6249
安哥拉	Angola	9542	30418	赤道几内亚	Equatorial Guinea	455	4679
安提瓜和巴布达	Antigua and Barbuda	345	513	厄立特里亚	Eritrea	609	513
阿根廷	Argentina	141077	180512	爱沙尼亚	Estonia	15181	18339
亚美尼亚	Armenia	3465	4221	埃塞俄比亚	Ethiopia	5831	6494
阿鲁巴	Aruba	2233	2321	法罗群岛	Faeroe Islands	711	711
澳大利亚	Australia	329605	373081	斐济	Fiji	865	1291
奥地利	Austria	63696	66897	芬兰	Finland	52141	61844
阿塞拜疆	Azerbaijan	29508	45731	法国	France	365560	361273
巴哈马	Bahamas	1668	2464	加蓬	Gabon	1052	2574
巴林	Bahrain	18643	24202	冈比亚	Gambia, The	275	473
孟加拉国	Bangladesh	27869	56153	格鲁吉亚	Georgia	4536	6241
巴巴多斯	Barbados	1188	1503	德国	Germany	829978	745384
白俄罗斯	Belarus	53469	62222	加纳	Ghana	6289	8999
比利时	Belgium	115709	108947	希腊	Greece	91616	86717
伯利兹	Belize	689	422	格陵兰	Greenland	532	634
贝宁	Benin	1617	5189	格林纳达	Grenada	191	260
百慕大	Bermuda	495	477	危地马拉	Guatemala	9916	11118
不丹	Bhutan	400	477	几内亚	Guinea	1280	1236
玻利维亚	Bolivia	10224	15456	几内亚比绍	Guinea-Bissau	147	238
波黑	Bosnia and Herzegovina	23223	31125	圭亚那	Guyana	1610	1701
博茨瓦纳	Botswana	4276	5233	海地	Haiti	1368	2120
巴西	Brazil	327984	419754	洪都拉斯	Honduras	5031	8108
文莱	Brunei Darussalam	6527	9160	匈牙利	Hungary	57238	50583
保加利亚	Bulgaria	43531	44679	冰岛	Iceland	2164	1962
布基纳法索	Burkina Faso	1041	1683	印度	India	1186663	2008823
布隆迪	Burundi	301	308	印度尼西亚	Indonesia	263419	433989
柬埔寨	Cambodia	1977	4180	伊朗	Iran	372703	571612
喀麦隆	Cameroon	3432	7235	伊拉克	Iraq	72445	114667
加拿大	Canada	534484	499137	爱尔兰	Ireland	41345	40000
佛得角	Cape Verde	187	356	以色列	Israel	62691	70656
开曼群岛	Cayman Islands	455	590	意大利	Italy	451441	406307
中非共和国	Central African Republic	268	264	牙买加	Jamaica	10319	7158
乍得	Chad	176	469	日本	Japan	1219589	1170715
智利	Chile	58694	72258	约旦	Jordan	15508	20821
哥伦比亚	Colombia	57924	75680	哈萨克斯坦	Kazakhstan	127769	248729
科摩罗	Comoros	84	139	肯尼亚	Kenya	10418	12427
刚果(金)	Congo, Dem.	1646	3040	基里巴斯	Kiribati	33	62
刚果(布)	Congo, Rep.	1049	2028	朝鲜	Korea, Dem.	76699	71624
哥斯达黎加	Costa Rica	5475	7770	韩国	Korea, Rep.	447561	567567
科特迪瓦	Cote d'Ivoire	6791	5805	科威特	Kuwait	55181	93696
克罗地亚	Croatia	19644	20884	吉尔吉斯共和国	Kyrgyz Republic	4529	6399
古巴	Cuba	26039	38364	老挝	Lao	972	1874
塞浦路斯	Cyprus	6850	7708	拉脱维亚	Latvia	6241	7616
捷克	Czech Republic	124649	111752	黎巴嫩	Lebanon	15354	20403
丹麦	Denmark	47260	46303	利比里亚	Liberia	436	799
吉布提	Djibouti	403	539	利比亚	Libya	47114	59035
多米尼克	Dominica	103	136	立陶宛	Lithuania	12200	13561

资料来源：世界银行WDI数据库。
Source:World Bank WDI Database.

附录4-4　续表　continued

单位: 千吨   (1000 t)

国家或地区	Country or Area	2000	2010	国家或地区	Country or Area	2000	2010
卢 森 堡	Luxembourg	8240	10829	塞拉利昂	Sierra Leone	425	689
马 其 顿	Macedonia	12064	10873	新 加 坡	Singapore	49006	13520
马达加斯加	Madagascar	1874	2013	斯洛伐克	Slovak Republic	37312	36094
马 拉 维	Malawi	906	1239	斯洛文尼亚	Slovenia	14265	15328
马来西亚	Malaysia	126603	216804	所罗门群岛	Solomon Islands	165	202
马尔代夫	Maldives	499	1074	索 马 里	Somalia	517	609
马 里	Mali	543	623	南 非	South Africa	368611	460124
马 耳 他	Malta	2065	2589	西 班 牙	Spain	294434	269675
马绍尔群岛	Marshall Islands	77	103	斯里兰卡	Sri Lanka	10161	12710
毛里塔尼亚	Mauritania	1236	2215	圣基茨和尼维斯	St. Kitts and Nevis	103	249
毛里求斯	Mauritius	2769	4118	圣卢西亚	St. Lucia	330	403
墨 西 哥	Mexico	381518	443674	圣文森特和格	St. Vincent and the	158	209
密克罗尼西亚	Micronesia	136	103	林纳丁斯	Grenadines		
摩尔多瓦	Moldova	3513	4855	苏 丹	Sudan	5534	14173
蒙 古	Mongolia	7506	11511	苏 里 南	Suriname	2127	2384
黑 山	Montenegro		2582	斯威士兰	Swaziland	1188	1023
摩 洛 哥	Morocco	33905	50608	瑞 典	Sweden	49794	52515
莫桑比克	Mozambique	1349	2882	瑞 士	Switzerland	39050	38757
缅 甸	Myanmar	10088	8995	叙 利 亚	Syrian Arab Republic	51048	61859
纳米比亚	Namibia	1643	3176	塔吉克斯坦	Tajikistan	2237	2860
尼 泊 尔	Nepal	3234	3755	坦桑尼亚	Tanzania	2651	6846
荷 兰	Netherlands	165363	182078	泰 国	Thailand	188355	295282
新喀里多尼亚	New Caledonia	2299	3920	东 帝 汶	Timor-Leste		183
新 西 兰	New Zealand	32897	31551	多 哥	Togo	1357	1540
尼加拉瓜	Nicaragua	3762	4547	汤 加	Tonga	121	158
尼 日 尔	Niger	796	1412	特里尼达和	Trinidad and Tobago	24514	50682
尼日利亚	Nigeria	79182	78910	多巴哥			
挪 威	Norway	38808	57187	突 尼 斯	Tunisia	19923	25878
阿 曼	Oman	21896	57202	土 耳 其	Turkey	216148	298002
巴基斯坦	Pakistan	106449	161396	土库曼斯坦	Turkmenistan	35365	53054
帕 劳	Palau	117	216	特克斯和凯科	Turks and Caicos	15	161
巴 拿 马	Panama	5790	9633	斯群岛	Islands		
巴布亚新几内亚	Papua New Guinea	2688	3135	乌 干 达	Uganda	1533	3784
巴 拉 圭	Paraguay	3689	5075	乌 克 兰	Ukraine	320774	304805
秘 鲁	Peru	30297	57579	阿 联 酋	United Arab Emirates	112562	167597
菲 律 宾	Philippines	73307	81591	英 国	United Kingdom	543662	493505
波 兰	Poland	301691	317254	美 国	United States	5713560	5433057
葡 萄 牙	Portugal	62966	52361	乌 拉 圭	Uruguay	5306	6645
卡 塔 尔	Qatar	34730	70531	乌兹别克斯坦	Uzbekistan	119951	104443
罗马尼亚	Romania	89985	78745	瓦努阿图	Vanuatu	81	117
俄 罗 斯	Russia	1558112	1740776	委内瑞拉	Venezuela	152415	201747
卢 旺 达	Rwanda	686	594	越 南	Vietnam	53645	150230
萨 摩 亚	Samoa	139	161	约旦河西岸	West Bank and Gaza	792	2365
圣多美和普林西比	Sao Tome and Principe	48	99	和加沙			
沙特阿拉伯	Saudi Arabia	296935	464481	也 门	Yemen, Rep.	14639	21852
塞内加尔	Senegal	3938	7059	赞 比 亚	Zambia	1819	2428
塞 舌 尔	Seychelles	565	704	津巴布韦	Zimbabwe	13887	9428

附录4-5　甲烷排放量

Emissions of Methane

单位: 千吨二氧化碳当量   (kt of CO_2 eq.)

国家或地区	Country or Area	1990	2000	2005	2008	2010
阿尔巴尼亚	Albania	2543	2608	2477	2517	2593
阿尔及利亚	Algeria	31213	43797	45612	46329	47662
安哥拉	Angola	22057	15759	16359	17293	18597
阿根廷	Argentina	102024	99133	99956	97702	86734
亚美尼亚	Armenia	2891	2565	2960	3235	3329
澳大利亚	Australia	115048	127730	122048	122157	122549
奥地利	Austria	10027	8972	8447	8294	8391
阿塞拜疆	Azerbaijan	11418	9951	12096	16939	18401
巴林	Bahrain	1786	2366	2762	3176	3312
孟加拉国	Bangladesh	87090	89243	94194	97828	103080
白俄罗斯	Belarus	18657	13323	14046	15344	16436
比利时	Belgium	12440	11049	9603	9516	9633
贝宁	Benin	5120	4504	4377	7087	6846
玻利维亚	Bolivia	22429	19752	29831	21003	22778
波黑	Bosnia and Herzegovina	4590	2672	2666	3037	3071
博茨瓦纳	Botswana	6074	3941	4658	3876	4361
巴西	Brazil	319638	342958	492223	421313	443289
文莱	Brunei Darussalam	3592	3858	4543	4617	4450
保加利亚	Bulgaria	15678	13783	12778	12280	12011
柬埔寨	Cambodia	15116	14985	20477	32658	35211
喀麦隆	Cameroon	15980	15843	13700	19927	18153
加拿大	Canada	76106	100404	106657	106209	104500
智利	Chile	11978	16923	18190	17989	18001
哥伦比亚	Colombia	50242	55113	57743	63053	66694
刚果(金)	Congo, Dem.	98340	63695	57685	69446	73859
刚果(布)	Congo, Rep.	7194	8029	7674	6649	7016
哥斯达黎加	Costa Rica	3769	2917	2435	2168	2274
科特迪瓦	Cote d'Ivoire	12146	14237	12472	14487	15947
克罗地亚	Croatia	4156	3944	4508	4853	5036
古巴	Cuba	12065	10563	9276	8413	8392
塞浦路斯	Cyprus	441	569	619	614	621
捷克	Czech Republic	18239	12946	12041	11850	12033
丹麦	Denmark	7981	8125	7956	7864	7763
多米尼加	Dominican Rep.	6004	6239	6695	6733	6729
厄瓜多尔	Ecuador	10985	12842	15131	14776	15477
埃及	Egypt	26928	35813	47775	51846	50969
萨尔瓦多	El Salvador	2673	2798	3153	3128	2992
厄立特里亚	Eritrea	2071	2682	2614	2775	2837
爱沙尼亚	Estonia	3408	2136	2212	2252	2329
埃塞俄比亚	Ethiopia	39981	46192	52960	60262	63232
芬兰	Finland	10070	10341	9750	9507	8896

资料来源: 世界银行WDI数据库。
Source: World Bank WDI Database.

附录4-5　续表 1 continued 1

单位：千吨二氧化碳当量　　　　　　　　　　　　　　　　　　　　　　　　　　　　　　　　　　　　　　(kt of CO$_2$ eq.)

国家或地区	Country or Area	1990	2000	2005	2008	2010
法　　国	France	75710	85588	82885	82878	83753
加　　蓬	Gabon	3479	4082	4298	5248	3818
格鲁吉亚	Georgia	5037	4137	4413	4708	4864
德　　国	Germany	115443	76117	61699	57614	57230
加　　纳	Ghana	7925	9628	9975	22498	20665
希　　腊	Greece	7734	8089	8205	8203	8417
危地马拉	Guatemala	4798	19386	8405	6365	6746
海　　地	Haiti	3308	4133	4255	4492	4497
洪都拉斯	Honduras	3971	3448	5223	5418	5730
匈 牙 利	Hungary	10050	8218	7877	7389	7283
冰　　岛	Iceland	342	337	336	367	383
印　　度	India	513639	561558	584494	606198	621480
印度尼西亚	Indonesia	152210	167822	259661	210873	218929
伊　　朗	Iran	56662	79665	99792	108608	115334
伊 拉 克	Iraq	21395	22289	20628	22640	23874
爱 尔 兰	Ireland	13884	14897	14960	14415	13896
以 色 列	Israel	1913	2699	3453	3915	3350
意 大 利	Italy	47144	46725	40089	37340	37548
牙 买 加	Jamaica	1235	1379	1307	1331	1291
日　　本	Japan	66928	47484	42230	40957	40262
约　　旦	Jordan	867	1402	1833	2205	2072
哈萨克斯坦	Kazakhstan	69233	38574	53877	62806	67542
肯 尼 亚	Kenya	20324	22284	25616	27448	27477
朝　　鲜	Korea, Dem.	21626	17324	19301	18705	18611
韩　　国	Korea, Rep.	31306	30925	31976	31051	31984
科 威 特	Kuwait	5323	10197	12757	12633	12442
吉尔吉斯斯坦	Kyrgyz Republic	5823	3486	3591	3665	3968
拉脱维亚	Latvia	5473	2840	3105	3192	3227
黎 巴 嫩	Lebanon	699	907	1025	1092	1127
利 比 亚	Libya	16704	13011	16334	17890	18132
立 陶 宛	Lithuania	7604	5000	5042	5156	5052
卢 森 堡	Luxembourg	979	1019	1053	1147	1236
马 其 顿	Macedonia	1663	1490	1418	1376	1369
马来西亚	Malaysia	23625	29242	36500	35122	33599
马 耳 他	Malta	184	231	245	235	235
墨 西 哥	Mexico	98326	102714	113346	115119	115858
摩尔多瓦	Moldova	4086	3255	3541	3378	3415
蒙　　古	Mongolia	8301	9218	6292	6868	6134
摩 洛 哥	Morocco	9226	9602	10603	11255	11778
莫桑比克	Mozambique	11783	12970	13750	8517	9772
缅　　甸	Myanmar	83993	66941	78231	76510	79131
纳米比亚	Namibia	3554	4582	5251	4942	4988
尼 泊 尔	Nepal	20286	21206	22317	23064	23512

附录4-5 续表 2 continued 2

单位: 千吨二氧化碳当量 　　　　　　　　　　　　　　　　　　　　　　　　(kt of CO$_2$ eq.)

国家或地区	Country or Area	1990	2000	2005	2008	2010
荷　兰	Netherlands	30115	24286	21296	20465	20269
新 西 兰	New Zealand	26681	26570	27505	27566	28133
尼 加 拉 瓜	Nicaragua	4811	5566	6045	6200	6361
尼 日 利 亚	Nigeria	65137	82589	84122	95808	88021
挪　威	Norway	14122	17152	16897	17173	17148
阿　曼	Oman	6153	10326	14546	15614	16527
巴 基 斯 坦	Pakistan	90807	117129	138671	150644	155236
巴 拿 马	Panama	2769	2790	3226	3376	3312
巴 拉 圭	Paraguay	15501	15184	15798	14520	15931
秘　鲁	Peru	13574	16345	16619	17136	18943
菲 律 宾	Philippines	41552	49915	53176	56380	56049
波　兰	Poland	107611	72791	70593	65400	65453
葡 萄 牙	Portugal	9869	12289	13647	13027	12601
卡 塔 尔	Qatar	4359	13134	18581	28222	40328
罗 马 尼 亚	Romania	37410	25129	25955	26824	26146
俄 罗 斯	Russia	624477	465549	493751	510602	533546
沙 特 阿 拉 伯	Saudi Arabia	29672	41798	51299	55144	60310
塞 内 加 尔	Senegal	5628	7078	7662	9132	9733
塞 尔 维 亚	Serbia	11940	8651	7563	6726	6589
新 加 坡	Singapore	987	1691	2277	2340	2339
斯 洛 伐 克	Slovak Republic	6451	4432	4064	4015	3985
斯 洛 文 尼 亚	Slovenia	3034	2871	2980	2913	2902
南　非	South Africa	53369	59430	65348	67187	65311
西 班 牙	Spain	32795	35105	36314	36476	36824
斯 里 兰 卡	Sri Lanka	11514	9607	10295	11353	11631
苏　丹	Sudan	47142	64407	70661	100993	94639
瑞　典	Sweden	11519	11466	11501	11390	10845
瑞　士	Switzerland	5905	5126	4953	4946	4992
叙 利 亚	Syrian Arab Republic	8385	12609	11901	12504	12532
塔 吉 克 斯 坦	Tajikistan	4299	3304	3885	4508	4943
坦 桑 尼 亚	Tanzania	26891	29124	33610	25360	27445
泰　国	Thailand	84956	83448	89388	97444	104411
多　哥	Togo	3089	3440	3732	5866	5238
特里尼达和多巴哥	Trinidad and Tobago	3038	5528	11055	13509	14499
突 尼 斯	Tunisia	4055	6881	7245	6949	7497
土 耳 其	Turkey	43853	56264	64357	75652	77307
土 库 曼 斯 坦	Turkmenistan	29846	21217	29513	32848	26546
乌 克 兰	Ukraine	122285	85244	70884	68265	68398
阿 联 酋	United Arab Emirates	13414	19913	22256	23939	25608
英　国	United Kingdom	117310	85894	64387	60814	61174
美　国	United States	635108	553740	535815	545325	524688
乌 拉 圭	Uruguay	15752	18183	19752	20571	19165
乌 兹 别 克 斯 坦	Uzbekistan	32947	37079	42353	46339	46862
委 内 瑞 拉	Venezuela	43935	57498	57497	60049	57072
越　南	Vietnam	60474	75418	94325	106433	111338
也　门	Yemen	3913	6121	7761	8292	8765
赞 比 亚	Zambia	29119	18100	21192	6121	6423
津 巴 布 韦	Zimbabwe	10256	9672	9658	8455	8421

附录4-6　氮氧化物排放量

Emissions of Nitrous Oxide

单位：千吨二氧化碳当量 (kt of CO_2 eq.)

国家或地区　Country or Area	1990	2000	2005	2008	2010
阿尔巴尼亚　Albania	1276	1271	1040	1121	1124
阿尔及利亚　Algeria	3868	4507	4917	5687	6257
安哥拉　Angola	17734	3005	3057	3307	3570
阿根廷　Argentina	38453	41952	49957	54016	52061
亚美尼亚　Armenia	805	462	584	731	986
澳大利亚　Australia	63067	75584	63038	58047	51462
奥地利　Austria	5086	4792	4225	4196	3759
阿塞拜疆　Azerbaijan	2666	2032	2600	2622	2647
巴林　Bahrain	70	88	113	117	129
孟加拉国　Bangladesh	15151	19614	21487	22348	26160
白俄罗斯　Belarus	16372	10796	11890	12550	13446
比利时　Belgium	9038	9844	8809	9029	10127
贝宁　Benin	3733	3347	2920	5136	4771
玻利维亚　Bolivia	14612	11334	15280	8773	9544
波黑　Bosnia and Herzegovina	2023	1745	1032	1078	1102
博茨瓦纳　Botswana	5395	2524	3097	1998	2185
巴西　Brazil	155788	167644	238198	190764	207576
文莱　Brunei Darussalam	571	395	654	332	336
保加利亚　Bulgaria	9398	4434	3952	3815	4479
柬埔寨　Cambodia	3888	3295	6054	15217	16358
喀麦隆　Cameroon	10460	10746	9027	15647	13628
加拿大　Canada	42574	40862	40245	36628	33010
智利　Chile	5101	7618	8608	9957	8774
哥伦比亚　Colombia	20182	20888	21317	23950	25142
刚果(金)　Congo, Dem.	87165	58528	54702	63882	66632
刚果(布)　Congo, Rep.	4352	3418	3604	2736	2900
哥斯达黎加　Costa Rica	1813	1653	1401	1424	1543
科特迪瓦　Cote d'Ivoire	7618	8456	7478	8843	9837
克罗地亚　Croatia	3764	2904	2823	2903	2943
古巴　Cuba	9593	7317	6438	6618	5796
塞浦路斯　Cyprus	240	256	288	265	315
捷克　Czech Republic	9654	10483	7590	6710	7291
丹麦　Denmark	8017	7055	5814	5688	5410
多米尼加　Dominican Republic	2129	2221	2331	2419	2148
厄瓜多尔　Ecuador	3194	4068	4559	4488	5328
埃及　Egypt	11937	18209	21993	25016	24618
萨尔瓦多　El Salvador	1319	1359	1399	1505	1387
厄立特里亚　Eritrea	1031	1360	1192	1213	1234
爱沙尼亚　Estonia	1873	837	952	1006	912
埃塞俄比亚　Ethiopia	25279	26661	30267	36844	39072
芬兰　Finland	7423	6688	7068	7082	5818
法国　France	70691	52074	48199	45696	38668
加蓬　Gabon	307	255	477	1370	821

资料来源：世界银行WDI数据库。
Source:World Bank WDI Database.

附录4-6 续表 1 continued 1

单位: 千吨二氧化碳当量   (kt of CO$_2$ eq.)

国家或地区	Country or Area	1990	2000	2005	2008	2010
格鲁吉亚	Georgia	2781	1995	2022	2157	2267
德 国	Germany	73188	52459	51514	49966	42432
加 纳	Ghana	5101	5271	4812	19723	17249
希 腊	Greece	7482	6594	6025	5658	5118
危地马拉	Guatemala	2483	14386	5413	3950	4516
海 地	Haiti	910	1402	1456	1471	1466
洪都拉斯	Honduras	2428	3142	3065	3139	3143
匈 牙 利	Hungary	10114	6856	6975	4841	4215
冰 岛	Iceland	404	395	411	414	366
印 度	India	159463	199496	211193	221516	234136
印度尼西亚	Indonesia	88950	90677	156645	97287	91313
伊 朗	Iran	18825	24128	27180	25763	23927
伊 拉 克	Iraq	3809	4462	3478	3553	4909
爱 尔 兰	Ireland	8172	8416	7502	7234	7716
以 色 列	Israel	1496	1914	2029	1785	1718
意 大 利	Italy	30282	30584	28698	21565	19632
牙 买 加	Jamaica	479	626	651	667	643
日 本	Japan	36175	31996	29968	28243	25740
约 旦	Jordan	464	607	651	695	593
哈萨克斯坦	Kazakhstan	33505	15965	18098	18419	17454
肯 尼 亚	Kenya	9286	9248	10596	11556	11364
朝 鲜	Korea, Dem.	8715	3310	3366	3277	3241
韩 国	Korea, Rep.	9823	17958	14016	13580	14686
科 威 特	Kuwait	276	508	680	638	691
吉尔吉斯斯坦	Kyrgyz Republic	3587	1559	1504	1519	1465
拉脱维亚	Latvia	3032	1159	1312	1392	1383
黎 巴 嫩	Lebanon	372	598	648	642	454
利 比 亚	Libya	1211	1276	1276	1355	1437
立 陶 宛	Lithuania	5312	3657	4459	4939	4597
卢 森 堡	Luxembourg	402	426	467	483	476
马 其 顿	Macedonia	878	653	616	555	516
马 来 西 亚	Malaysia	13596	12944	15344	13766	15010
马 耳 他	Malta	74	68	73	65	61
墨 西 哥	Mexico	40130	43211	43583	43577	43134
摩尔多瓦	Moldova	1728	785	873	662	638
蒙 古	Mongolia	5151	5107	3535	3954	3478
摩 洛 哥	Morocco	5167	5602	6115	6386	5890
莫桑比克	Mozambique	10619	9610	9333	2134	2217
缅 甸	Myanmar	44216	31194	31680	23769	26266
纳米比亚	Namibia	2547	3519	3861	2851	2983
尼 泊 尔	Nepal	3591	4232	4526	4644	4508
荷 兰	Netherlands	15025	14162	13481	9594	9205
新 西 兰	New Zealand	10496	11499	12974	13326	11334
尼加拉瓜	Nicaragua	3101	3295	3471	3421	3423

附录4-6 续表 2 continued 2

单位：千吨二氧化碳当量 (kt of CO$_2$ eq.)

国家或地区	Country or Area	1990	2000	2005	2008	2010
尼日利亚	Nigeria	19048	20972	21573	39163	35475
挪　威	Norway	4926	4766	4985	4103	3299
阿　曼	Oman	338	511	597	607	1124
巴基斯坦	Pakistan	18442	24760	27135	28433	30050
巴拿马	Panama	1023	1046	1207	1375	1380
巴拉圭	Paraguay	8969	7826	9020	7510	9180
秘　鲁	Peru	5559	7674	7664	7517	8313
菲律宾	Philippines	9683	12219	12378	12706	12512
波　兰	Poland	27308	27375	28976	28082	26758
葡萄牙	Portugal	4761	5813	6014	4903	4292
卡塔尔	Qatar	148	259	268	290	332
罗马尼亚	Romania	19804	11336	11361	10823	8808
俄罗斯	Russia	150942	93230	78052	63409	63728
沙特阿拉伯	Saudi Arabia	5524	5989	6447	6773	6249
塞内加尔	Senegal	2946	3795	4042	5281	6433
塞尔维亚	Serbia	4949	4181	4069	5712	7445
新加坡	Singapore	403	6007	1128	1114	1871
斯洛伐克	Slovak Republic	5532	3112	3276	3231	3380
斯洛文尼亚	Slovenia	1314	1154	1136	1160	1169
南　非	South Africa	21527	23217	25177	22860	21870
西班牙	Spain	24862	27423	26263	24161	22551
斯里兰卡	Sri Lanka	1759	2045	2094	2125	2132
苏　丹	Sudan	35986	43813	48685	89037	83293
瑞　典	Sweden	6731	6485	5883	5711	5629
瑞　士	Switzerland	2846	2552	2464	2541	2442
叙利亚	Syrian	4085	4677	5502	6227	5883
塔吉克斯坦	Tajikistan	1377	1093	1382	1594	1718
坦桑尼亚	Tanzania	21137	18580	21437	12076	12948
泰　国	Thailand	19479	20065	22559	22159	30245
多　哥	Togo	2180	1807	1740	3726	2989
特里尼达和多巴哥	Trinidad and Tobago	220	242	273	337	276
突尼斯	Tunisia	2002	2437	2380	2506	2905
土耳其	Turkey	29014	33042	32631	33878	34914
土库曼斯坦	Turkmenistan	2225	2908	4331	4987	4955
乌克兰	Ukraine	53887	24606	26008	23582	20677
阿联酋	United Arab Emirates	699	1131	1399	1421	2366
英　国	United Kingdom	55251	34132	30199	28462	26536
美　国	United States	311889	326741	320596	302596	304082
乌拉圭	Uruguay	6055	6334	7033	7408	7947
乌兹别克斯坦	Uzbekistan	9196	9249	10109	10924	11966
委内瑞拉	Venezuela	12018	13224	14949	17243	15836
越　南	Vietnam	11577	19627	22814	24460	33818
也　门	Yemen	2070	2724	3265	3518	3600
赞比亚	Zambia	35039	21690	24726	7906	8230
津巴布韦	Zimbabwe	6765	5596	5744	4168	4187

附录4-7　人类活动产生的一氧化碳排放量

Emission of Carbon Monoxide by Man-Made

单位：千吨 (1000 tons)

国家或地区	Country or Area	人类活动产生的一氧化碳排放量 Carbon Monoxide Emission by Man-Made		汽车排放量 Mobile Emission		工业排放量 Industrial Emission	
		2000	2011	2000	2011	2000	2011
澳大利亚	Australia	5759	3009	3967	1513	1792	1496
奥 地 利	Austria	957	607	411	184	546	423
比 利 时	Belgium	894	384	234	88	660	296
加 拿 大	Canada	11324	8487	6499	3574	4826	4912
智 利	Chile	1661		960		701	
捷 克	Czech Republic	648	382	336	155	312	227
丹 麦	Denmark	492	382	365	236	127	146
爱沙尼亚	Estonia	183	148	68	22	114	125
芬 兰	Finland	586	450	442	280	144	169
法 国	France	6577	3580	2951	869	3626	2710
德 国	Germany	4854	3304	2599	1112	2255	2192
希 腊	Greece	921	492	728	317	193	174
匈 牙 利	Hungary	633	396	436	142	197	254
冰 岛	Iceland	21	18	20	17	1	1
爱 尔 兰	Ireland	251	126	194	71	57	55
以 色 列	Israel	376	174	367	162	9	12
意 大 利	Italy	4654	2462	3576	1193	1078	1269
日 本	Japan	3845	2370	1860	468	1985	1902
韩 国	Korea	901		776		125	
卢 森 堡	Luxembourg	93	38	84	31	9	7
荷 兰	Netherlands	735	522	497	339	238	182
新 西 兰	New Zealand	672	704	491	531	180	173
挪 威	Norway	520	311	290	139	230	172
波 兰	Poland	2633	2916	916	761	1718	2155
葡 萄 牙	Portugal	729	383	371	112	358	271
斯洛伐克	Slovak Republic	300	227	115	48	185	179
斯洛文尼亚	Slovenia	213	148	117	41	96	107
西 班 牙	Spain	2681	1794	1195	274	1485	1520
瑞 典	Sweden	826	571	604	278	222	293
瑞 士	Switzerland	443	286	320	211	113	65
土 耳 其	Turkey	4297	2955	2468	1329	1829	1626
英 国	United Kingdom	5657	2139	4211	1114	1447	1025
美 国	United States	92914	53194	83680	38502	9234	14692
俄 罗 斯	Russia				10087		

资料来源：经合组织数据库。

Source:OECD Database.

附录4-8　消耗臭氧层物质的消费量(2008年)
Consumption of Ozone-Depleting Substances(2008)

国家或地区	Country or Area	氯氟化碳的消费量 Consumption of CFCs			全部消耗臭氧层物质的消费量 Consumption of all ODS		
		消耗臭氧层潜力(吨) ODP tonnes		比基线减少(%)	消耗臭氧层潜力(吨) ODP tonnes		比2002年减少(%)
		基线 Baseline	2008	Reduction from Baseline(%)	2002	2008	Reduction from 2002 (%)
阿富汗	Afghanistan	380.0	40.0	89.5	181.5	47.9	73.6
阿尔巴尼亚	Albania	40.8		100.0	50.5	4.1	91.9
阿尔及利亚	Algeria	2119.5	149.6	92.9	1966.1	236.9	88.0
安道尔	Andorra	67.5					
安哥拉	Angola	114.8	9.7	91.6	110.0	20.2	81.6
安提瓜和巴布达	Antigua and Barbuda	10.7	0.1	99.1	4.0	0.3	92.5
阿根廷	Argentina	4697.2	50.9	98.9	2386.0	654.8	72.6
亚美尼亚	Armenia	196.5	13.6	93.1	174.4	18.4	89.4
澳大利亚	Australia	14290.4	-42.0	100.3	389.5	58.5	85.0
阿塞拜疆	Azerbaijan	480.6		100.0	12.1	0.8	93.4
巴哈马	Bahamas	64.9		100.0	58.4	3.9	93.3
巴林	Bahrain	135.4	11.7	91.4	138.1	50.5	63.4
孟加拉国	Bangladesh	581.6	158.3	72.8	350.1	223.1	36.3
巴巴多斯	Barbados	21.5	1.1	94.9	12.1	3.2	73.6
白俄罗斯	Belarus	2510.9		100.0	2.7	1.0	63.0
伯利兹	Belize	24.4		100.0	21.7	1.8	91.7
贝宁	Benin	59.9	5.2	91.3	36.0	6.0	83.3
不丹	Bhutan	0.2		100.0	0.1	0.1	
玻利维亚	Bolivia	75.7	2.6	96.6	67.4	8.6	87.2
波黑	Bosnia and Herzegovina	24.2	8.8	63.6	259.2	16.4	93.7
博茨瓦纳	Botswana	6.9	0.3	95.7	10.2	13.6	-33.3
巴西	Brazil	10525.8	290.4	97.2	3589.4	2089.8	41.8
文莱	Brunei Darussalam	78.2	2.4	96.9	46.3	7.6	83.6
布基纳法索	Burkina Faso	36.3		100.0	16.3	27.2	-66.9
布隆迪	Burundi	59.0	1.0	98.3	19.2	1.0	94.8
柬埔寨	Cambodia	94.2	1.4	98.5	97.0	9.3	90.4
喀麦隆	Cameroon	256.9	17.0	93.4	261.7	36.1	86.2
加拿大	Canada	19958.2		100.0	923.1	509.9	44.8
佛得角	Cape Verde	2.3		100.0	1.8	0.8	55.6
中非共和国	Central African Republic	11.2		100.0	4.6	6.7	-45.7
乍得	Chad	34.6	2.2	93.6	27.3	21.5	21.2
智利	Chile	828.7	47.9	94.2	591.9	304.0	48.6
哥伦比亚	Colombia	2208.2	208.0	90.6	1002.2	414.8	58.6
科摩罗	Comoros	2.5		100.0	1.9	0.2	89.5
刚果	Congo	11.9	1.4	88.2	7.0	2.0	71.4

资料来源：联合国千年发展指标数据库。
Source:UNSD Millennium Development Goals Database.

附录4-8 续表 1 continued 1

国家或地区	Country or Area	氯氟化碳的消费量 Consumption of CFCs			全部消耗臭氧层物质的消费量 Consumption of all ODS		
		消耗臭氧层潜力(吨) ODP tonnes		比基线 减少(%)	消耗臭氧层潜力(吨) ODP tonnes		比2002年 减少(%)
		基线 Baseline	2008	Reduction from Baseline(%)	2002	2008	Reduction from 2002 (%)
库克群岛	Cook Islands	1.7		100.0			
哥斯达黎加	Costa Rica	250.2	13.9	94.4	425.4	237.0	44.3
科特迪瓦	Cote d'Ivoire	294.2	12.0	95.9	121.2	24.1	80.1
克罗地亚	Croatia	219.3		100.0	172.3	7.7	95.5
古 巴	Cuba	625.1	74.4	88.1	518.0	87.7	83.1
刚果(金)	Congo Dem.	665.7	8.6	98.7	1081.3	16.6	98.5
吉布提	Djibouti	21.0	0.9	95.7	15.8	1.5	90.5
多米尼克	Dominica	1.5		100.0	3.1		100.0
多明尼加	Dominican Republic	539.8	4.5	99.2	406.9	53.4	86.9
厄瓜多尔	Ecuador	301.4	8.2	97.3	273.4	79.8	70.8
埃 及	Egypt	1668.0	187.8	88.7	1944.1	726.2	62.6
萨尔瓦多	El Salvador	306.5		100.0	108.1	11.6	89.3
赤道几内亚	Equatorial Guinea	31.5	2.3	92.7	27.9	8.1	71.0
厄立特里亚	Eritrea	41.1	2.8	93.2	32.2	3.1	90.4
埃塞俄比亚	Ethiopia	33.8	4.3	87.3	86.6	4.3	95.0
斐 济	Fiji	33.4		100.0	5.3	4.8	9.4
加 蓬	Gabon	10.3		100.0	6.9	5.2	24.6
冈比亚	Gambia	23.8	0.4	98.3	4.9	0.5	89.8
格鲁吉亚	Georgia	22.5		100.0	64.3	5.9	90.8
加 纳	Ghana	35.8		100.0	24.0	21.6	10.0
格林纳达	Grenada	6.0		100.0	2.3	0.5	78.3
危地马拉	Guatemala	224.6	1.4	99.4	952.5	184.3	80.7
几内亚	Guinea	42.4	1.6	96.2	31.4	2.7	91.4
几内亚比绍	Guinea-Bissau	26.3	1.4	94.7	27.2	2.2	91.9
圭亚那	Guyana	53.2		100.0	15.6	1.7	89.1
海 地	Haiti	169.0	2.3	98.6	197.7	3.7	98.1
洪都拉斯	Honduras	331.6	23.4	92.9	555.7	216.2	61.1
冰 岛	Iceland	195.1		100.0	2.6	2.2	15.4
印 度	India	6681.0	216.5	96.8	15026.9	2904.9	80.7
印度尼西亚	Indonesia	8332.7		100.0	5787.4	299.9	94.8
伊 朗	Iran	4571.7	240.6	94.7	8572.9	508.6	94.1
伊拉克	Iraq	1517.0	1597.1	-5.3	1580.6	1752.4	-10.9
以色列	Israel	4141.6		100.0	1241.3	475.4	61.7
牙买加	Jamaica	93.2		100.0	39.2	8.5	78.3
日 本	Japan	118134.0	-0.7	100.0	2466.8	1050.0	57.4
约 旦	Jordan	673.3	6.0	99.1	267.0	95.8	64.1
哈萨克斯坦	Kazakhstan	1206.2		100.0	146.9	128.8	12.3
肯尼亚	Kenya	239.5	7.5	96.9	322.0	75.7	76.5
基里巴斯	Kiribati	0.7		100.0		0.2	-100.0
朝 鲜	Korea, Dem.	441.7	33.5	92.4	2326.3	91.2	96.1
韩 国	Korea, Rep。	9159.8	1114.8	87.8	11745.9	4050.2	65.5
科威特	Kuwait	480.4	33.0	93.1	515.7	408.5	20.8
吉尔吉斯斯坦	Kyrgyzstan	72.8	5.0	93.1	50.2	12.4	75.3
老 挝	Lao	43.3	2.0	95.4	42.9	3.6	91.6
黎巴嫩	Lebanon	725.5	33.8	95.3	710.8	58.2	91.8
莱索托	Lesotho	5.1		100.0	4.6	11.6	-152.2

附录4-8 续表 2 continued 2

国家或地区	Country or Area	氯氟化碳的消费量 Consumption of CFCs			全部消耗臭氧层物质的消费量 Consumption of all ODS		
		消耗臭氧层潜力(吨) ODP tonnes		比基线减少(%)	消耗臭氧层潜力(吨) ODP tonnes		比2002年减少(%)
		基线 Baseline	2008	Reduction from Baseline(%)	2002	2008	Reduction from 2002 (%)
利比里亚	Liberia	56.1	0.6	98.9	54.0	3.4	93.7
利比亚	Libyan	716.7	21.9	96.9	1596.5	111.6	93.0
列支敦士登	Liechtenstein	37.2		100.0	0.1		100.0
马达加斯加	Madagascar	47.9	0.8	98.3	8.8	3.0	65.9
马拉维	Malawi	57.7		100.0	75.4	6.7	91.1
马来西亚	Malaysia	3271.1	173.7	94.7	1966.3	571.2	71.0
马尔代夫	Maldives	4.6		100.0	4.0	3.7	7.5
马里	Mali	108.1	3.0	97.2	28.3	5.1	82.0
马绍尔群岛	Marshall Islands	1.1		100.0	0.3	0.2	33.3
毛里塔尼亚	Mauritania	15.7	1.0	93.6	16.5	6.5	60.6
毛里求斯	Mauritius	29.1		100.0	14.4	6.9	52.1
墨西哥	Mexico	4624.9	-130.4	102.8	3954.7	1992.3	49.6
摩纳哥	Monaco	6.2		100.0	0.1	0.1	
蒙古	Mongolia	10.6	0.4	96.2	7.3	2.6	64.4
黑山	Montenegro	104.9	0.1	99.9	15.4	0.5	96.8
摩洛哥	Morocco	802.3		100.0	1070.0	212.7	80.1
莫桑比克	Mozambique	18.2	2.3	87.4	14.4	4.9	66.0
缅甸	Myanmar	54.3		100.0	45.7	2.0	95.6
纳米比亚	Namibia	21.9		100.0	20.0	5.8	71.0
瑙鲁	Nauru	0.5		100.0			
尼泊尔	Nepal	27.0		100.0	2.6	1.4	46.2
新西兰	New Zealand	2088.0		100.0	42.8	17.4	59.3
尼加拉瓜	Nicaragua	82.8		100.0	64.9	3.9	94.0
尼日尔	Niger	32.0	2.9	90.9	27.6	3.1	88.8
尼日利亚	Nigeria	3650.0	16.5	99.5	3933.3	312.7	92.0
纽埃	Niue	0.1		100.0			
挪威	Norway	1313.0	-3.8	100.3	-42.8	15.6	136.4
阿曼	Oman	248.4	8.5	96.6	201.5	33.2	83.5
巴基斯坦	Pakistan	1679.4	167.4	90.0	2347.2	356.9	84.8
帕劳	Palau	1.6	0.1	93.8	0.2	0.1	50.0
巴拿马	Panama	384.1	11.5	97.0	204.7	40.2	80.4
巴布亚新几内亚	Papua New Guinea	36.3	-1.6	104.4	39.7	1.5	96.2
巴拉圭	Paraguay	210.6	27.3	87.0	105.5	39.0	63.0
秘鲁	Peru	289.5		100.0	203.6	28.0	86.2
菲律宾	Philippines	3055.8	169.4	94.5	1795.1	397.4	77.9
卡塔尔	Qatar	101.4	5.1	95.0	105.4	43.8	58.4
摩尔多瓦	Republic of Moldova	73.3		100.0	29.6	2.8	90.5
俄罗斯	Russia	100352.0	324.0	99.7	892.3	1457.6	-63.4
卢旺达	Rwanda	30.4	1.2	96.1	30.4	2.9	90.5
圣基茨和尼维斯	Saint Kitts and Nevis	3.7		100.0	6.3	0.4	93.7
圣卢西亚	Saint Lucia	8.3		100.0	7.7	0.1	98.7

附录4-8　续表　3 continued　3

国家或地区	Country or Area	氯氟化碳的消费量 Consumption of CFCs			全部消耗臭氧层物质的消费量 Consumption of all ODS		
		消耗臭氧层潜力(吨) ODP tonnes		比基线减少(%)	消耗臭氧层潜力(吨) ODP tonnes		比2002年减少(%)
		基线 Baseline	2008	Reduction from Baseline(%)	2002	2008	Reduction from 2002 (%)
萨摩亚	Samoa	4.5		100.0	2.6	0.1	96.2
圣多美和普林西比	Sao Tome and Principe	4.7	0.2	95.7	4.4	0.2	95.5
沙特阿拉伯	Saudi Arabia	1798.5	365.0	79.7	1926.4	1643.6	14.7
塞内加尔	Senegal	155.8	10.0	93.6	82.3	19.5	76.3
塞尔维亚	Serbia	849.2	76.7	91.0	384.9	88.0	77.1
塞舌尔	Seychelles	2.9		100.0	166.1	0.6	99.6
塞拉利昂	Sierra Leone	78.6	4.2	94.7	84.4	5.8	93.1
新加坡	Singapore	2718.2		100.0	146.7	149.5	-1.9
所罗门群岛	Solomon Islands	2.1		100.0	5.7	1.2	78.9
索马里	Somalia	241.4	20.0	91.7	124.1	28.3	77.2
南非	South Africa	592.6		100.0	848.8	435.1	48.7
斯里兰卡	Sri Lanka	445.6		100.0	227.4	10.3	95.5
圣文森特和格林纳丁斯	St. Vincent and the Grenadines	1.8		100.0	6.4	0.1	98.4
苏丹	Sudan	456.8	44.8	90.2	258.2	91.9	64.4
苏里南	Suriname	41.3		100.0	51.0	0.7	98.6
斯威士兰	Swaziland	24.6		100.0	2.4	3.3	-37.5
瑞士	Switzerland	7960.0		100.0	26.2	10.0	61.8
叙利亚	Syrian	2224.6	166.0	92.5	1754.1	289.8	83.5
塔吉克斯坦	Tajikistan	211.0		100.0	12.6	3.9	69.0
泰国	Thailand	6082.1	190.3	96.9	3612.5	1197.5	66.9
马其顿	Macedonia	519.7		100.0	44.6	3.5	92.2
东帝汶	Timor-Leste	36.0			2.7		
多哥	Togo	39.8	3.2	92.0	35.3	9.4	73.4
汤加	Tonga	1.3		100.0	1.0	0.2	80.0
特里尼达和多巴哥	Trinidad and Tobago	120.0		100.0	93.9	56.8	39.5
突尼斯	Tunisia	870.1	12.2	98.6	552.5	59.2	89.3
土耳其	Turkey	3805.7	-0.1	100.0	1336.4	762.5	42.9
土库曼斯坦	Turkmenistan	37.3	1.2	96.8	10.9	10.1	7.3
图瓦卢	Tuvalu	0.3		100.0			
乌干达	Uganda	12.8		100.0	44.9		100.0
乌克兰	Ukraine	4725.2		100.0	145.5	75.0	48.5
阿联酋	United Arab Emirates	529.3	52.9	90.0	624.2	560.7	10.2
坦桑尼亚	Tanzania	253.9	13.9	94.5	71.5	15.4	78.5
美国	United States	305963.6	-569.2	100.2	16206.4	6229.6	61.6
乌拉圭	Uruguay	199.1	26.4	86.7	100.9	53.9	46.6
乌兹别克斯坦	Uzbekistan	1779.2		100.0	0.8	2.3	-187.5
瓦努阿图	Vanuatu		0.7	-100.0		1.0	-100.0
委内瑞拉	Venezuela	3322.4	-15.0	100.5	1653.0	133.5	91.9
越南	Viet Nam	500.0	20.4	95.9	447.4	277.5	38.0
也门	Yemen	1796.1	247.7	86.2	1135.8	431.0	62.1
赞比亚	Zambia	27.4	2.0	92.7	24.0	6.9	71.3
津巴布韦	Zimbabwe	451.4	7.0	98.4	345.8	37.3	89.2

附录4-9 城市垃圾产生量
Municipal Waste Generation

单位: 千吨 (1000 tons)

国家或地区	Country or Area	1995	2000	2005	2008	2009	2010	2011
澳大利亚	Australia		13200			14035		
奥 地 利	Austria	3476	4321	4717	4997	4921	4678	
比 利 时	Belgium	4576	4874	5024	5243	5274	5067	5125
智 利	Chile	4057	5066	5748	6386	6517		
捷 克	Czech Republic	3120	3434	2954	3176	3310	3334	3358
丹 麦	Denmark	2725	3257	3586	4072	3827	3732	4001
爱沙尼亚	Estonia	533	633	587	524	452	406	399
芬 兰	Finland	2109	2600	2506	2768	2562	2519	2719
法 国	France	28253	31232	33366	34714	34504	34535	34336
德 国	Germany	50894	52810	46555	48367	48466	49237	
希 腊	Greece	3200	4447	4853	5077	5154	5917	
匈 牙 利	Hungary	4752	4552	4646	4553	4312	4033	3809
冰 岛	Iceland	114	130	153	175	177		
爱 尔 兰	Ireland	1848	2279	3041	3224	2953	2846	
以 色 列	Israel		3968	4086	4435	4800	4595	4759
意 大 利	Italy	25780	28959	31664	32472	32110	32479	
日 本	Japan	52224	54833	52719	48106	46252	45359	
韩 国	Korea	17438	16950	17665	19006	18581		
卢 森 堡	Luxembourg	240	285	313	341	338	344	356
墨 西 哥	Mexico	30510	30733	35405	37595	38325	40059	41063
荷 兰	Netherlands	8469	9769	10178	10258	10123	9851	9947
新 西 兰	New Zealand	3180					2531	2461
挪 威	Norway	2722	2755	1968	2324	2269	2295	2392
波 兰	Poland	10985	12226	12169	12194	12053	12032	12129
葡 萄 牙	Portugal	3884	4531	4745	5472	5496	5457	5139
斯洛伐克	Slovak Republic	1620	1707	1468	1686	1654	1719	1679
斯洛文尼亚	Slovenia	1186	1020	989	1095	1069	1004	844
西 班 牙	Spain	18732	24730	25683	25317	25108	23775	22997
瑞 典	Sweden	3555	3796	4347	4710	4461	4334	4374
瑞 士	Switzerland	4240	4731	4940	5653	5461	5565	5478
土 耳 其	Turkey	27234	30617	31351	28454	30196	29733	
英 国	United Kingdom	28900	33954	35121	33424	32507	32450	
美 国	United States	197113	220029	229209	228030	221036	226669	
巴 西	Brazil		57563	60142				
印度尼西亚	Indonesia					9601		
俄 罗 斯	Russia		51829	57695	64605	66872	69257	

资料来源: 经合组织数据库。
Source:OECD Database.

附录4-10 城市垃圾处理量
Municipal Waste Treatment

单位：千吨 (1000 tons)

国家或地区	Country or Area	1995	2000	2005	2008	2009	2010	2011
澳大利亚	Australia					14035		
奥地利	Austria	3835	4744	4587	4889	4788	4481	
比利时	Belgium	4585	4685	4813	5060	5319	5078	5066
加拿大	Canada		26018		34345			
智利	Chile	3381	4624	5472	6006	6185		
捷克	Czech Republic	3120	3250	2495	2757	2894	3186	3346
丹麦	Denmark	2725	3257	3586	4072	3827	3732	4001
爱沙尼亚	Estonia	532	616	502	440	383	341	344
芬兰	Finland	2075	2724	2547	2832	2562	2519	2718
法国	France	28253	31232	33366	34714	34504	34535	34336
德国	Germany	50894	52810	46555	48367	48466	49235	
希腊	Greece	3490	4447	4867	5078	5154	5917	
匈牙利	Hungary	3887	4157	4606	4426	4284	4033	3809
冰岛	Iceland	120	135		164	166		
爱尔兰	Ireland	1550	2364	2779	3115	2769	2622	
以色列	Israel			4085	4435	4800	4595	4475
意大利	Italy	26607	28280	26918	28153	29816	30741	
日本	Japan	52219	54855	52750	50597	50397	49529	
韩国	Korea	17438	16950	17666	19006	18581		
卢森堡	Luxembourg	240	285	313	341	338	344	356
墨西哥	Mexico	30510	30733	35405	37595	38325	40059	41063
荷兰	Netherlands	8002	8361	8444	8507	8394	8209	8388
新西兰	New Zealand	3180					2531	2461
挪威	Norway	2722	2755	1968	2324	2269	2295	2392
波兰	Poland	10985	12226	9352	10036	10053	10040	9828
葡萄牙	Portugal	4002	4577	4745	5472	5496	5457	5139
斯洛伐克	Slovak Republic		1707	1443	1662	1623	1674	1607
斯洛文尼亚	Slovenia	933	861	844	905	851	790	720
西班牙	Spain	15107	18925	23549	25317	25108	23775	22997
瑞典	Sweden	3405	3793	4347	4334	4461	4334	4374
瑞士	Switzerland	4240	4731	4940	5653	5461	5565	5478
土耳其	Turkey	20134	24133	26286	24074	26015	25098	
英国	United Kingdom	28910	33954	35097	33215	33584		
美国	United States	197114	220028	229209	228030	221035	226669	
巴西	Brazil		57563					

资料来源：经合组织数据库。
Source: OECD Database.

附录4-11　废弃物产生量
Waste Generated

单位：万吨

(10 000 tons)

国家或地区	Country or Area	2004	2006	2008	2010
比 利 时	Belgium	5280.9	5935.2	4862.2	6253.7
保加利亚	Bulgaria	20102.0	16288.1	16764.6	16720.3
捷　　克	Czech Rep.	2927.6	2474.6	2542.0	2375.8
丹　　麦	Denmark	1258.9	1470.3	1515.5	2096.5
德　　国	Germany	36402.2	36378.6	37279.6	36354.5
爱沙尼亚	Estonia	2086.1	1893.3	1958.4	1900.0
爱 尔 兰	Ireland	2449.9	2959.9	2250.3	1980.8
希　　腊	Greece	3495.3	5132.5	6864.4	7043.3
西 班 牙	Spain	16066.8	16094.7	14925.4	13751.9
法　　国	France	29658.1	31229.8	34500.2	35508.1
克罗地亚	Croatia	720.9		417.2	315.8
意 大 利	Italy	13980.6	15502.5	17903.4	15862.8
塞浦路斯	Cyprus	224.2	124.9	184.3	237.3
拉脱维亚	Latvia	125.7	185.9	149.5	149.8
立 陶 宛	Lithuania	701.0	656.4	633.3	558.3
卢 森 堡	Luxemburg	831.6	958.6	959.2	1044.0
匈 牙 利	Hungary	2466.1	2228.7	1694.9	1573.5
马 耳 他	Malta	314.6	286.1	239.9	128.8
荷　　兰	Netherlands	9244.8	9916.7	10264.9	11925.5
奥 地 利	Austria	5302.1	5428.7	5630.9	3488.3
波　　兰	Poland	15471.3	17023.0	13874.2	15945.8
葡 萄 牙	Portugal	2931.7	3495.3	3648.0	3834.7
罗马尼亚	Romania	36930.0	34435.7	18913.9	21931.0
斯洛文尼亚	Slovenia	577.1	603.6	503.8	515.9
斯洛伐克	Slovakia	1066.8	1450.1	1147.2	938.4
芬　　兰	Finland	6970.8	7220.5	8179.3	10433.7
瑞　　典	Sweden	9175.9	9497.1	8616.9	11764.5
英　　国	United Kingdom	35754.4	34614.4	33412.7	25906.8
爱 尔 兰	Ireland	2449.9	2959.9	2250.3	1980.8
列支敦士登	Liechtenstein			38.3	31.2
挪　　威	Norway	745.4	991.3	1028.7	943.3
土 耳 其	Turkey	5882.0	4609.2	6476.5	78342.3
塞尔维亚	Serbia				3362.3

资料来源：欧盟统计局。
Source: Eurostat.

附录4-12　有害废弃物产生量
Hazardous Waste Generated

单位：吨 (ton)

国家或地区	Country or Area	2000	2005	2006	2007	2008	2009
荷　兰	Netherlands	1785000		4949346		4723875	
亚美尼亚	Armenia	1967	330909	343393	440871	430554	467524
奥 地 利	Austria	1034806		961899		1329984	
阿塞拜疆	Azerbaijan	26556	12831	29518	10381	24255	16029
巴　林	Bahrain	140000	38202	38740	35008		
比 利 时	Belgium			4039064		5918821	
保加利亚	Bulgaria			785011		13042680	
喀 麦 隆	Cameroon		9430	10194	8376	9283	8717
智　利	Chile	198	271	238	239	253	250
哥伦比亚	Colombia				69357	78581	
克罗地亚	Croatia	25999	39547	39964	52492	58432	
古　巴	Cuba	1023638	941389	1253673	1417308		
塞浦路斯	Cyprus			16961		23786	
捷　克	Czech Rep.	2630000	1372000	1307080		1510496	
丹　麦	Denmark	183361	340459	493106		419646	
厄瓜多尔	Ecuador	85859	196844	146606	197738	193812	
爱沙尼亚	Estonia			6618811		7538297	
芬　兰	Finland	963000		2710948		2163268	
法　国	France	9150000		9621616		10892900	
德　国	Germany	14937200		21705416		22323152	
希　腊	Greece	391000		274954		252955	
危地马拉	Guatemala		598960	822456			
匈 牙 利	Hungary	950930		1300126		670613	
印　度	India	7243750		8140000			
爱 尔 兰	Ireland			708791		743418	
以 色 列	Israel	242107	321000	311100	291900	321000	
意 大 利	Italy	3911016		7464670		6655155	
牙 买 加	Jamaica	10000	10000	10000			
卢 森 堡	Luxemburg	197120		233895		199115	
约　旦	Jordan		71404			1293804	
吉尔吉斯斯坦	Kyrgyzstan	6304093	6206201	5827043	5546316	5581166	5683650
拉脱维亚	Latvia			65333		67462	
立 陶 宛	Lithuania			127347		115719	
马来西亚	Malaysia	344550	548916	1103457	1138840	1304899	1705308
马 耳 他	Malta			50745		55027	
摩尔多瓦	Moldova	2648	835	634	610	756	1125
摩 纳 哥	Monaco	305	459	457	584	682	401
挪　威	Norway	673000	939000	756714		1336486	
巴 拿 马	Panama	281	1547	1716	1153		
菲 律 宾	Philippines	278393	1670180	11786053	1130247	164939280	1900651
波　兰	Poland	1601000	1778881	2380676		1468780	
葡 萄 牙	Portugal	171644		6063104		3367889	
卡 塔 尔	Qatar		1965	4381	7224	11898	
罗马尼亚	Romania			1032041		524193	
俄 罗 斯	Russia	127545840	142496720	140010528	287652768	122882672	141019088
新 加 坡	Singapore	121500	339000	413000	491000	472000	356000
斯洛伐克	Slovakia	1627008		532941		527205	
斯洛文尼亚	Slovenia			116405		152744	
西 班 牙	Spain	3063400		4028246		3648602	
瑞　典	Sweden	1100000		2654065		2063389	
泰　国	Thailand	1650000	1814000	1832000	1849000		
土 耳 其	Turkey	1166000		10796		1024004	
乌 克 兰	Ukraine	2613226	2411759	2370943	2585235	2301244	1230338
英　国	United Kingdom	5418970		8448468		7285198	
美　国	United States		34788408				
赞 比 亚	Zambia	50000	80000				
津巴布韦	Zimbabwe	21640	27405		29362	17000	11000

资料来源：联合国环境统计数据库。
Source: UN Environment Statistics Database .

附录4-13　林业面积构成(2010年)
Extent of Forest (2010)

国家或地区	Country or Area	森林 Forest		其他林地 Other Wooded Land	
		面积(千公顷) Area(1000 ha)	占土地面积 比重(%) % of Land Area	面积(千公顷) Area(1000 ha)	占土地面积 比重(%) % of Land Area
世　　界	**World**	**4033060**	**31**	**1144687**	**9**
阿富汗	Afghanistan	1350	2	29471	45
阿尔巴尼亚	Albania	776	28	255	9
阿尔及利亚	Algeria	1492	1	2685	1
安道尔	Andorra	16	36		
安哥拉	Angola	58480	47		
安圭拉	Anguilla	6	60		
安提瓜和巴布达	Antigua and Barbuda	10	22	16	35
阿根廷	Argentina	29400	11	61471	22
亚美尼亚	Armenia	262	9	45	2
澳大利亚	Australia	149300	19	135367	18
奥地利	Austria	3887	47	119	1
阿塞拜疆	Azerbaijan	936	11	54	1
巴哈马	Bahamas	515	51	36	4
巴林	Bahrain	1	1		
孟加拉国	Bangladesh	1442	11	289	2
巴巴多斯	Barbados	8	19	1	2
白俄罗斯	Belarus	8630	42	520	3
比利时	Belgium	678	22	28	1
伯利兹	Belize	1393	61	113	5
贝宁	Benin	4561	41	2889	26
百慕大	Bermuda	1	20		
不丹	Bhutan	3249	69	613	13
玻利维亚	Bolivia	57196	53	2473	2
波黑	Bosnia and Herzegovina	2185	43	549	11
博茨瓦纳	Botswana	11351	20	34791	61
巴西	Brazil	519522	62	43772	5
英属维尔京群岛	British Virgin Islands	4	24	2	11
文莱	Brunei Darussalam	380	72	50	9
保加利亚	Bulgaria	3927	36		
布基纳法索	Burkina Faso	5649	21	5009	18
布隆迪	Burundi	172	7	722	28
柬埔寨	Cambodia	10094	57	133	1
喀麦隆	Cameroon	19916	42	12715	27
加拿大	Canada	310134	34	91951	10
佛得角	Cape Verde	85	21		
加勒比的	Caribbean	6933	30	1103	5
开曼群岛	Cayman Islands	13	50		
中非共和国	Central African Rep.	22605	36	10122	16
乍得	Chad	11525	9	8847	7
智利	Chile	16231	22	14658	20
哥伦比亚	Colombia	60499	55	22727	20
刚果(金)	Congo,Dem. Rep.	154135	68	11513	5

资料来源：粮农组织2010版《全球森林资源评价》。
Source:FAO Global Forest Resources Assessment 2010.

附录4-13 续表 1 continued 1

国家或地区	Country or Area	森林 Forest		其他林地 Other Wooded Land	
		面积(千公顷) Area(1000 ha)	占土地面积比重(%) % of Land Area	面积(千公顷) Area(1000 ha)	占土地面积比重(%) % of Land Area
刚果(布)	Congo,Rep..	22411	66	10513	31
库克群岛	Cook Islands	16	65		
哥斯达黎加	Costa Rica	2605	51	12	
科特迪瓦	Côte d'Ivoire	10403	33	2590	8
克罗地亚	Croatia	1920	34	554	10
古 巴	Cuba	2870	26	299	3
塞浦路斯	Cyprus	173	19	214	23
捷 克	Czech Rep.	2657	34		
丹 麦	Denmark	544	13	47	1
吉布提	Djibouti	6		220	9
多米尼克	Dominica	45	60		
多明尼加	Dominican Rep.	1972	41	436	9
厄瓜多尔	Ecuador	9865	36	1519	5
埃 及	Egypt	70		20	
萨尔瓦多	El Salvador	287	14	204	10
赤道几内亚	Equatorial Guinea	1626	58	8	
厄立特里亚	Eritrea	1532	15	7153	71
爱沙尼亚	Estonia	2217	52	133	3
埃塞俄比亚	Ethiopia	12296	11	44650	41
斐 济	Fiji	1014	56	78	4
芬 兰	Finland	22157	73	1112	4
法 国	France	15954	29	1618	3
法属圭亚那	French Guiana	8082	98		
法属波利尼西亚	French Polynesia	155	42		
加 蓬	Gabon	22000	85		
冈比亚	Gambia	480	48	103	10
格鲁吉亚	Georgia	2742	39	51	1
德 国	Germany	11076	32		
加 纳	Ghana	4940	22		
希 腊	Greece	3903	30	2636	20
格陵兰	Greenland			8	
格林纳达	Grenada	17	50	1	4
瓜德罗普岛	Guadeloupe	64	39	3	2
关 岛	Guam	26	47		
危地马拉	Guatemala	3657	34	1672	15
几内亚	Guinea	6544	27	5850	24
几内亚比绍	Guinea-Bissau	2022	72	230	8
圭亚那	Guyana	15205	77	3580	18
海 地	Haiti	101	4		
洪都拉斯	Honduras	5192	46	1475	13
匈牙利	Hungary	2029	23		
冰 岛	Iceland	30		86	1
印 度	India	68434	23	3267	1
印度尼西亚	Indonesia	94432	52	21003	12

附录4-13　续表 2　continued 2

国家或地区	Country or Area	森林 Forest		其他林地 Other Wooded Land	
		面积(千公顷) Area(1000 ha)	占土地面积 比重(%) % of Land Area	面积(千公顷) Area(1000 ha)	占土地面积 比重(%) % of Land Area
伊　朗	Iran	11075	7	5340	3
伊 拉 克	Iraq	825	2	259	1
爱 尔 兰	Ireland	739	11	50	1
马 恩 岛	Isle of Man	3	6		
以 色 列	Israel	154	7	33	2
意 大 利	Italy	9149	31	1767	6
牙 买 加	Jamaica	337	31	188	17
日　本	Japan	24979	69		
新泽西州	Jersey	1	5		
约　旦	Jordan	98	1	51	1
哈萨克斯坦	Kazakhstan	3309	1	16479	6
肯 尼 亚	Kenya	3467	6	28650	50
基里巴斯	Kiribati	12	15		
朝　鲜	Korea，Dem.	5666	47		
韩　国	Korea，Rep.	6222	63		
科 威 特	Kuwait	6			
吉尔吉斯斯坦	Kyrgyzstan	954	5	390	2
老　挝	Laos	15751	68	4834	21
拉脱维亚	Latvia	3354	54	113	2
黎 巴 嫩	Lebanon	137	13	106	10
莱 索 托	Lesotho	44	1	97	3
利比里亚	Liberia	4329	45		
利 比 亚	Libyan	217		330	
列支敦士登	Liechtenstein	7	43	1	3
立 陶 宛	Lithuania	2160	34	80	1
卢 森 堡	Luxembourg	87	33	1	1
马 其 顿	Macedonia	998	39	143	6
马达加斯加	Madagascar	12553	22	15688	27
马 拉 维	Malawi	3237	34		
马来西亚	Malaysia	20456	62		
马尔代夫	Maldives	1	3		
马　里	Mali	12490	10	8227	7
马 耳 他	Malta		1		
马绍尔群岛	Marshall Islands	13	70		
马提尼克	Martinique	49	46	1	1
毛里塔尼亚	Mauritania	242		3060	3
毛里求斯	Mauritius	35	17	12	6
马约特岛	Mayotte	14	37		1
墨 西 哥	Mexico	64802	33	20181	10
密克罗尼西亚	Micronesia	64	92		
摩尔多瓦	Moldova	386	12	70	2
蒙　古	Mongolia	10898	7	1947	1
黑　山	Montenegro	543	40	175	13
蒙特塞拉特	Montserrat	3	24	2	16

附录4-13　续表 3　continued 3

国家或地区	Country or Area	森林 Forest		其他林地 Other Wooded Land	
		面积(千公顷) Area(1000 ha)	占土地面积 比重(%) % of Land Area	面积(千公顷) Area(1000 ha)	占土地面积 比重(%) % of Land Area
摩洛哥	Morocco	5131	11	631	1
莫桑比克	Mozambique	39022	50	14566	19
缅　甸	Myanmar	31773	48	20113	31
纳米比亚	Namibia	7290	9	8290	10
尼泊尔	Nepal	3636	25	1897	13
荷　兰	Netherlands	365	11		
荷属安的列斯群岛	Netherlands Antilles	1	1	33	41
新喀里多尼亚	New Caledonia	839	46	371	20
新西兰	New Zealand	8269	31	2557	10
尼加拉瓜	Nicaragua	3114	26	2219	18
尼日尔	Niger	1204	1	3440	3
尼日利亚	Nigeria	9041	10	4088	4
纽　埃	Niue	19	72		
诺福克岛	Norfolk Island		12		
北马里亚纳群岛	Northern Mariana Islands	30	66		
挪　威	Norway	10065	33	2703	9
阿　曼	Oman	2		1303	4
巴基斯坦	Pakistan	1687	2	1455	2
帕　劳	Palau	40	88		
巴拿马	Panama	3251	44	821	11
巴布亚新几内亚	Papua New Guinea	28726	63	4474	10
巴拉圭	Paraguay	17582	44		
秘　鲁	Peru	67992	53	22132	17
菲律宾	Philippines	7665	26	10128	34
皮特凯恩	Pitcairn	4	83	1	12
波　兰	Poland	9337	30		
葡萄牙	Portugal	3456	38	155	2
波多黎各	Puerto Rico	552	62		
卡塔尔	Qatar			1	
留尼旺岛	Réunion	88	35	51	20
罗马尼亚	Romania	6573	29	160	1
俄罗斯	Russia	809090	49	73220	4
卢旺达	Rwanda	435	18	61	2
圣巴泰勒米	Saint Barthélemy			1	24
圣基茨和尼维斯	Saint Kitts and Nevis	11	42	2	8
圣卢西亚	Saint Lucia	47	77		
圣马丁	Saint Martin	1	19	1	19
圣皮埃尔和密克隆	Saint Pierre and Miquelon	3	13		
圣文森特和格林纳丁斯	Saint Vincent and the Grenadines	27	68		
萨摩亚	Samoa	171	60	22	8
圣多美和普林西比	Sao Tome and Principe	27	28	29	30
沙特阿拉伯	Saudi Arabia	977		1117	1
塞内加尔	Senegal	8473	44	4911	26
塞尔维亚	Serbia	2713	31	410	5

附录4-13 续表 4 continued 4

国家或地区	Country or Area	森林 Forest		其他林地 Other Wooded Land	
		面积(千公顷) Area(1000 ha)	占土地面积 比重(%) % of Land Area	面积(千公顷) Area(1000 ha)	占土地面积 比重(%) % of Land Area
塞 舌 尔	Seychelles	41	88		
塞拉利昂	Sierra Leone	2726	38	189	3
新 加 坡	Singapore	2	3		
斯洛伐克	Slovakia	1933	40		
斯洛文尼亚	Slovenia	1253	62	21	1
所罗门群岛	Solomon Islands	2213	79	129	5
索 马 里	Somalia	6747	11		
南 非	South Africa	9241	8	24558	20
西 班 牙	Spain	18173	36	9574	19
斯里兰卡	Sri Lanka	1860	29		
苏 丹	Sudan	69949	29	50224	21
苏 里 南	Suriname	14758	95		
斯威士兰	Swaziland	563	33	427	25
瑞 典	Sweden	28203	69	3044	7
瑞 士	Switzerland	1240	31	71	2
叙 利 亚	Syrian Arab Rep.	491	3	35	
塔吉克斯坦	Tajikistan	410	3	142	1
坦桑尼亚	Tanzania	33428	38	11619	13
泰 国	Thailand	18972	37		
东 帝 汶	Timor-Leste	742	50		
多 哥	Togo	287	5	1246	23
汤 加	Tonga	9	13		
特里尼达和多巴哥	Trinidad and Tobago	226	44	84	16
突 尼 斯	Tunisia	1006	6	300	2
土 耳 其	Turkey	11334	15	10368	13
土库曼斯坦	Turkmenistan	4127	9		
特克斯和凯科斯群岛	Turks and Caicos Islands	34	80		
图 瓦 卢	Tuvalu	1	33		
乌 干 达	Uganda	2988	15	3383	17
乌 克 兰	Ukraine	9705	17	41	
阿 联 酋	United Arab Emirates	317	4	4	
英 国	United Kingdom	2881	12	20	
美 国	United States	304022	33	14933	2
美属维尔京群岛	United States Virgin Islands	20	58		
乌 拉 圭	Uruguay	1744	10	4	
乌兹别克斯坦	Uzbekistan	3276	8	874	2
瓦努阿图	Vanuatu	440	36	476	39
委内瑞拉	Venezuela	46275	52	7317	8
越 南	Viet Nam	13797	44	1124	4
瓦利斯群岛和富图纳群岛	Wallis and Futuna Islands	6	42	2	11
也 门	Yemen	549	1	1406	3
赞 比 亚	Zambia	49468	67	6075	8
津巴布韦	Zimbabwe	15624	40		

附录4-14　农业用地资源(2011年)
Agricultural Land (2011)

单位: 万公顷

(10000 ha)

国家或地区	Country or Area	可耕地面积 Arable Land		多年生作物面积 Permanent Crops		多年生牧场和草场面积 Permanent Meadows and Pastures	
		总量 Area	占农业面积比重 (%) As % of Total Agricultural Area (%)	总量 Area	占农业面积比重 (%) As % of Total Agricultural Area (%)	总量 Area	占农业面积比重 (%) As % of Total Agricultural Area (%)
世　界	**World**	**139628**	**28.4**	**15394**	**3.1**	**335865**	**68.4**
阿富汗	Afghanistan	779	20.6	12	0.3	3000	79.1
阿尔巴尼亚	Albania	62	51.8	7	6.2	51	42.0
阿尔及利亚	Algeria	751	18.1	91	2.2	3296	79.7
安哥拉	Angola	410	7.0	29	0.5	5400	92.5
阿根廷	Argentina	3805	25.8	100	0.7	10850	73.5
亚美尼亚	Armenia	43	25.1	5	3.1	123	71.7
澳大利亚	Australia	4768	11.6	40	0.1	36159	88.3
奥地利	Austria	136	47.5	7	2.3	144	50.2
阿塞拜疆	Azerbaijan	189	39.5	23	4.8	266	55.7
孟加拉国	Bangladesh	763	83.6	90	9.9	60	6.6
巴巴多斯	Barbados	1	80.0	…	6.7	…	13.3
白俄罗斯	Belarus	553	62.3	12	1.4	322	36.3
比利时	Belgium	83	61.8	2	1.6	49	36.6
伯利兹	Belize	8	47.8	3	20.4	5	31.8
贝宁	Benin	258	75.2	30	8.7	55	16.0
不丹	Bhutan	10	18.3	2	3.4	41	78.3
玻利维亚	Bolivia	384	10.4	22	0.6	3300	89.1
波黑	Bosnia and Herzegovina	101	46.7	10	4.7	104	48.5
博茨瓦纳	Botswana	26	1.0	…	…	2560	99.0
巴西	Brazil	7193	26.2	710	2.6	19600	71.3
保加利亚	Bulgaria	325	63.9	16	3.1	168	33.0
布基纳法索	Burkina Faso	570	48.4	7	0.6	600	51.0
布隆迪	Burundi	92	41.4	40	18.0	90	40.5
佛得角	Cabo Verde	5	62.7	…	4.0	3	33.3
柬埔寨	Cambodia	400	70.7	16	2.7	150	26.5
喀麦隆	Cameroon	620	64.6	140	14.6	200	20.8
加拿大	Canada	4297	68.6	493	7.9	1470	23.5
中非共和国	Central African Rep.	180	35.4	8	1.6	320	63.0
乍得	Chad	490	9.8	3	0.1	4500	90.1
智利	Chile	132	8.3	46	2.9	1402	88.8
哥伦比亚	Colombia	210	4.8	190	4.3	3979	90.9
科摩罗	Comoros	8	52.9	6	37.4	2	9.7
刚果(金)	Congo,Dem. Rep.	680	26.4	76	2.9	1820	70.7
刚果(布)	Congo,Rep.	50	4.7	6	0.6	1000	94.7
哥斯达黎加	Costa Rica	25	13.3	33	17.6	130	69.1
科特迪瓦	Côte d'Ivoire	290	14.1	440	21.5	1320	64.4
克罗地亚	Croatia	90	67.6	8	6.3	35	26.1
古巴	Cuba	355	54.0	39	5.9	263	40.0
塞浦路斯	Cyprus	8	70.7	3	27.6	…	1.7
捷克共和国	Czech Rep.	316	74.8	8	1.8	99	23.4
丹麦	Denmark	250	92.9	…	0.1	19	7.0
吉布提	Djibouti	…	0.1			170	99.9
多米尼克	Dominica	1	23.1	2	69.2	…	7.7

资料来源: 联合国粮农组织FAO数据库。
Source:UN FAO database

4-14 续表 1 continued 1

单位：万公顷

(10000 ha)

国家或地区 Country or Area		可耕地面积 Arable Land		多年生作物面积 Permanent Crops		多年生牧场和草场面积 Permanent Meadows and Pastures	
		总量 Area	占农业面积比重 (%) As % of Total Agricultural Area (%)	总量 Area	占农业面积比重 (%) As % of Total Agricultural Area (%)	总量 Area	占农业面积比重 (%) As % of Total Agricultural Area (%)
多明尼加	Dominican Rep.	80	32.7	45	18.4	120	48.9
厄瓜多尔	Ecuador	116	15.7	138	18.8	481	65.5
埃　及	Egypt	287	78.3	80	21.7		
萨尔瓦多	El Salvador	67	43.4	23	15.0	64	41.6
赤道几内亚	Equatorial Guinea	13	42.8	7	23.0	10	34.2
厄立特里亚	Eritrea	69	9.1	…	…	690	90.9
爱沙尼亚	Estonia	63	66.9	1	0.6	31	32.5
埃塞俄比亚	Ethiopia	1457	40.8	112	3.1	2000	56.0
斐　济	Fiji	17	39.2	9	19.9	18	40.9
芬　兰	Finland	225	98.4	1	0.2	3	1.4
法　国	France	1837	63.1	102	3.5	970	33.3
法属圭亚那	French Guiana	1	51.5	…	17.3	1	31.2
加　蓬	Gabon	33	6.3	17	3.3	467	90.4
冈比亚	Gambia	45	73.2	1	0.8	16	26.0
格鲁吉亚	Georgia	41	16.8	12	4.7	194	78.6
德　国	Germany	1188	71.0	20	1.2	464	27.8
加　纳	Ghana	480	30.2	280	17.6	830	52.2
希　腊	Greece	250	30.7	115	14.1	450	55.2
危地马拉	Guatemala	150	34.1	95	21.5	195	44.4
几内亚	Guinea	285	20.0	69	4.8	1070	75.1
几内亚比绍	Guinea-Bissau	30	18.4	25	15.3	108	66.3
圭亚那	Guyana	42	25.0	3	1.6	123	73.3
海　地	Haiti	100	56.5	28	15.8	49	27.7
洪都拉斯	Honduras	102	31.7	44	13.7	176	54.7
匈牙利	Hungary	440	82.3	18	3.4	76	14.2
冰　岛	Iceland	12	7.7			147	92.3
印　度	India	15735	87.5	1230	6.8	1015	5.6
印　尼	Indonesia	2350	43.1	2000	36.7	1100	20.2
伊　朗	Iran	1754	35.8	189	3.9	2952	60.3
伊拉克	Iraq	400	48.7	21	2.6	400	48.7
爱尔兰	Ireland	106	23.3	…	…	349	76.7
马恩岛	Isle of Man	3	58.7			2	41.3
以色列	Israel	30	58.0	8	15.7	14	26.3
意大利	Italy	680	48.8	252	18.1	461	33.1
牙买加	Jamaica	12	26.7	10	22.3	23	51.0
日　本	Japan	425	93.3	31	6.7		
约　旦	Jordan	18	17.5	9	8.5	74	74.0
哈萨克斯坦	Kazakhstan	2404	11.5	8	…	18500	88.5
肯尼亚	Kenya	550	20.0	65	2.4	2130	77.6
基里巴斯	Kiribati	…	5.9	3	94.1		
朝　鲜	Korea, Dem.	230	90.0	21	8.0	5	2.0
韩　国	Korea, Rep.	149	85.0	21	11.7	6	3.3
科威特	Kuwait	1	7.2	1	3.3	14	89.5
吉尔吉斯斯坦	Kyrgyzstan	128	12.0	7	0.7	926	87.3
老　挝	Laos	140	58.9	10	4.2	88	36.9

附录4-14　续表 2　continued 2

单位: 万公顷 (10000 ha)

国家或地区	Country or Area	可耕地面积 Arable Land 总量 Area	可耕地面积 Arable Land 占农业面积比重(%) As % of Total Agricultural Area (%)	多年生作物面积 Permanent Crops 总量 Area	多年生作物面积 Permanent Crops 占农业面积比重(%) As % of Total Agricultural Area (%)	多年生牧场和草场面积 Permanent Meadows and Pastures 总量 Area	多年生牧场和草场面积 Permanent Meadows and Pastures 占农业面积比重(%) As % of Total Agricultural Area (%)
拉脱维亚	Latvia	116	63.8	1	0.4	65	35.8
黎巴嫩	Lebanon	11	17.6	13	19.7	40	62.7
莱索托	Lesotho	31	13.3	…	0.2	200	86.5
利比里亚	Liberia	45	17.1	18	6.8	200	76.0
利比亚	Libya	175	11.2	34	2.1	1350	86.6
立陶宛	Lithuania	219	77.9	3	1.1	59	21.0
卢森堡	Luxembourg	6	47.3	…	1.1	7	51.6
马其顿	Macedonia	41	37.0	4	3.1	67	59.8
马达加斯加	Madagascar	350	8.5	60	1.4	3730	90.1
马拉维	Malawi	360	64.5	13	2.3	185	33.2
马来西亚	Malaysia	180	22.9	579	73.5	29	3.6
马尔代夫	Maldives	…	42.9	…	42.9	…	14.3
马里	Mali	686	16.5	12	0.3	3464	83.2
马耳他	Malta	1	87.4	…	12.6		
马提尼克	Martinique	1	33.1	1	27.9	1	39.0
毛里塔尼亚	Mauritania	45	1.1	1	…	3925	98.8
毛里求斯	Mauritius	8	87.6	…	4.5	1	7.9
马约特岛	Mayotte	1	73.0	…	27.0		
墨西哥	Mexico	2549	24.7	268	2.6	7500	72.7
摩尔多瓦	Moldova	181	73.6	30	12.1	35	14.3
蒙古	Mongolia	61	0.5	…	…	11289	99.5
黑山	Montenegro	17	33.6	2	3.1	32	63.3
摩洛哥	Morocco	794	26.4	116	3.9	2100	69.8
莫桑比克	Mozambique	520	10.5	20	0.4	4400	89.1
缅甸	Myanmar	1079	85.9	146	11.7	31	2.5
纳米比亚	Namibia	80	2.1	1	…	3800	97.9
尼泊尔	Nepal	236	55.3	12	2.8	179	41.9
荷兰	Netherlands	104	55.0	4	1.9	82	43.1
新喀里多尼亚	New Caledonia	1	2.8	1	2.0	24	95.2
新西兰	New Zealand	47	4.1	7	0.6	1083	95.2
尼加拉瓜	Nicaragua	190	36.9	23	4.5	302	58.6
尼日尔	Niger	1494	34.1	6	0.1	2878	65.7
尼日利亚	Nigeria	3600	47.2	320	4.2	3700	48.6
挪威	Norway	82	81.9	…	0.4	18	17.7
阿曼	Oman	3	1.8	4	2.2	170	96.0
巴基斯坦	Pakistan	2071	78.0	84	3.1	500	18.8
巴拿马	Panama	54	23.8	19	8.3	154	67.8
巴布亚新几内亚	Papua New Guinea	30	25.2	70	58.8	19	16.0
巴拉圭	Paraguay	390	18.6	9	0.4	1700	81.0
秘鲁	Peru	365	17.0	85	4.0	1700	79.1
菲律宾	Philippines	540	44.6	520	43.0	150	12.4
波兰	Poland	1110	75.1	39	2.6	329	22.3
葡萄牙	Portugal	109	30.1	71	19.5	183	50.4
波多黎各	Puerto Rico	6	31.6	4	21.1	9	47.4
卡塔尔	Qatar	1	21.2	…	3.0	5	75.8

附录4-14 续表 3 continued 3

单位: 万公顷

(10000 ha)

国家或地区	Country or Area	可耕地面积 Arable Land		多年生作物面积 Permanent Crops		多年生牧场和草场面积 Permanent Meadows and Pastures	
		总量 Area	占农业面积比重 (%) As % of Total Agricultural Area (%)	总量 Area	占农业面积比重 (%) As % of Total Agricultural Area (%)	总量 Area	占农业面积比重 (%) As % of Total Agricultural Area (%)
留尼旺岛	Réunion	3	71.7	…	6.1	1	22.1
罗马尼亚	Romania	900	64.3	44	3.2	454	32.5
俄 罗 斯	Russia	12150	56.4	177	0.8	9198	42.7
卢 旺 达	Rwanda	122	63.5	25	13.0	45	23.4
沙特阿拉伯	Saudi Arabia	311	1.8	25	0.1	17000	98.1
塞内加尔	Senegal	385	40.5	6	0.6	560	58.9
塞尔维亚	Serbia	329	65.1	30	5.9	147	29.0
塞 舌 尔	Seychelles	…	33.3	…	66.7		
塞拉利昂	Sierra Leone	110	32.0	14	3.9	220	64.0
斯洛伐克	Slovakia	139	72.1	2	1.1	52	26.9
斯洛文尼亚	Slovenia	17	36.8	3	5.9	26	57.4
所罗门群岛	Solomon Islands	2	19.8	7	71.4	1	8.8
索 马 里	Somalia	110	2.5	3	0.1	4300	97.4
南 非	South Africa	1203	12.5	41	0.4	8393	87.1
西 班 牙	Spain	1251	45.4	470	17.1	1032	37.5
斯里兰卡	Sri Lanka	120	45.8	98	37.4	44	16.8
苏 丹	Sudan	1706	15.7	17	0.2	9145	84.2
苏 里 南	Suriname	6	72.0	1	7.3	2	20.7
斯威士兰	Swaziland	18	14.3	2	1.2	103	84.5
瑞 典	Sweden	261	85.1	1	0.3	45	14.6
瑞 士	Switzerland	40	26.6	2	1.5	110	71.9
叙 利 亚	Syrian Arab Rep.	461	33.3	105	7.6	820	59.1
塔吉克斯坦	Tajikistan	85	17.5	13	2.7	388	79.8
坦桑尼亚	Tanzania	1160	31.1	170	4.6	2400	64.3
泰 国	Thailand	1576	74.8	450	21.4	80	3.8
东 帝 汶	Timor-Leste	15	41.7	6	16.7	15	41.7
多 哥	Togo	251	67.5	21	5.6	100	26.9
汤 加	Tonga	2	51.6	1	35.5	…	12.9
特里尼达和多巴哥	Trinidad and Tobago	3	46.3	2	40.7	1	13.0
突 尼 斯	Tunisia	284	28.2	239	23.8	484	48.0
土 耳 其	Turkey	2054	53.7	309	8.1	1462	38.2
土库曼斯坦	Turkmenistan	190	5.8	6	0.2	3070	94.0
乌 干 达	Uganda	675	48.0	220	15.6	511	36.4
乌 克 兰	Ukraine	3250	78.7	90	2.2	789	19.1
阿 联 酋	United Arab Emirates	5	12.7	4	10.5	31	76.8
英 国	United Kingdom	606	35.3	5	0.3	1106	64.4
美 国	United States	16016	38.9	260	0.6	24850	60.4
乌 拉 圭	Uruguay	181	12.6	4	0.3	1253	87.2
乌兹别克斯坦	Uzbekistan	430	16.1	36	1.4	2200	82.5
瓦努阿图	Vanuatu	2	10.7	13	66.8	4	22.5
委内瑞拉	Venezuela	260	12.2	65	3.1	1800	84.7
越 南	Viet Nam	650	60.0	370	34.1	64	5.9
也 门	Yemen	116	5.0	29	1.2	2200	93.8
赞 比 亚	Zambia	340	14.5	4	0.1	2000	85.3
津巴布韦	Zimbabwe	410	25.1	12	0.7	1210	74.1

附录4-15 享有清洁饮用水源人口占总人口比重
Proportion of the Population Using Improved Drinking Water Source

单位：%   (%)

国家或地区	Country or Area	全国享有清洁饮用水源人口占总人口比重 Proportion of the Population Using Improved Drinking Water Source, Total		城市享有清洁饮用水源人口占总人口比重 Proportion of the Population Using Improved Drinking Water Source, Urban		农村享有清洁饮用水源人口占总人口比重 Proportion of the Population Using Improved Drinking Water Source, Rural	
		2000	2011	2000	2011	2000	2011
阿富汗	Afghanistan	22.1	60.6	36.3	85.4	18.5	53.0
阿尔巴尼亚	Albania	97.0	94.7	100.0	95.5	94.9	93.7
阿尔及利亚	Algeria	89.4	83.9	93.1	85.5	83.8	79.5
美属萨摩亚	American Samoa	100.0	100.0	100.0	100.0	100.0	100.0
安道尔	Andorra	100.0	100.0	100.0	100.0	100.0	100.0
安哥拉	Angola	45.7	53.4	52.3	66.3	39.3	34.7
安圭拉	Anguilla	93.5	94.6	93.5	94.6		
安提瓜和巴布达	Antigua and Barbuda	97.7	97.9	97.7	97.9	97.7	97.9
阿根廷	Argentina	96.6	99.2	98.3	99.5	81.4	95.4
荷兰	Netherlands	100.0	100.0	100.0	100.0	100.0	100.0
亚美尼亚	Armenia	92.6	99.2	98.6	99.6	81.6	98.4
阿鲁巴岛	Aruba	94.2	97.8	94.2	97.8	94.2	97.8
澳大利亚	Australia	100.0	100.0	100.0	100.0	100.0	100.0
奥地利	Austria	100.0	100.0	100.0	100.0	100.0	100.0
阿塞拜疆	Azerbaijan	74.0	80.2	88.0	88.4	59.2	70.7
巴哈马	Bahamas	96.0	96.0	96.0	96.0	96.0	96.0
巴林	Bahrain	98.9	100.0	98.9	100.0	98.9	100.0
孟加拉国	Bangladesh	79.4	83.2	86.1	85.3	77.3	82.4
巴巴多斯	Barbados	99.1	99.8	99.1	99.8	99.1	99.8
白俄罗斯	Belarus	99.7	99.7	99.8	99.8	99.4	99.4
比利时	Belgium	100.0	100.0	100.0	100.0	100.0	100.0
伯利兹	Belize	85.2	98.6	92.2	96.9	78.8	100.0
贝宁	Benin	66.1	76.0	78.1	84.5	58.6	69.1
不丹	Bhutan	86.1	97.2	98.9	99.7	81.8	95.8
玻利维亚	Bolivia	78.9	88.0	93.2	96.0	55.7	71.9
波黑	Bosnia and Herzegovinian	97.6	98.8	99.3	99.7	96.4	98.0
博茨瓦纳	Botswana	94.8	96.8	99.5	99.3	89.5	92.8
巴西	Brazil	93.5	97.2	97.6	99.5	75.7	84.5
英属维尔京群岛	British Virgin Islands	94.9		94.9		94.9	
保加利亚	Bulgaria	99.7	99.5	99.9	99.7	99.4	99.0
布基纳法索	Burkina Faso	59.9	80.0	84.6	96.4	54.5	74.1
布隆迪	Burundi	71.9	74.4	89.9	82.0	70.3	73.4
柬埔寨	Cambodia	44.2	67.1	62.5	89.6	40.1	61.5
喀麦隆	Cameroon	62.1	74.4	86.0	94.9	42.2	52.1
加拿大	Canada	99.8	99.8	100.0	100.0	99.0	99.0
佛得角	Cape Verde	82.7	88.7	84.3	90.6	80.8	85.6
开曼群岛	Cayman Islands	93.4	95.6	93.4	95.6		
中非	Central African Rep.	62.6	67.1	85.0	92.1	49.1	51.1
乍得	Chad	44.7	50.2	59.6	70.8	40.7	44.4
智利	Chile	94.7	98.5	99.2	99.5	67.4	90.1
哥伦比亚	Colombia	90.6	92.9	98.3	99.6	70.9	72.5
科摩罗	Comoros	92.0		93.3		91.5	96.7
刚果(金)	Congo, Dem. Rep.	44.0	46.2	85.0	79.6	27.0	28.9
刚果(布)	Congo, Rep.	70.8	72.4	95.3	95.5	36.0	31.9
库克群岛	Cook Islands	100.0	99.6	100.0	99.6	100.0	99.6
哥斯达黎加	Costa Rica	95.0	96.4	99.4	99.6	88.7	90.7
科特迪瓦	Cote D'Ivoire	77.5	79.9	90.8	91.1	67.3	68.0
克罗地亚	Croatia	98.5	98.5	99.8	99.8	96.8	96.8
古巴	Cuba	90.7	93.8	95.0	96.2	77.3	86.4
塞浦路斯	Cyprus	100.0	100.0	100.0	100.0	100.0	100.0
捷克	Czech Rep.	99.8	99.8	99.9	99.9	99.6	99.6
丹麦	Denmark	100.0	100.0	100.0	100.0	100.0	100.0

资料来源：联合国千年发展目标数据库。
Source: UN Millennium Development Goals Database .

附录4-15　续表 1　continued 1

单位: %
(%)

国家或地区	Country or Area	全国享有清洁饮用水源人口占总人口比重 Proportion of the Population Using Improved Drinking Water Source, Total		城市享有清洁饮用水源人口占总人口比重 Proportion of the Population Using Improved Drinking Water Source, Urban		农村享有清洁饮用水源人口占总人口比重 Proportion of the Population Using Improved Drinking Water Source, Rural	
		2000	2011	2000	2011	2000	2011
吉布提	Djibouti	81.6	92.5	88.2	100.0	60.2	67.3
多米尼克	Dominica	94.5		95.7	95.7	91.8	
多米尼加	Dominican Rep.	86.1	81.6	90.7	82.0	78.7	80.6
厄瓜多尔	Ecuador	83.6	91.8	89.3	96.5	75.0	82.2
埃及	Egypt	96.1	99.3	98.3	100.0	94.5	98.8
萨尔瓦多	El Salvador	83.2	89.7	93.1	94.2	69.2	81.4
赤道几内亚	Equatorial Guinea	50.9		65.5		41.6	
厄立特里亚	Eritrea	53.7		69.6		50.3	
爱沙尼亚	Estonia	98.8	98.8	99.5	99.5	97.1	97.1
埃塞俄比亚	Ethiopia	28.9	49.0	87.2	96.6	18.8	39.3
斐济	Fiji	91.2	96.3	97.1	100.0	85.8	92.2
芬兰	Finland	100.0	100.0	100.0	100.0	100.0	100.0
法国	France	100.0	100.0	100.0	100.0	100.0	100.0
法属圭亚那	French Guiana	84.8	90.0	89.1	94.5	71.7	75.1
法属波立尼西亚	French Polynesia	100.0	100.0	100.0	100.0	100.0	100.0
加蓬	Gabon	85.3	87.9	94.9	95.3	46.9	41.3
冈比亚	Gambia	83.3	89.3	89.7	92.4	77.2	85.2
格鲁吉亚	Georgia	89.2	98.1	97.1	100.0	80.5	95.9
德国	Germany	100.0	100.0	100.0	100.0	100.0	100.0
加纳	Ghana	71.1	86.3	87.8	92.1	58.0	80.0
希腊	Greece	98.9	99.8	99.9	100.0	97.6	99.4
格陵兰	Greenland	100.0	100.0	100.0	100.0	100.0	100.0
格林纳达	Grenada	94.2		94.2		94.2	
瓜德罗普	Guadeloupe	98.0	99.3	97.9	99.3	99.8	99.8
关岛	Guam	99.5	99.4	99.5	99.4	99.5	99.4
危地马拉	Guatemala	87.4	93.8	95.0	99.1	81.2	88.6
几内亚	Guinea	63.2	73.6	88.4	89.8	51.8	64.8
几内亚比绍	Guinea-Bissau	51.9	71.7	68.1	93.8	42.8	54.5
圭亚那	Guyana	89.0	94.5	93.5	97.9	87.1	93.2
海地	Haiti	61.8	64.0	83.7	77.5	49.8	48.5
洪都拉斯	Honduras	80.8	88.9	94.3	96.5	69.6	80.7
匈牙利	Hungary	99.0	100.0	99.6	100.0	97.8	100.0
冰岛	Iceland	100.0	100.0	100.0	100.0	100.0	100.0
印度	India	80.6	91.6	92.4	96.3	76.1	89.5
印度尼西亚	Indonesia	77.7	84.3	91.1	92.8	67.9	75.5
伊朗	Iran	93.1	95.3	97.9	97.5	84.5	90.3
伊拉克	Iraq	80.1	84.9	94.8	94.0	48.9	66.9
爱尔兰	Ireland	99.8	99.9	100.0	100.0	99.7	99.7
以色列	Israel	100.0	100.0	100.0	100.0	100.0	100.0
意大利	Italy	100.0	100.0	100.0	100.0	100.0	100.0
牙买加	Jamaica	93.4	93.1	97.7	97.1	88.8	88.8
卢森堡	Luxemburg	100.0	100.0	100.0	100.0	100.0	100.0
日本	Japan	100.0	100.0	100.0	100.0	100.0	100.0
约旦	Jordan	96.7	96.2	98.1	97.3	90.8	90.5
哈萨克斯坦	Kazakhstan	95.6	94.8	99.0	98.7	91.4	90.4
肯尼亚	Kenya	51.8	60.9	87.4	82.7	43.0	54.0
基里巴斯	Kiribati	58.9	66.1	80.3	86.8	42.7	49.9
朝鲜	Korea, Dem.	99.7	98.1	99.8	98.9	99.5	96.9
韩国	Korea, Rep.	93.4	97.8	98.1	99.7	75.3	88.0
科威特	Kuwait	99.0	99.0	99.0	99.0	99.0	99.0
吉尔吉斯斯坦	Kyrgyzstan	81.4	88.7	96.7	96.0	73.0	84.7
老挝	Laos	45.5	69.6	72.2	82.8	37.9	62.7
拉脱维亚	Latvia	98.4	98.4	99.6	99.6	95.8	95.8

附录4-15　续表 2　continued 2

单位: %　　　　　　　　　　　　　　　　　　　　　　　　　　　　　　　　　　　　　　　(%)

国家或地区	Country or Area	全国享有清洁饮用水源人口占总人口比重 Proportion of the Population Using Improved Drinking Water Source, Total		城市享有清洁饮用水源人口占总人口比重 Proportion of the Population Using Improved Drinking Water Source, Urban		农村享有清洁饮用水源人口占总人口比重 Proportion of the Population Using Improved Drinking Water Source, Rural	
		2000	2011	2000	2011	2000	2011
黎巴嫩	Lebanon	100.0	100.0	100.0	100.0	100.0	100.0
莱索托	Lesotho	79.5	77.7	93.6	90.8	75.9	72.7
利比里亚	Liberia	60.7	74.4	73.7	89.4	50.4	60.5
利比亚	Libya	54.4		54.2		54.9	
立陶宛	Lithuania	92.0		97.6	97.6	80.7	
马其顿	Macedonia	99.2	99.6	99.8	100.0	98.5	99.0
马达加斯加	Madagascar	37.8	48.1	75.1	77.7	24.0	33.8
马拉维	Malawi	62.5	83.7	93.0	94.6	57.3	81.7
马来西亚	Malaysia	96.4	99.6	98.5	100.0	93.1	98.5
马尔代夫	Maldives	95.2	98.6	99.9	99.5	93.3	97.9
马里	Mali	45.5	65.4	70.3	89.2	35.8	52.6
马耳他	Malta	100.0	100.0	100.0	100.0	99.7	100.0
马绍尔群岛	Marshall Islands	93.1	94.4	91.9	93.3	95.8	97.4
马提尼克	Martinique	87.8	100.0	86.4	100.0	99.8	99.8
毛里塔尼亚	Mauritania	40.4	49.6	44.8	52.3	37.5	47.7
毛里求斯	Mauritius	99.2	99.8	99.8	99.9	98.9	99.7
墨西哥	Mexico	88.6	94.4	93.7	95.9	73.4	89.3
密克罗尼西亚	Micronesia, Fed.	90.1	89.1	94.1	94.7	89.0	87.5
摩尔多瓦	Moldova	93.4	96.2	98.5	99.4	89.3	93.3
摩纳哥	Monaco	100.0	100.0	100.0	100.0		
蒙古	Mongolia	65.0	85.3	85.7	100.0	37.5	53.1
黑山	Montenegro	97.8	98.0	99.6	99.6	95.3	95.3
蒙特塞拉特	Montserrat	98.6	99.0	98.6	99.0	98.6	99.0
摩洛哥	Morocco	78.0	82.1	95.8	98.2	57.6	60.8
莫桑比克	Mozambique	41.1	47.2	74.8	78.0	27.2	33.2
缅甸	Myanmar	66.9	84.1	85.5	94.0	59.9	79.3
纳米比亚	Namibia	80.5	93.4	98.6	98.5	71.8	90.3
瑙鲁	Nauru	93.0	96.0	93.0	96.0		
尼泊尔	Nepal	77.4	87.6	93.8	91.2	74.9	86.8
新喀里多尼亚	New Caledonia	94.0	98.5	94.0	98.5	94.0	98.5
新西兰	New Zealand	100.0	100.0	100.0	100.0	100.0	100.0
尼加拉瓜	Nicaragua	80.0	85.0	95.1	97.6	61.6	67.8
尼日尔	Niger	42.1	50.3	78.5	100.0	35.1	39.5
尼日利亚	Nigeria	54.8	61.1	78.1	75.1	37.6	47.3
纽埃	Niue	99.0	98.6	99.0	98.6	99.0	98.6
北马里亚纳群岛	Northern Mariana Islands	95.3	96.5	95.3	96.5	95.3	96.5
挪威	Norway	100.0	100.0	100.0	100.0	100.0	100.0
阿曼	Oman	84.0	92.3	87.4	94.8	75.4	85.2
巴基斯坦	Pakistan	88.3	91.4	95.5	95.7	84.7	89.0
帕劳	Palau	92.2	95.3	97.3	97.0	80.4	86.0
巴拿马	Panama	90.3	94.3	97.7	97.0	76.2	85.8
巴布亚新几内亚	Papua New Guinea	35.2	40.2	87.7	89.2	27.3	33.3
巴拉圭	Paraguay	73.7		92.4	99.4	50.5	
秘鲁	Peru	80.2	85.3	89.6	90.9	55.0	66.1
菲律宾	Philippines	88.5	92.4	92.7	92.7	84.7	92.1
波兰	Poland			100.0	100.0		
葡萄牙	Portugal	97.9	99.7	98.7	99.7	97.0	99.7
波多黎各	Puerto Rico	93.6		93.6		93.6	
卡塔尔	Qatar	100.0	100.0	100.0	100.0	100.0	100.0
留尼汪岛	Reunion	99.2	99.1	99.3	99.2	98.4	97.8
罗马尼亚	Romania	84.2		97.0	98.5	69.7	
俄罗斯	Russia	95.1	97.0	98.3	98.7	86.3	92.2
卢旺达	Rwanda	66.1	68.9	85.7	79.6	63.0	66.4

附录4-15 续表 3 continued 3

单位: % (%)

国家或地区	Country or Area	全国享有清洁饮用水源人口占总人口比重 Proportion of the Population Using Improved Drinking Water Source, Total		城市享有清洁饮用水源人口占总人口比重 Proportion of the Population Using Improved Drinking Water Source, Urban		农村享有清洁饮用水源人口占总人口比重 Proportion of the Population Using Improved Drinking Water Source, Rural	
		2000	2011	2000	2011	2000	2011
圣基茨和尼维斯	Saint Kitts and Nevis	98.3	98.3	98.3	98.3	98.3	98.3
圣卢西亚	Saint Lucia	93.8	93.8	97.0	98.4	92.6	92.8
圣文森特和格林纳丁斯	Saint Vincent and the Grenadines	93.5	95.1	93.5	95.1	93.5	95.1
萨摩亚	Samoa	93.3	98.1	97.0	97.4	92.3	98.3
圣多美和普林西比	Sao Tome and Principe	78.2	97.0	85.5	98.9	69.8	93.6
沙特阿拉伯	Saudi Arabia	95.0	97.0	95.0	97.0	95.0	97.0
塞内加尔	Senegal	66.2	73.4	90.5	93.2	49.7	58.7
塞尔维亚	Serbia	99.5	99.2	99.7	99.5	99.3	98.9
塞舌尔	Seychelles	96.3	96.3	96.3	96.3	96.3	96.3
塞拉利昂	Sierra Leone	46.8	57.5	74.8	84.1	31.1	40.3
新加坡	Singapore	100.0	100.0	100.0	100.0		
斯洛伐克	Slovakia	99.8	100.0	100.0	100.0	99.6	100.0
斯洛文尼亚	Slovenia	99.6	99.6	99.8	99.8	99.4	99.4
所罗门群岛	Solomon Islands	78.5	79.3	93.0	93.0	75.7	75.7
索马里	Somalia	21.4	29.5	34.6	66.4	14.8	7.2
南非	South Africa	86.5	91.5	98.3	99.0	71.0	79.3
西班牙	Spain	100.0	100.0	99.9	99.9	100.0	100.0
斯里兰卡	Sri Lanka	79.3	92.6	95.0	98.8	76.4	91.5
苏里南	Suriname	89.4	91.9	98.2	96.6	73.1	81.1
斯威士兰	Swaziland	51.9	72.2	88.8	93.2	41.1	66.5
瑞典	Sweden	100.0	100.0	100.0	100.0	100.0	100.0
瑞士	Switzerland	100.0	100.0	100.0	100.0	100.0	100.0
叙利亚	Syrian Arab Republic	87.5	89.9	95.3	92.6	79.1	86.5
塔吉克斯坦	Tajikistan	60.8	65.9	92.6	91.8	49.3	56.5
坦桑尼亚	Tanzania	54.3	53.3	86.6	78.7	45.1	44.1
泰国	Thailand	91.7	95.8	96.5	96.7	89.5	95.4
东帝汶	Timor-Leste	54.3	69.1	68.9	93.0	49.7	59.6
多哥	Togo	53.2	59.0	84.2	89.7	38.1	40.1
托克劳	Tokelau	93.2	97.4			93.2	97.4
汤加	Tonga	98.6	99.2	97.5	98.8	99.0	99.4
特立尼达和多巴哥	Trinidad and Tobago	91.7	93.9	95.4	97.6	91.2	93.3
突尼斯	Tunisia	89.4	96.4	97.3	100.0	75.7	89.2
土耳其	Turkey	92.9	99.7	96.9	100.0	85.4	99.1
土库曼斯坦	Turkmenistan	83.3	71.0	97.1	89.1	71.6	53.7
特克斯和凯科斯群岛	Turks and Caicos Islands	87.1		87.1		87.1	
图瓦卢	Tuvalu	94.0	97.7	95.2	98.3	93.0	97.0
乌干达	Uganda	56.8	74.8	84.6	91.3	52.9	71.7
乌克兰	Ukraine	96.9	98.0	99.3	98.1	92.1	97.7
阿联酋	United Arab Emirates	99.7	99.6	99.6	99.6	100.0	100.0
英国	United Kingdom	100.0	100.0	100.0	100.0	100.0	100.0
美国	United States	98.6	98.8	99.8	99.8	94.0	94.0
美属维尔京群岛	Virgin Islands(US)	100.0	100.0	100.0	100.0	100.0	100.0
乌拉圭	Uruguay	97.9	99.8	98.9	100.0	87.6	97.6
乌兹别克斯坦	Uzbekistan	88.7	87.3	97.6	98.5	83.4	80.9
瓦努阿图	Vanuatu	76.0	90.6	95.6	97.8	70.6	88.3
委内瑞拉	Venezuela	92.1		94.1		74.4	
越南	Viet Nam	76.6	95.6	93.6	99.5	71.1	93.8
也门	Yemen	59.9	54.8	82.5	72.0	51.9	46.5
赞比亚	Zambia	53.6	64.1	87.3	86.0	35.6	50.1
津巴布韦	Zimbabwe	79.6	80.0	98.5	97.1	69.9	69.2

附录4-16 享有卫生设施人口占总人口比重
Proportion of the Population Using Improved Sanitation Facilities

单位：%   (%)

国家或地区	Country or Area	全国享有卫生设施人口占总人口比重 Proportion of the Population Using Improved Sanitation Facilities,Total		城市享有卫生设施人口占总人口比重 Proportion of the Population Using Improved Sanitation Facilities, Urban		农村享有卫生设施人口占总人口比重 Proportion of the Population Using Improved Sanitation Facilities, Rural	
		2000	2011	2000	2011	2000	2011
阿 富 汗	Afghanistan	23.2	28.5	32.1	45.6	20.9	23.2
阿尔巴尼亚	Albania	86.2	93.9	93.8	94.7	80.8	93.0
阿尔及利亚	Algeria	92.2	95.1	98.6	97.6	82.2	88.4
美属萨摩亚	American Samoa	96.9	96.9	96.9	96.9	96.9	96.9
安 道 尔	Andorra	100.0	100.0	100.0	100.0	100.0	100.0
安 哥 拉	Angola	42.2	58.7	74.5	85.8	11.1	19.4
安 圭 拉	Anguilla	92.0	97.9	92.0	97.9		
安提瓜和巴布达	Antigua and Barbuda	84.6	91.4	84.6	91.4	84.6	91.4
阿 根 廷	Argentina	91.6	96.3	92.6	96.1	82.5	98.1
荷 兰	Netherlands	100.0	100.0	100.0	100.0	100.0	100.0
亚美尼亚	Armenia	88.9	90.4	95.6	95.9	76.8	80.5
阿鲁巴岛	Aruba	98.2	97.7	98.2	97.7	98.2	97.7
澳大利亚	Australia	100.0	100.0	100.0	100.0	100.0	100.0
奥 地 利	Austria	100.0	100.0	100.0	100.0	100.0	100.0
阿塞拜疆	Azerbaijan	62.1	82.0	73.4	85.9	50.1	77.5
巴 哈 马	Bahamas	88.0		88.0		88.0	
巴 林	Bahrain	99.1	99.2	99.1	99.2	99.1	99.2
孟加拉国	Bangladesh	45.3	54.7	54.8	55.3	42.4	54.5
巴巴多斯	Barbados	90.1		90.1		90.1	
白俄罗斯	Belarus	92.8	93.0	91.3	91.6	96.3	97.2
比 利 时	Belgium	100.0	100.0	100.0	100.0	100.0	100.0
伯 利 兹	Belize	83.0	89.9	84.7	93.1	81.5	87.2
贝 宁	Benin	9.0	14.2	19.3	25.3	2.6	5.1
不 丹	Bhutan	38.7	45.2	65.6	73.9	29.5	29.3
玻利维亚	Bolivia	37.0	46.3	49.0	57.5	17.6	23.7
波 黑	Bosnia and Herzegovinian	95.3	95.8	98.4	99.7	93.0	92.1
博茨瓦纳	Botswana	52.0	64.0	69.5	77.9	32.0	41.8
巴 西	Brazil	74.6	80.8	82.8	86.7	39.5	48.4
英属维尔京群岛	British Virgin Islands	97.5	97.5	97.5	97.5	97.5	97.5
保加利亚	Bulgaria	99.8	100.0	99.9	100.0	99.5	100.0
布基纳法索	Burkina Faso	11.6	18.0	46.8	50.1	3.9	6.5
布 隆 迪	Burundi	45.6	50.1	38.5	44.9	46.3	50.7
柬 埔 寨	Cambodia	17.6	33.1	50.3	76.4	10.1	22.3
喀 麦 隆	Cameroon	47.6	47.8	60.7	58.3	36.6	36.4
加 拿 大	Canada	99.8	99.8	100.0	100.0	99.0	99.0
佛 得 角	Cape Verde	44.3	63.3	60.9	74.0	25.2	45.3
开曼群岛	Cayman Islands	96.3	96.3	96.3	96.3		
中非共和国	Central African Rep.	22.1	33.8	31.9	43.1	16.3	27.8
乍 得	Chad	9.7	11.7	25.7	30.9	5.3	6.4
智 利	Chile	91.8	98.7	95.4	99.8	70.2	89.4
哥伦比亚	Colombia	72.7	78.1	80.7	82.3	52.3	65.4
科 摩 罗	Comoros	28.3		42.2		22.8	
刚果(金)	Congo, Dem. Rep.	22.6	30.7	30.7	29.2	19.3	31.5
刚果(布)	Congo, Rep.	19.8	17.8	21.1	19.5	18.0	14.8
库克群岛	Cook Islands	99.5	94.6	99.5	94.6	99.5	94.6
哥斯达黎加	Costa Rica	91.3	93.7	94.1	94.8	87.3	91.6
科特迪瓦	Cote D'Ivoire	21.6	23.9	37.1	35.8	9.6	11.4
克罗地亚	Croatia	98.2	98.2	98.6	98.6	97.6	97.6
古 巴	Cuba	86.8	92.1	89.8	93.7	77.4	87.3
塞浦路斯	Cyprus	100.0	100.0	100.0	100.0	100.0	100.0
捷 克	Czech Rep.	100.0	100.0	100.0	100.0	100.0	100.0

资料来源：联合国千年发展目标数据库。
Source: UN Millennium Development Goals Database .

附录4-16　续表 1　continued 1

单位：%　　　　　　　　　　　　　　　　　　　　　　　　　　　　　　　　　　　　　(%)

国家或地区	Country or Area	全国享有卫生设施人口占总人口比重 Proportion of the Population Using Improved Sanitation Facilities,Total		城市享有卫生设施人口占总人口比重 Proportion of the Population Using Improved Sanitation Facilities, Urban		农村享有卫生设施人口占总人口比重 Proportion of the Population Using Improved Sanitation Facilities, Rural	
		2000	2011	2000	2011	2000	2011
丹　麦	Denmark	100.0	100.0	100.0	100.0	100.0	100.0
吉 布 提	Djibouti	61.8	61.3	70.6	73.1	33.0	21.6
多米尼克	Dominica	81.1		79.6		84.3	
多米尼加	Dominican Rep.	77.6	82.3	83.8	85.7	67.5	74.5
厄瓜多尔	Ecuador	81.3	92.9	90.9	96.2	66.7	86.1
埃　及	Egypt	85.6	95.0	94.9	96.9	78.6	93.5
萨尔瓦多	El Salvador	61.0	70.0	74.5	79.4	41.6	52.6
赤道几内亚	Equatorial Guinea	88.9		92.2		86.8	
厄立特里亚	Eritrea	11.3		54.0		2.2	3.5
爱沙尼亚	Estonia	95.4	99.6	96.0	99.8	94.0	93.7
埃塞俄比亚	Ethiopia	8.1	20.7	22.2	27.3	5.7	19.4
斐　济	Fiji	74.2	87.1	88.9	92.1	60.6	81.7
芬　兰	Finland	100.0	100.0	100.0	100.0	100.0	100.0
法　国	France	100.0	100.0	100.0	100.0	100.0	100.0
法属圭亚那	French Guiana	80.0	90.4	86.7	94.9	60.1	75.8
法属波立尼西亚	French Polynesia	98.0	97.1	98.0	97.1	98.0	97.1
加　蓬	Gabon	35.8	32.9	37.3	33.3	29.6	30.4
冈 比 亚	Gambia	63.1	67.7	66.6	69.8	59.7	64.8
格鲁吉亚	Georgia	95.4	93.4	96.4	95.6	94.2	91.0
德　国	Germany	100.0	100.0	100.0	100.0	100.0	100.0
加　纳	Ghana	9.8	13.5	15.3	18.8	5.5	7.7
希　腊	Greece	98.2	98.6	99.4	99.4	96.3	97.5
格 陵 兰	Greenland	100.0	100.0	100.0	100.0	100.0	100.0
格林纳达	Grenada	91.6		91.6		91.6	
瓜德罗普	Guadeloupe		96.9	94.0	97.0		89.5
关　岛	Guam	97.4	97.4	97.4	97.4	97.4	97.4
危地马拉	Guatemala	71.0	80.2	84.7	88.4	59.8	72.2
几 内 亚	Guinea	14.1	18.5	25.9	32.2	8.8	10.9
几内亚比绍	Guinea-Bissau	12.2	19.0	26.9	33.0	4.0	8.1
圭 亚 那	Guyana	79.0	83.9	86.4	87.7	76.1	82.4
海　地	Haiti	22.8	26.1	35.7	33.7	15.7	17.4
洪都拉斯	Honduras	64.5	80.6	78.2	86.3	53.1	74.4
匈 牙 利	Hungary	100.0	100.0	100.0	100.0	100.0	100.0
冰　岛	Iceland	100.0	100.0	100.0	100.0	100.0	100.0
印　度	India	25.5	35.1	54.4	59.7	14.4	23.9
印度尼西亚	Indonesia	47.4	58.7	66.7	73.4	33.4	43.5
伊　朗	Iran	88.5	99.6	90.8	100.0	84.6	98.7
伊 拉 克	Iraq	75.2	83.9	83.6	86.0	57.5	79.8
爱 尔 兰	Ireland	98.9	99.0	99.6	99.6	97.9	97.9
以 色 列	Israel	100.0	100.0	100.0	100.0	100.0	100.0
牙 买 加	Jamaica	79.8	80.2	78.1	78.4	81.6	82.2
卢 森 堡	Luxemburg	100.0	100.0	100.0	100.0	100.0	100.0
日　本	Japan	100.0	100.0	100.0	100.0	100.0	100.0
约　旦	Jordan	97.5	98.1	98.0	98.1	95.9	98.0
哈萨克斯坦	Kazakhstan	96.8	97.3	96.5	96.8	97.2	97.9
肯 尼 亚	Kenya	26.9	29.4	28.7	31.1	26.4	28.8
基里巴斯	Kiribati	34.2	39.2	46.9	50.8	24.7	30.1
朝　鲜	Korea, Dem.	60.9	81.8	65.1	87.9	54.7	72.5
韩　国	Korea, Rep.	100.0	100.0	100.0	100.0	100.0	100.0
科 威 特	Kuwait	100.0	100.0	100.0	100.0	100.0	100.0
吉尔吉斯斯坦	Kyrgyzstan	93.2	93.3	93.7	93.6	92.9	93.2
老　挝	Laos	27.9	61.5	65.4	87.5	17.3	48.0

附录4-16　续表 2　continued 2

单位：%

(%)

国家或地区	Country or Area	全国享有卫生设施人口占总人口比重 Proportion of the Population Using Improved Sanitation Facilities,Total		城市享有卫生设施人口占总人口比重 Proportion of the Population Using Improved Sanitation Facilities, Urban		农村享有卫生设施人口占总人口比重 Proportion of the Population Using Improved Sanitation Facilities, Rural	
		2000	2011	2000	2011	2000	2011
拉脱维亚	Latvia	78.6		82.1		71.1	
黎巴嫩	Lebanon	98.2		100.0	100.0	87.0	
莱索托	Lesotho	24.9	26.3	36.9	32.0	21.9	24.2
利比里亚	Liberia	11.6	18.2	23.1	30.1	2.5	7.2
利比亚	Libya	96.5	96.6	96.8	96.8	95.7	95.7
立陶宛	Lithuania	86.7		95.4	95.4	69.1	
马其顿	Macedonia	89.9	91.3	93.3	97.0	85.0	83.1
马达加斯加	Madagascar	10.6	13.7	16.5	19.0	8.4	11.1
马拉维	Malawi	45.5	52.9	48.7	49.6	45.0	53.5
马来西亚	Malaysia	92.3	95.7	93.7	96.1	89.9	94.6
马尔代夫	Maldives	79.4	98.0	97.7	97.5	72.5	98.3
马里	Mali	18.2	21.6	33.9	35.2	12.0	14.3
马耳他	Malta	100.0	100.0	100.0	100.0	100.0	100.0
马绍尔群岛	Marshall Islands	70.1	75.7	80.4	83.9	47.6	54.9
马提尼克	Martinique		91.7	93.8	94.0		72.7
毛里塔尼亚	Mauritania	20.6	26.6	38.5	51.1	8.8	9.2
毛里求斯	Mauritius	89.1	90.6	91.2	91.6	87.6	89.9
墨西哥	Mexico	75.4	84.7	82.3	86.7	55.2	77.4
密克罗尼西亚	Micronesia, Fed.	33.6	55.2	63.7	83.3	25.0	47.0
摩尔多瓦	Moldova	78.6	86.1	87.1	89.0	71.7	83.4
摩纳哥	Monaco	100.0	100.0	100.0	100.0		
蒙古	Mongolia	49.4	53.0	65.5	64.0	28.0	29.1
黑山	Montenegro	89.8	90.0	91.9	91.9	86.8	86.8
蒙特塞拉特	Montserrat	79.9		79.9		79.9	
摩洛哥	Morocco	63.8	69.7	82.2	83.1	42.7	52.0
莫桑比克	Mozambique	14.1	19.1	37.2	40.9	4.6	9.2
缅甸	Myanmar	62.0	77.3	78.9	83.9	55.6	74.1
纳米比亚	Namibia	28.2	32.3	59.6	57.1	13.2	16.9
瑙鲁	Nauru	65.7	65.6	65.7	65.6		
尼泊尔	Nepal	20.9	35.4	42.9	50.1	17.4	32.4
新喀里多尼亚	New Caledonia	100.0	100.0	100.0	100.0	100.0	100.0
尼加拉瓜	Nicaragua	48.0	52.1	61.3	63.2	32.0	37.0
尼日尔	Niger	7.0	9.6	27.4	34.0	3.1	4.3
尼日利亚	Nigeria	34.5	30.6	36.9	33.2	32.7	28.1
纽埃	Niue	79.2	100.0	79.2	100.0	79.2	100.0
北马里亚纳群岛	Northern Mariana Islands	92.2	97.9	92.2	97.9	92.2	97.9
挪威	Norway	100.0	100.0	100.0	100.0	100.0	100.0
阿曼	Oman	89.0	96.6	96.1	97.3	71.0	94.7
巴基斯坦	Pakistan	37.4	47.4	72.0	71.8	20.3	33.6
帕劳	Palau	81.0	100.0	88.6	100.0	63.4	100.0
巴拿马	Panama	65.4	71.2	74.9	76.9	47.0	54.1
巴布亚新几内亚	Papua New Guinea	19.2	18.7	59.9	56.7	13.0	13.3
巴拉圭	Paraguay	57.7		79.2		31.1	
秘鲁	Peru	62.9	71.6	76.1	81.3	26.9	38.4
菲律宾	Philippines	65.4	74.2	74.2	79.2	57.2	69.3
波兰	Poland	89.4		95.5	95.5	79.6	
葡萄牙	Portugal	97.7	100.0	99.1	100.0	96.0	100.0
波多黎各	Puerto Rico	99.3	99.3	99.3	99.3	99.3	99.3
卡塔尔	Qatar	100.0	100.0	100.0	100.0	100.0	100.0
留尼汪岛	Reunion	98.1	98.2	98.4	98.4	95.3	95.3
罗马尼亚	Romania	71.8		87.9		53.7	
俄罗斯	Russia	72.1	70.4	77.0	74.4	58.6	59.3

附录4-16 续表 3 continued 3

单位: %   (%)

国家或地区	Country or Area	全国享有卫生设施人口占总人口比重 Proportion of the Population Using Improved Sanitation Facilities,Total		城市享有卫生设施人口占总人口比重 Proportion of the Population Using Improved Sanitation Facilities, Urban		农村享有卫生设施人口占总人口比重 Proportion of the Population Using Improved Sanitation Facilities, Rural	
		2000	2011	2000	2011	2000	2011
卢 旺 达	Rwanda	47.2	61.3	62.6	61.3	44.7	61.3
圣基茨和尼维斯	Saint Kitts and Nevis	87.3		87.3		87.3	
圣卢西亚	Saint Lucia	62.4	65.2	69.1	70.4	59.8	64.1
圣文森特和格林纳丁	Saint Vincent and the Grenadines	73.2		73.2		73.2	
萨 摩 亚	Samoa	92.2	91.6	93.9	93.4	91.8	91.2
圣多美和普林西比	Sao Tome and Principe	20.9	34.3	26.6	40.8	14.4	23.3
沙特阿拉伯	Saudi Arabia	96.8	100.0	96.8	100.0	96.8	100.0
塞内加尔	Senegal	43.2	51.4	63.5	67.9	29.5	39.1
塞尔维亚	Serbia	95.9	97.2	96.9	98.5	94.9	95.6
塞 舌 尔	Seychelles	97.1	97.1	97.1	97.1	97.1	97.1
塞拉利昂	Sierra Leone	11.9	12.9	22.6	22.5	5.9	6.7
新 加 坡	Singapore	99.7	100.0	99.7	100.0		
斯洛伐克	Slovakia	99.8	99.7	99.8	99.9	99.6	99.6
斯洛文尼亚	Slovenia	100.0	100.0	100.0	100.0	100.0	100.0
所罗门群岛	Solomon Islands	25.5	28.5	81.4	81.4	15.0	15.0
索 马 里	Somalia	21.8	23.6	45.0	52.0	10.3	6.3
南 非	South Africa		74.0	82.1	84.3	51.0	57.1
西 班 牙	Spain	100.0	100.0	100.0	100.0	100.0	100.0
斯里兰卡	Sri Lanka	78.7	91.1	80.3	82.7	78.4	92.6
苏 里 南	Suriname	81.1	83.0	89.9	90.3	64.7	66.2
斯威士兰	Swaziland	51.8	57.0	62.8	63.0	48.6	55.3
瑞 典	Sweden	100.0	100.0	100.0	100.0	100.0	100.0
瑞 士	Switzerland	100.0	100.0	100.0	100.0	100.0	100.0
叙 利 亚	Syrian Arab Republic	88.6	95.2	95.3	96.1	81.5	94.0
塔吉克斯坦	Tajikistan	90.0	94.7	93.4	95.4	88.7	94.4
坦桑尼亚	Tanzania	8.8	11.9	16.0	24.2	6.8	7.4
泰 国	Thailand	91.3	93.4	88.2	88.7	92.7	95.9
东 帝 汶	Timor-Leste	37.4	38.7	52.7	67.6	32.5	27.3
多 哥	Togo	12.2	11.4	25.9	25.5	5.4	2.7
托 克 劳	Tokelau	63.5	92.9			63.5	92.9
汤 加	Tonga	93.5	91.5	98.6	99.3	92.0	89.1
特立尼达和多巴哥	Trinidad and Tobago	92.3	92.1	92.3	92.1	92.3	92.1
突 尼 斯	Tunisia	81.9	89.8	95.6	97.3	58.2	75.0
土 耳 其	Turkey	87.2	91.0	96.3	97.2	70.5	75.5
土库曼斯坦	Turkmenistan	98.3	99.1	99.3	100.0	97.4	98.2
特克斯和凯科斯群岛	Turks and Caicos Islands	81.4		81.4		81.4	
图 瓦 卢	Tuvalu	78.4	83.3	81.1	86.3	76.0	80.2
乌 干 达	Uganda	30.9	35.0	33.3	33.9	30.6	35.2
乌 克 兰	Ukraine	95.1	94.3	97.3	96.5	90.8	89.4
阿 联 酋	United Arab Emirates	97.4	97.5	98.0	98.0	95.2	95.2
英 国	United Kingdom	100.0	100.0	100.0	100.0	100.0	100.0
美 国	United States	99.5	99.6	99.8	99.8	98.6	98.6
美属维尔京群岛	Virgin Islands(US)	96.4	96.4	96.4	96.4	96.4	96.4
乌 拉 圭	Uruguay	96.7	98.9	97.3	99.0	89.7	97.8
乌兹别克斯坦	Uzbekistan	90.9	100.0	97.5	100.0	86.9	100.0
瓦努阿图	Vanuatu	41.7	57.8	54.4	65.1	38.1	55.4
委内瑞拉	Venezuela	88.7		92.5		54.1	
越 南	Viet Nam	54.9	74.8	77.6	92.7	47.7	66.7
也 门	Yemen	39.4	53.0	82.4	92.5	24.1	34.1
赞 比 亚	Zambia	40.6	42.1	58.6	55.8	31.0	33.2
津巴布韦	Zimbabwe	40.4	40.2	52.7	51.7	34.1	33.0

附录五、2015 年上半年各省、自治区、直辖市主要污染物排放量指标公报

APPENDIX Ⅴ. The Main Pollutants Emission Indicators Communiqué of the Provinces, Autonomous Regions, Municipality Directly under the Central Government in the First Half of 2015

附录5 2015年上半年各省、自治区、直辖市 主要污染物排放量指标公报

The Main Pollutants Emission Indicators Communiqué of the Provinces, Autonomous Regions, Municipality Directly under the Central Government in the First Half of 2015

单位:万吨   (10 000 tons)

地 区	Region	化学需氧量排放量 COD Discharge			氨氮排放量 Ammonia Nitrogen Discharge		
		2014年上半年 the First Half of 2014	2015年上半年 the First Half of 2015	2015年比上年增减(%) Increase or Decrease in 2015 over 2014 (%)	2014年上半年 the First Half of 2014	2015年上半年 the First Half of 2015	2015年比上年增减(%) Increase or Decrease in 2015 over 2014 (%)
全 国	National Total	1172.2	1138.3	-2.90	122.5	118.6	-3.18
北 京	Beijing	9.07	8.72	-3.79	0.95	0.85	-10.87
天 津	Tianjin	11.13	10.78	-3.11	1.34	1.32	-1.17
河 北	Hebei	64.78	63.20	-2.44	5.24	5.10	-2.64
山 西	Shanxi	23.35	22.24	-4.74	2.79	2.68	-3.76
内蒙古	Inner Mongolia	43.29	42.70	-1.37	2.61	2.54	-2.57
辽 宁	Liaoning	61.99	60.48	-2.43	5.13	5.00	-2.46
吉 林	Jilin	37.15	35.74	-3.79	2.64	2.52	-4.80
黑龙江	Heilongjiang	72.37	67.79	-6.33	4.37	4.27	-2.36
上 海	Shanghai	11.55	10.73	-7.11	2.39	2.29	-4.35
江 苏	Jiangsu	56.84	55.12	-3.03	7.22	7.02	-2.73
浙 江	Zhejiang	37.42	36.34	-2.86	5.33	5.13	-3.71
安 徽	Anhui	45.50	45.10	-0.87	5.19	5.10	-1.77
福 建	Fujian	32.56	32.10	-1.40	4.62	4.53	-2.00
江 西	Jiangxi	36.89	36.41	-1.32	4.39	4.29	-2.40
山 东	Shandong	91.91	89.09	-3.08	8.18	7.95	-2.84
河 南	Henan	67.92	65.66	-3.32	7.22	6.89	-4.58
湖 北	Hubei	52.32	50.44	-3.59	6.18	5.92	-4.18
湖 南	Hunan	63.74	62.97	-1.20	8.03	7.68	-4.40
广 东	Guangdong	84.41	81.25	-3.74	10.46	9.99	-4.49
广 西	Guangxi	37.19	36.72	-1.25	4.20	4.14	-1.57
海 南	Hainan	9.94	9.74	-1.93	1.16	1.11	-4.68
重 庆	Chongqing	19.36	18.59	-3.99	2.54	2.46	-3.33
四 川	Sichuan	62.44	60.22	-3.56	6.79	6.60	-2.79
贵 州	Guizhou	16.63	16.23	-2.37	1.91	1.85	-3.12
云 南	Yunnan	26.88	26.41	-1.74	2.91	2.82	-2.86
西 藏	Tibet	1.40	1.40		0.17	0.17	
陕 西	Shaanxi	25.09	24.39	-2.81	2.99	2.91	-2.51
甘 肃	Gansu	19.26	18.69	-2.97	1.94	1.90	-1.88
青 海	Qinghai	5.16	5.25	1.69	0.48	0.50	2.98
宁 夏	Ningxia	11.30	11.17	-1.18	0.84	0.84	-0.04
新 疆	Xinjiang	28.57	27.92	-2.30	2.04	2.00	-1.94
新疆兵团	Xinjiang Production & Construction Corps	4.80	4.66	-2.93	0.27	0.26	-3.18

注: 公报不含香港特别行政区、澳门特别行政区和台湾省。
Note: Statistics in this Communique not include Hong kong SAR, Macao SAR and Taiwan Province.

附录5 续表

单位:万吨
(10 000 tons)

地 区 Region	二氧化硫排放量 Sulphur Dioxide Emission			氮氧化物排放量 Nitrogen Oxides Emission		
	2014年上半年 the First Half of 2014	2015年上半年 the First Half of 2015	2015年比上年增减(%) Increase or Decrease in 2015 over 2014 (%)	2014年上半年 the First Half of 2014	2015年上半年 the First Half of 2015	2015年比上年增减(%) Increase or Decrease in 2015 over 2014 (%)
全 国 National Total	1037.2	989.1	-4.63	1099.5	1002.8	-8.80
北 京 Beijing	3.83	3.16	-17.45	7.89	7.04	-10.73
天 津 Tianjin	10.40	9.44	-9.24	14.42	12.15	-15.72
河 北 Hebei	62.55	59.15	-5.43	79.69	73.17	-8.19
山 西 Shanxi	64.57	61.65	-4.52	55.58	50.94	-8.36
内蒙古 Inner Mongolia	70.29	66.55	-5.31	70.82	63.87	-9.82
辽 宁 Liaoning	50.39	48.71	-3.33	44.29	40.34	-8.92
吉 林 Jilin	18.25	17.56	-3.79	28.42	26.16	-7.95
黑龙江 Heilongjiang	22.81	21.91	-3.95	37.32	33.77	-9.51
上 海 Shanghai	9.06	8.24	-9.04	18.39	16.40	-10.78
江 苏 Jiangsu	49.41	47.01	-4.85	68.77	62.64	-8.92
浙 江 Zhejiang	29.41	28.03	-4.69	37.48	34.19	-8.78
安 徽 Anhui	25.98	25.36	-2.40	44.90	41.81	-6.89
福 建 Fujian	19.10	18.34	-3.99	23.54	21.70	-7.81
江 西 Jiangxi	26.80	26.39	-1.53	27.87	26.33	-5.52
山 东 Shandong	86.78	83.65	-3.60	85.08	76.86	-9.67
河 南 Henan	63.93	60.93	-4.68	73.36	66.76	-9.00
湖 北 Hubei	31.32	30.13	-3.78	29.17	26.38	-9.56
湖 南 Hunan	33.77	33.57	-0.58	27.70	25.25	-8.86
广 东 Guangdong	38.52	37.36	-3.02	60.81	57.81	-4.93
广 西 Guangxi	21.56	21.40	-0.74	22.38	20.74	-7.33
海 南 Hainan	1.87	1.87	-0.20	4.59	4.29	-6.43
重 庆 Chongqing	27.69	26.60	-3.93	18.37	16.54	-9.96
四 川 Sichuan	40.06	36.92	-7.84	32.57	29.98	-7.94
贵 州 Guizhou	50.59	45.53	-10.00	26.28	23.14	-11.94
云 南 Yunnan	31.98	28.43	-11.10	24.49	22.33	-8.83
西 藏 Tibet	0.23	0.26	13.04	1.96	2.60	32.65
陕 西 Shaanxi	42.47	40.63	-4.33	36.51	32.98	-9.68
甘 肃 Gansu	32.48	31.56	-2.81	21.43	19.99	-6.73
青 海 Qinghai	7.70	7.62	-1.07	6.73	6.07	-9.84
宁 夏 Ningxia	20.49	20.02	-2.26	20.02	18.04	-9.90
新 疆 Xinjiang	36.35	35.60	-2.06	39.99	36.11	-9.71
新疆兵团 Xinjiang Production & Construction Corps	6.54	5.54	-15.26	8.67	6.39	-26.32

附录六、主要统计指标解释

APPENDIX VI.
Explanatory Notes
on Main Statistical Indicators

主要统计指标解释

一、自然状况

平均气温 气温指空气的温度，我国一般以摄氏度为单位表示。气象观测的温度表是放在离地面约 1.5 米处通风良好的百叶箱里测量的，因此，通常说的气温指的是离地面 1.5 米处百叶箱中的温度。计算方法：月平均气温是将全月各日的平均气温相加，除以该月的天数而得。年平均气温是将 12 个月的月平均气温累加后除以 12 而得。

年平均相对湿度 相对湿度指空气中实际水气压与当时气温下的饱和水气压之比，通常以(%)为单位表示。其统计方法与气温相同。

全年日照时数 日照时数指太阳实际照射地面的时数，通常以小时为单位表示。其统计方法与降水量相同。

全年降水量 降水量指从天空降落到地面的液态或固态(经融化后)水，未经蒸发、渗透、流失而在地面上积聚的深度，通常以毫米为单位表示。计算方法：月降水量是将该全月各日的降水量累加而得。年降水量是将该年 12 个月的月降水量累加而得。

二、水环境

水资源总量 一定区域内的水资源总量指当地降水形成的地表和地下产水量，即地表径流量与降水入渗补给量之和，不包括过境水量。

地表水资源量 指河流、湖泊、冰川等地表水体中由当地降水形成的、可以逐年更新的动态水量，即天然河川径流量。

地下水资源量 指当地降水和地表水对饱水岩土层的补给量。

地表水与地下水资源重复计算量 指地表水和地下水相互转化的部分，即在河川径流量中包括一部分地下水排泄量，地下水补给量中包括一部分来源于地表水的入渗量。

供水总量 指各种水源工程为用户提供的包括输水损失在内的毛供水量。

地表水源供水量 指地表水体工程的取水量，按蓄、引、提、调四种形式统计。从水库、塘坝中引水或提水，均属蓄水工程供水量；从河道或湖泊中自流引水的，无论有闸或无闸，均属引水工程供水量；利用扬水站从河道或湖泊中直接取水的，属提水工程供水量；跨流域调水指水资源一级区或独立流域之间的跨流域调配水量，不包括在蓄、引、提水量中。

地下水源供水量 指水井工程的开采量，按浅层淡水、深层承压水和微咸水分别统计。城市地下水源供水量包括自来水厂的开采量和工矿企业自备井的开采量。

其他水源供水量 包括污水处理再利用、集雨工程、海水淡化等水源工程的供水量。

用水总量 指各类用水户取用的包括输水损失在内的毛水量。

农业用水 包括农田灌溉用水、林果地灌溉用水、草地灌溉用水、鱼塘补水和畜禽用水。

工业用水 指工矿企业在生产过程中用于制造、加工、冷却、空调、净化、洗涤等方面的用水，按新水取用量计，不包括企业内部的重复利用水量。

生活用水 包括城镇生活用水和农村生活用水。城镇生活用水由居民用水和公共用水（含第三产业及建筑业等用水）组成；农村生活用水指居民生活用水。

生态环境补水 仅包括人为措施供给的城镇环境用水和部分河湖、湿地补水，而不包括降水、径流自然满足的水量。

工业废水排放量 指报告期内经过企业厂区所有排放口排到企业外部的工业废水量。包括生产废水、外排的直接冷却水、超标排放的矿井地下水和与工业废水混排的厂区生活污水，不包括外排的间接冷却水(清污不分流的间接冷却水应计算在废水排放量内)。

化学需氧量(COD) 测量有机和无机物质化学分解所消耗氧的质量浓度的水污染指数。

工业废水治理设施数 指报告期内企业用于防治水污染和经处理后综合利用水资源的实有设施（包括构筑物）数，以一个废水治理系统为单位统计。附属于设施内的水治理设备和配套设备不单独计算。已经报废的设施不统计在内。

工业废水治理设施处理能力 指报告期内企业内部的所有废水治理设施实际具有的废水处理能力。

工业废水治理设施运行费用 指报告期内企业维持废水治理设施运行所发生的费用。包括能源消耗、设备维修、人员工资、管理费、药剂费及与设施运行有关的其他费用等。

三、海洋环境

第二类水质海域面积 符合国家海水水质标准中二类海水水质的海域,适用于水产养殖区、海水浴场、人体直接接触海水的海上运动或娱乐区、以及与人类食用直接有关的工业用水区。

第三类水质海域面积 符合国家海水水质标准中三类海水水质的海域，适用于一般工业用水区。

第四类水质海域面积 符合国家海水水质标准中四类海水水质的海域，仅适用于海洋港口水域和海洋开发作业区。

劣于第四类水质海域面积 劣于国家海水水质标准中四类海水水质的海域。

四、大气环境

工业二氧化硫排放量 指报告期内企业在燃料燃烧和生产工艺过程中排入大气的二氧化硫总质量。工业中二氧化硫主要来源于化石燃料（煤、石油等）的燃烧，还包括含硫矿石的冶炼或含硫酸、磷肥等生产的工业废气排放。

工业氮氧化物排放量 指报告期内企业在燃料燃烧和生产工艺过程中排入大气的氮氧化物总质量。

工业烟（粉）尘排放量 指报告期内企业在燃料燃烧和生产工艺过程中排入大气的烟尘及工业粉尘的总质量之和。

工业废气排放量 指报告期内企业厂区内燃料燃烧和生产工艺过程中产生的各种排入空气中含有污染物的气体的总量，以标准状态（273K，101325Pa）计。

工业废气治理设施数 指报告期末企业用于减少在燃料燃烧过程与生产工艺过程中排向大气的污染物或对污染物加以回收利用的废气治理设施总数，以一个废气治理系统为单位统计。包括除尘、脱硫、脱硝及其它的污染物的烟气治理设施。已报废的设施不统计在内。锅炉中的除尘装置属于"三同时"设备，应统计在内。

工业废气治理设施处理能力 指报告期末企业实有的废气治理设施的实际废气处理能力。

工业废气治理设施运行费用 指报告期内维持废气治理设施运行所发生的费用。包括能源消耗、设备折旧、设备维修、人员工资、管理费、药剂费及与设施运行有关的其他费用等。

五、固体废物

一般工业固体废物产生量 系指未被列入《国家危险废物名录》或者根据国家规定的危险废物鉴别标准（GB5085）、固体废物浸出毒性浸出方法（GB5086）及固体废物浸出毒性测定方法（GB／T 15555）鉴别方法判定不具有危险特性的工业固体废物。计算公式是：

一般工业固体废物产生量=（一般工业固体废物综合利用量-其中：综合利用往年贮存量）+一般工业固体废物贮存量+（一般工业固体废物处置量-其中：处置往年贮存量）+一般工业固体废物倾倒丢弃量

一般工业固体废物综合利用量 指报告期内企业通过回收、加工、循环、交换等方式，从固体废物中提取或者使其转化为可以利用的资源、能源和其他原材料的固体废物量（包括当年利用的往年工业固体废物累计贮存量）。如用作农业肥料、生产建筑材料、筑路等。综合利用量由原产生固体废物的单位统计。

一般工业固体废物处置量 指报告期内企业将工业固体废物焚烧和用其他改变工业固体废物的物理、化学、生物特性的方法，达到减少或者消除其危险成分的活动，或者将工业固体废物最终置于符合环境保护规定要求的填埋场的活动中，所消纳固体废物的量。

一般工业固体废物贮存量 指报告期内企业以综合利用或处置为目的，将固体废物暂时贮存或堆存在专设的贮存设施或专设的集中堆存场所内的量。专设的固体废物贮存场所或贮存设施必须有防扩散、防流失、防渗漏、防止污染大气、水体的措施。

一般工业固体废物倾倒丢弃量 指报告期内企业将所产生的固体废物倾倒或者丢弃到固体废物污染防治设施、场所以外的量。

危险废物产生量 指当年全年调查对象实际产生的危险废物的量。危险废物指列入国家危险废物名录或者根据国家规定的危险废物鉴别标准和鉴别方法认定的，具有爆炸性、易燃性、易氧化性、毒性、腐蚀性、易传染性疾病等危险特性之一的废物。按《国家危险废物名录》（环境保护部、国家发展和改革委员会2008部令第1号）填报。

危险废物综合利用量 指当年全年调查对象从危险废物中提取物质作为原材料或者燃料的活动中消纳危险废物的量。包括本单位利用或委托、提供给外单位利用的量。

危险废物处置量 指报告期内企业将危险废物焚烧和用其他改变工业固体废物的物理、化学、生物特性的方法，达到减少或者消除其危险成分的活动，或者将危险废物最终置于符合环境保护规定要求的填埋场的活动中，所消纳危险废物的量。处置量包括处置本单位或委托给外单位处置的量。危险废物的处置方式见下表：

危险废物贮存量 指将危险废物以一定包装方式暂时存放在专设的贮存设施内的量。专设的贮存设施指对危险废物的包装、选址、设计、安全防护、监测和关闭等符合《危险废物贮存污染控制标准》（GB18597-2001）等相关环保法律法规要求，具有防扩散、防流失、防渗漏、防止污染大气和水体措施的设施。

六、自然生态

自然保护区 指对有代表性的自然生态系统、珍稀濒危野生动植物物种的天然分布区、水源涵养区、有特殊意义的自然历史遗迹等保护对象所在的陆地、陆地水体或海域，依法划出一定面积进行特殊保护和管理的区域。以县及县以上各级人民政府正式批准建立的自然保护区为准。风景名胜区、文物保护区不计在内。

湿地 指天然或人工、长久或暂时性的沼泽地、泥炭地或水域地带，包括静止或流动、淡水、半咸水、咸水体，低潮时水深不超过6米的水域以及海岸地带地区的珊瑚滩和海草床、滩涂、红树林、河口、河流、淡水沼泽、沼泽森林、湖泊、盐沼及盐湖。

七、土地利用

耕地面积 指经过开垦用以种植农作物并经常进行耕耘的土地面积。包括种有作物的土地面积、休闲地、新开荒地和抛荒未满三年的土地面积。

林业用地面积 指用来发展林业的土地，包括郁闭度0.20以上的乔木林地以及竹林地、灌木林地、疏林地、采伐迹地、火烧迹地、未成林造林地、苗圃地和县级以上人民政府规划的宜林地面积。

草地面积 指牧区和农区用于放牧牲畜或割草，植被盖度在5%以上的草原、草坡、草山等面积。包括天然的和人工种植或改良的草地面积。

八、林业

森林面积 包括郁闭度0.2以上的乔木林地面积和竹林面积，国家特别规定的灌木林地面积、农田林网以及村旁、路旁、水旁、宅旁林木的覆盖面积。

人工林面积 指由人工播种、植苗或扦插造林形成的生长稳定，(一般造林3-5年后或飞机播种5-7年后)每公顷保存株数大于或等于造林设计植树株数80%或郁闭度0.20以上(含02.0)的林分面积。

森林覆盖率 指以行政区域为单位森林面积占区域土地总面积的百分比。计算公式：

$$森林覆盖率 = \frac{森林面积}{土地总面积} \times 100\%$$

活立木总蓄积量 指一定范围土地上全部树木蓄积的总量，包括森林蓄积、疏林蓄积、散生木蓄积和四旁树蓄积。

森林蓄积量 指一定森林面积上存在着的林木树干部分的总材积，以立方米为计算单位。它是反映一个国家或地区森林资源总规模和水平的基本指标之一。它说明一个国家或地区林业生产发展情况，反映森林资源的丰富程度，也是衡量森林生态环境优劣的重要依据。

造林面积 指在宜林荒山荒地、宜林沙荒地、无立木林地、疏林地和退耕地等其它宜林地上通过人工措施形成或恢复森林、林木、灌木林的过程。

人工造林　指在宜林荒山荒地、宜林沙荒地、无立木林地、疏林地和退耕地等其它宜林地上通过播种、植苗和分植来提高森林植被覆被率的技术措施。

飞播造林　通过飞机播种，为宜林荒山荒地、宜林沙荒地、其它宜林地、疏林地补充适量的种源，并辅以适当的人工措施，在自然力的作用下使其形成森林或灌草植被，提高森林植被覆被率的技术措施。

无林地和疏林地新封山育林　对宜林地、无立木林地、疏林地实施封禁并辅以人工促进手段，使其形成森林或灌草植被的一项技术措施。

用材林　指以生产木材为主要目的的森林和林木，包括以生产竹材为主要目的的竹林。

经济林　指以生产果品，食用油料、饮料、调料，工业原料和药材为主要目的的林木。经济林是人们为了取得林木的果实、叶片、皮层、胶液等产品作为工业原料或者供食用所营造的林木，如油茶、油桐、核桃、樟树、花椒、茶、桑、果等。

防护林　指以防护为主要目的的森林、林木和灌木丛。包括水源涵养林，水土保持林，防风固沙林，农田、牧场防护林，护岸林，护路林等。

薪炭林　指以生产燃料为主要目的的林木。

特种用途林　指以国防、环境保护、科学实验等为主要目的的森林和林木。包括国防林、实验林、母树林、环境保护林、风景林，名胜古迹和革命纪念地的林木，自然保护区的森林。

天然林保护工程　是我国林业的"天"字号工程、一号工程,也是投资最大的生态工程。具体包括三个层次:全面停止长江上游、黄河上中游地区天然林采伐；大幅度调减东北、内蒙古等重点国有林区的木材产量；同时保护好其他地区的天然林资源。主要解决这些区域天然林资源的休养生息和恢复发展问题。

退耕还林还草工程　是我国林业建设上涉及面最广、政策性最强、工序最复杂、群众参与度最高的生态建设工程。主要解决重点地区的水土流失问题。

三北和长江流域等重点防护林体系建设工程　三北和长江中下游地区等重点防护林体系建设工程,是我国涵盖面最大、内容最丰富的防护林体系建设工程。具体包括三北防护林四期工程、长江中下游及淮河太湖流域防护林二期工程、沿海防护林二期工程、珠江防护林二期工程、太行山绿化二期工程和平原绿化二期工程。主要解决三北地区的防沙治沙问题和其他区域各不相同的生态问题。

京津风沙源治理工程　环北京地区防沙治沙工程，是首都乃至中国的"形象工程",也是环京津生态圈建设的主体工程。虽然规模不大，但是意义特殊。主要解决首都周围地区的风沙危害问题。

野生动植物保护及自然保护区建设工程　野生动植物保护及自然保护区建设工程,是一个面向未来,着眼长远,具有多项战略意义的生态保护工程,也是呼应国际大气候、树立中国良好国际形象的"外交工程"。主要解决基因保存、生物多样性保护、自然保护、湿地保护等问题。

九、自然灾害及突发事件

滑坡　指斜坡上不稳定的岩土体在重力作用下沿一定软面(或滑动带)整体向下滑动的物理地质现象。地表水和地下水的作用以及人为的不合理工程活动对斜坡岩、土体稳定性的破坏，经常是促使滑坡发生的主要因素。在露天采矿、水利、铁路、公路等工程中，滑坡往往造成严重危害。

崩塌 指陡坡上大块的岩土体在重力作用下突然脱离母体崩落的物理地质现象。它可因多裂隙的岩体经强烈的物理风化、雨水渗入或地震而造成，往往毁坏建筑物，堵塞河道或交通路线。

泥石流 指山地突然爆发的包含大量泥沙、石块的特殊洪流称为泥石流，多见于半干旱山地高原地区。其形成条件是地形陡峻，松散堆积物丰富，有特大暴雨或大量冰融水的流出。

地面塌陷 指地表岩、土体在自然或人为因素作用下向下陷落，并在地面形成塌陷坑(洞)的一种动力地质现象。由于其发育的地质条件和作用因素的不同，地面塌陷可分为：岩溶塌陷、非岩溶塌陷。

突发环境事件 指突然发生，造成或可能造成重大人员伤亡、重大财产损失和对全国或者某一地区的经济社会稳定、政治安定构成重大威胁和损害，有重大社会影响的涉及公共安全的环境事件。

十、环境投资

环境污染治理投资 指在工业污染源治理和城镇环境基础设施建设的资金投入中，用于形成固定资产的资金。包括工业新老污染源治理工程投资、当年完成环保验收项目环保投资，以及城镇环境基础设施建设所投入的资金。

十一、城市环境

年末道路长度 指年末道路长度和与道路相通的广场、桥梁、隧道的长度，按车行道中心线计算。在统计时只统计路面宽度在 3.5 米(含 3.5 米)以上的各种铺装道路，包括开放型工业区和住宅区道路在内。

城市桥梁 指为跨越天然或人工障碍物而修建的构筑物。包括跨河桥、立交桥、人行天桥以及人行地下通道等。包括永久性桥和半永久性桥。

城市排水管道长度 指所有排水总管、干管、支管、检查井及连接井进出口等长度之和。

全年供水总量 指报告期供水企业(单位)供出的全部水量。包括有效供水量和漏损水量。

用水普及率 指城市用水人口数与城市人口总数的比率。计算公式：

用水普及率=城市用水人口数/城市人口总数×100%

城市污水日处理能力 指污水处理厂(或处理装置)每昼夜处理污水量的设计能力。

供气管道长度 指报告期末从气源厂压缩机的出口或门站出口至各类用户引入管之间的全部已经通气投入使用的管道长度。不包括煤气生产厂、输配站、液化气储存站、灌瓶站、储配站、气化站、混气站、供应站等厂(站)内的管道。

全年供气总量 指全年燃气企业(单位)向用户供应的燃气数量。包括销售量和损失量。

燃气普及率 指报告期末使用燃气的城市人口数与城市人口总数的比率。计算公式为：

燃气普及率=城市用气人口数/城市人口总数×100%

城市供热能力 指供热企业(单位)向城市热用户输送热能的设计能力。

城市供热总量 指在报告期供热企业(单位)向城市热用户输送全部蒸汽和热水的总热量。

城市供热管道长度 指从各类热源到热用户建筑物接入口之间的全部蒸汽和热水的管道长度。不包括各类热源厂内部的管道长度。

生活垃圾清运量 指报告期内收集和运送到垃圾处理厂(场)的生活垃圾数量。生活垃圾指城市日常生活或为城市日常生活提供服务的活动中产生的固体废物以及法律行政规定的视为城市生活垃圾的固体废物。包括：居民生活垃圾、商业垃圾、集市贸易市场垃圾、街道清扫垃圾、公共场所垃圾和机关、学校、厂矿等单位的生活垃圾。

生活垃圾无害化处理率　指报告期生活垃圾无害化处理量与生活垃圾产生量比率。在统计上，由于生活垃圾产生量不易取得，可用清运量代替。计算公式为：

$$生活垃圾无害化处理率 = \frac{生活垃圾无害化处理量}{生活垃圾产生量} \times 100\%$$

年末运营车数　指年末公交企业(单位)用于运营业务的全部车辆数。以企业(单位)固定资产台账中已投入运营的车辆数为准。

城市绿地面积　指报告期末用作园林和绿化的各种绿地面积。包括公园绿地、防护绿地、生产绿地、附属绿地和其他绿地面积。

公园绿地　指向公众开放的,以游憩为主要功能,有一定的游憩设施和服务设施,同时兼有健全生态,美化景观,防灾减灾等综合作用的绿化用地。

十二、农村环境

农村人口　指居住和生活在县城(不含)以下的乡镇、村的人口。

累计已改水受益人口　指各种改水形式的受益人口。

卫生厕所　指有完整下水道系统的水冲式、三格化粪池式、净化沼气池式、多翁漏斗式公厕以及粪便及时清理并进行高温堆肥无害化处理的非水冲式公厕。

累计使用卫生公厕户数　指农民因某种原因没有兴建自己的卫生厕所，而使用村内卫生公厕户数。

Explanatory Notes on Main Statistical Indicators

I. Natural Conditions

Average Temperature　Temperature refers to the air temperature, generally expressed in centigrade in China. Thermometers used for meteorological observation are placed in sun-blinded boxes 1.5 meters above the ground with good ventilation. Therefore, temperatures cited in general are the temperatures in sun-blinded boxes 1.5 meters above the ground. The monthly average temperature is obtained by the sum of daily temperatures of the month, then divided by the number of days in the months, and the sum of the monthly average temperatures of the 12 months in the year divided by 12 represents the annual average temperature.

Annual Average Relative Humidity　Humidity is the ratio between the actual hydrosphere pressure in the air and the saturated hydrosphere pressure at the present temperature, usually expressed in percentage terms. The average humidity is calculated in the same way as the average temperature.

Annual Sunshine Hours　Sunshine refer to the duration when the sunshine falls on earth, usually expressed in hours. It is calculated with the same approach as the calculation of precipitation.

Annual Precipitation　Precipitation refers to the volume of water, in liquid or solid (then melted) form, falling from the sky onto earth, without being evaporated, leaked or eroded, express normally in millimeters. The monthly precipitation is obtained by the sum of daily precipitation of the month, and the annual precipitation is the sum of monthly precipitation of the 12 months of the year.

II. Freshwater Environment

Total Water Resources　refers to total volume of water resources measured as run-off for surface water from rainfall and recharge for groundwater in a given area, excluding transit water.

Surface Water Resources　refers to total renewable resources which exist in rivers, lakes, glaciers and other collectors from rainfall and are measured as run-off of rivers.

Groundwater Resources　refers to replenishment of aquifers with rainfall and surface water.

Duplicated Measurement of Surface Water and Groundwater　refers to mutual exchange between surface water and groundwater, i.e. run-off of rivers includes some depletion with groundwater while groundwater includes some replenishment with surface water.

Water Supply　refers to gross water supply by supply systems from sources to consumers, including losses during distribution.

Surface Water Supply　refers to withdrawals by surface water supply system, broken down with storage, flow, pumping and transfer. Supply from storage projects includes withdrawals from reservoirs;　supply from flow includes withdrawals from rivers and lakes with natural flows no matter if there are locks or not; supply from pumping projects includes withdrawals from rivers or lakes with pumping stations; and supply from transfer refers to water supplies transferred from first-level regions of water resources or independent river drainage areas to others, and should not be covered under supplies of storage, flow and pumping.

Groundwater Supply refers to withdrawals from supplying wells, broken down with shallow layer freshwater, deep layer freshwater and slightly brackish water. Groundwater supply for urban areas includes water mining by both waterworks and own wells of enterprises.

Other Water Supply includes supplies by waste-water treatment, rain collection, seawater desalinization and other water projects.

Total Water Use refers to water use by all kinds of user, including water loss during transportation. including water loss during transportation.

Water Use by Agriculture including water use for irrigation of farming fields, forestry fields, grassland, replenishment of fishing pools, and livestock & poultry.

Water Use by Industry refers to water use by industrial and mining enterprises in the production process of manufacturing, processing, cooling, air conditioning, cleansing, washing and so on. Only including new withdrawals of water, excluding reuse of water within enterprise.

Water Use by Households and Service including water use for living consumption in both urban and rural areas. Urban water use by living consumption is composed of household use and public use (including service sector and construction). Rural water use by living consumption refers to households.

Water Use by Biological Protection Only including the replenishment of some rivers and lakes and use for urban environment, excluding the natural precipitation and runoff meet.

Water Use refers to gross water use distributed to users, including loss during transportation, broken down with use by agriculture, industry, living consumption and biological protection.

Water Use by Agriculture includes uses of water by irrigation of farming fields and by forestry, animal husbandry and fishing. Water use by forestry, animal husbandry and fishing includes irrigation of forestry and orchards, irrigation of grassland and replenishment of fishing pools.

Water Use by Industry refers to new withdrawals of water, excluding reuse of water within enterprises.

Water Use by Households and Service includes use of water for living consumption in both urban and rural areas. Urban water use by living consumption is composed of household use and public use (including services, commerce, restaurants, cargo transportation, posts, telecommunication and construction). Rural water use by living consumption includes both households and animals.

Water Use by Biological Protection includes replenishment of rivers and lakes and use for urban environment.

Waste Water Discharged by Industry refers to the volume of waste water discharged by industrial enterprises through all their outlets, including waste water from production process, directly cooled water, groundwater from mining wells which does not meet discharge standards and sewage from households mixed with waste water produced by industrial activities, but excluding indirectly cooled water discharged (It should be included if the discharge is not separated with waste water).

Chemical Oxygen Demand (COD) refers to index of water pollution measuring the mass concentration of oxygen consumed by the chemical breakdown of organic and inorganic matter.

Number of Industrial Wastewater Treatment Facilities refers to the number of existing facilities (including constructions) for the prevention and control of water pollution and the comprehensive utilization of treated water resources in enterprises in the reporting period, a wastewater treatment system as a unit. The subsidiary water treatment equipments and ancillary equipments are not calculated separately. It excludes scrapped facilities.

Treatment Capacity of Industrial Wastewater Treatment Facilities refers to the actual capacity of the wastewater treatment of internal wastewater treatment facilities in enterprises in the reporting period.

Expenditure of Industrial Wastewater Treatment Facilities refers to the costs of maintaining wastewater treatment facilities in enterprises in the reporting period. It includes energy consumption, equipment maintenance, staff wages, management fees, pharmacy fees and other expenses associated with the operation of the facility.

III. Marine Environment

Sea Area with Water Quality at Grade II refers to marine area meeting the national quality standards for Grade II marine water, suitable for marine cultivation, bathing, marine sport or recreation activities involving direct human touch of marine water, and for sources of industrial use of water related to human consumption.

Sea Area with Water Quality at Grade III refers to marine area meeting the national quality standards for Grade III marine water, suitable for water sources of general industrial use.

Sea Area with Water Quality at Grade IV refers to marine area meeting the national quality standards for Grade IV marine water, only suitable for harbors and ocean development activities.

Sea Area with Water Quality below Grade IV refers to marine area where the quality of water is worse than the national quality standards for Grade IV marine water.

IV. Atmospheric Environment

Industrial Sulphur Dioxide Emission refers to the total volume of sulphur dioxide emitted into the atmosphere in the fuel combustion and production processes of enterprises in the reporting period. Industrial sulfur dioxide comes mainly from the combustion of fossil fuels (coal, oil, etc.), but also includes industrial emissions in sulphide of smelting and in sulfate or phosphate fertilizer producing.

Industrial Nitrogen Oxide Emission refers to the total volume of nitrogen oxide emitted into the atmosphere in the fuel combustion and production processes of enterprises in the reporting period.

Industrial Soot (Dust) Emission refers to the total volume of soot and industrial dust emitted into the atmosphere in the fuel combustion and production processes of enterprises in the reporting period.

Industrial Waste Gas Emission refers to the total volume of pollutant-containing gas emitted into the atmosphere in the fuel combustion and production processes within the area of the factory in the reporting period in standard conditions (273K, 101325Pa).

Number of Industrial Waste Gas Treatment Facilities refers to the total number of waste gas treatment facilities for reducing or recycling pollutants of the fuel combustion and production process in enterprises in the reporting period, a waste gas treatment system as a unit. The subsidiary water treatment equipments and ancillary equipments are not calculated separately. It includes flue gas treatment facilities of dust removal, desulfurization, denitration and other pollutants. It excludes scrapped facilities. Dust removal device in boiler should be included as a "three simultaneities" equipment.

Treatment Capacity of Industrial Waste Gas Treatment Facilities refers to actual waste gas processing capacity of emission control facilities at the end of the reporting period.

Expenditure of Industrial Waste Gas Treatment Facilities refers to the running costs of the waste gas treatment facilities to maintain in the reporting period. Including energy consumption, equipment depreciation, equipment maintenance, staff wages, management fees, pharmacy fees associated with the operation of the facility other expenses.

V. Solid Waste

Common Industrial Solid Wastes Generated refer to the industrial solid wastes that are not listed in the *National Catalogue of Hazardous Wastes*, or not regarded as hazardous according to the national hazardous waste identification standards (GB5085) , solid waste-Extraction procedure for leaching toxicity (GB5086) and solid waste-Extraction procedure for leaching toxicity (GB/T 15555). The calculation formula is as followed:

Common Industrial Solid Wastes Produced = (common industrial solid wastes utilized − the proportion of utilized stock of previous years) + common industrial solid waste stock + (common industrial solid wastes disposed − the proportion of disposed stock of previous years) + common industrial solid wastes discharged

Common Industrial Solid Wastes Comprehensively Utilized refer to volume of solid wastes from which useful materials can be extracted or which can be converted into usable resources, energy or other materials by means of reclamation, processing, recycling and exchange (including utilizing in the year the stocks of industrial solid wastes of the previous year) during the report period, e.g. being used as agricultural fertilizers, building materials or as material for paving road. Examples of such utilizations include fertilizers, building materials and road material. The information shall be collected by the producing units of the wastes.

Common Industrial Solid Wastes Disposed refers to the quantity of industrial solid wastes which are burnt or specially disposed using other methods to alter the physical, chemical and biological properties and thus to reduce or eliminate the hazard, or placed ultimately in the sites meeting the requirements for environmental protection during the report period.

Stock of Common Industrial Solid Wastes refers to the volume of solid wastes placed in special facilities or special sites by enterprises for purposes of utilization or disposal during the report period. The sites or facilities should take measures against dispersion, loss, seepage, and air and water contamination.

Common Industrial Solid Wastes Discharged refers to the volume of industrial solid wastes dumped or discharged by producing enterprises to disposal facilities or to other sites.

Hazardous Wastes Generated refers to the volume of actual hazardous wastes produced by surveyed samples throughout the year of the survey. Hazardous waste refers to those included in the national hazardous wastes catalogue or specified as any one of the following properties in light of the national hazardous wastes identification standards and methods: explosive, ignitable, oxidizable, toxic, corrosive or liable to cause infectious diseases or lead to other dangers. The report of this indicator should follow the *National Catalogue of Hazardous Wastes* (the NO.1 Ministry Order in 2008 by the Ministry of Environment Protection and National Development and Reform Commission).

Hazardous Wastes Utilized refers to the volume of hazardous wastes that are used to extract materials for raw materials or fuel throughout the year of the survey, including those utilized by the producing enterprise and those provided to other enterprises for utilization.

Hazardous Wastes Disposed refers to the quantity of hazardous wastes which are burnt or specially disposed using other methods to alter the physical, chemical and biological properties and thus to reduce or eliminate the hazard, or placed ultimately in the sites meeting the requirements for environmental protection during the report period.

Stock of Hazardous Wastes refers to the volume of hazardous wastes specially packaged and placed in special facilities or special sites by enterprises. The special stock facilities should meet the requirements set in relevant environment protection laws and regulations such as "Pollution Control Standards for Hazardous Waste Stock"(GB18597-2001) in regard to package of hazardous waste, location, design, safety, monitoring and shutdown, and take measures against dispersion, loss, seepage, and air and water contamination.

VI. Natural Ecology

Nature Reserves refers to the areas with special protection and management according to law, including representative natural ecosystems, natural areas the endangered wildlife live in, water conservation areas, land, ground water or sea with the protective objects like natural or historical remains those have special significance. It must be established by the county government or above levels. It doesn't include the scenic areas and cultural relic protective areas.

Wetlands refer to marshland and peat bog, whether natural or man-made, permanent or temporary; water covered areas, whether stagnant or flowing, with fresh or semi-fresh or salty water that is less than 6 meters deep at low tide; as well as coral beach, weed beach, mud beach, mangrove, river outlet, rivers, fresh-water marshland, marshland forests, lakes, salty bog and salt lakes along the coastal areas.

VII. Land Use

Area of Cultivated Land refers to area of land reclaimed for the regular cultivation of various farm crops, including crop-cover land, fallow, newly reclaimed land and land laid idle for less than 3 years.

Area of Afforested Land refers to area for afforestation development, including arbor forest lands with a canopy density of 0.2 degrees or more as well as bamboo forest lands, bush shrub forest lands, sparse forest lands, stump lands, burned areas, non-mature forestation lands, nursery land, and land appropriate to the forestation planned by the people's government at or above the county level.

Area of Grassland refers to area of grassland, grass-slopes and grass-covered hills with a vegetation-covering rate of over 5% that are used for animal husbandry or harvesting of grass. It includes natural, cultivated and improved grassland areas.

VIII. Forestry

Forest Area refers to the area of trees and bamboos grow with canopy density above 0.2, the area of shrubby tree according to regulations of the government, the area of forest land inside farm land and the area of trees planted by the side of villages, farm houses and along roads and rivers.

Area of Artifical Forests refer to the area of stable growing forests, planted manually or by airplanes, with a survival rate of 80% or higher of the designed number of trees per hectare, or with a canopy density of or above 0.20 after 3-5 years of manual planting or 5-7 years of airplane planting.

Forest Coverage Rate refers to the ratio of area of forested land to area of total land by administrative areas. Its calculation formula is:

Forest Coverage Rate = area of forested land / area of total land×100%

Total Standing Stock Volume refers to the total stock volume of trees growing in land, including trees in forest, tress in sparse forest, scattered trees and trees planted by the side of villages, farm houses and along roads and rivers.

Stock Volume of Forest   refers to total stock volume of wood growing in forest area, which shows the total size and level of forest resources of a country or a region. It is also an important indicator illustrating the richness of forest resource and the status of forest ecological environment.

Afforestation Area   refers to use artificial measures to produce or restore forests, trees, shrubberies at barren hills, undeveloped land, desert, area with no or spare forests, cropland converted to forest and other land that adapt to afforestation.

Plantation Establishment   refers to use artificial technique like seeding and planting to increase forest vegetation coverage rate at barren hills, undeveloped land, desert, area with no or spare forests, cropland converted to forest and other land that adapt to afforestation.

Aerial Seeding Afforestation   refers to use airplane and other appropriate artificial   measures to seed at barren hills, undeveloped land, desert, forest with spare woods, farmland or other land that adapt to afforestation, let them become forest or grassland vegetation naturally, to increase forest vegetation cover rate.

Seal Mountain to Foster Forests in Area Without Forest or Sparse Forest refers to close the area of no or spare with forest that adapt to afforestation and use other artificial measures to let it become forest or grassland vegetation.

Timber Forests   refer to forests which are mainly for the production of timber, including bamboo groves planted to harvest bamboos.

By-product Forests   refer to forests that mainly produce fruits, nuts, edible oil, beverages, indigents, raw materials and medicine materials. By-product forests are planted to harvest the fruits, leaves, bark or liquid of trees, and consume them as food or raw materials for the manufacturing industry, such as tea-oil trees, tung oil trees, walnut trees, camphor trees, tea bushes, mulberry trees, fruit trees, etc.

Protection Forests   refer to forests, trees and bushes planted mainly for protection or preservation purpose, including water resource conservation forests, water and soil conservation forests, windbreak and dune-fixing forests, farmland and pasture protection forests, riverside protection forests, roadside protection forests, etc.

Fuel Forests   refer to forests planted mainly for fuels.

Forests for Special Purpose   refer to forests planted mainly for national defence, environment protection or scientific experiments, including national defence forests, experimental forests, mother-tree forests, environment protection forests, scenery forests, trees in historical or scenic spots, forests in natural reserves.

Project on Preservation of Natural Forests   is the Number One ecological project in China's forest industry that involves the largest investment. It consists of 3 components: 1) Complete halt of all cutting and logging activities in the natural forests at the upper stream of Yangtze River and the upper and middle streams of the Yellow River. 2) Significant reduction of timber production of key state forest zones in northeast provinces and in Inner Mongolia. 3) Better protection of natural forests in other regions through rehabilitation programs.

Projects on Converting Cultivated Land to Forests and Grassland (Grain for Green Projects)   aiming at preventing soil erosion in key regions, these projects are ecological construction projects in the development of forest industry that have the widest coverage and most sophisticated procedures, with strong policy implications and most active participation of the people.

Projects on Protection Forests in North China and Yangtze River Basin   covering the widest areas in China with a rich variety of contents, these projects aim at solving the problem of sand and dust in northeastern

China, northern China and northwestern China and the ecological issues in other areas. More specifically, they include phase IV of project on North China protection forests, phase II of project on protection forests at the middle and lower streams of Yangtze River and at the Huihe River and Taihu Lake valley, phase II of project on coastal protection forests, phase II of project on Pearl River protection forests, phase II project on greenery of Taihang Mountain and phase II projects on greenery of plains.

Projects on Harnessing Source of Sand and Dust in Beijing and Tianjin these Beijing-ring projects aim at harnessing the sand and dust weather around Beijing and its vicinities. As the key to the development of Beijing-Tianjin ecological zone, these projects are of particular importance as it concerns the image of China's capital city and the whole country.

Projects on Preserving Wild Animals and Plants and on Construction of Nature Reserves aiming at gene preservation and protection of bio-diversity, nature and wetlands, these projects look into the future with strategic perspective and are integrated with international trends.

IX. Natural Disasters & Environmental Accidents

Landslides refer to the geological phenomenon of unstable rocks and earth on slopes sliding down along certain soft surface as a result of gravitational force. Role of surface water and underground water, and destruction of the stability of slopes by irrational construction work are usually main factors triggering the landslides. Several damages are often caused by landslides in open mining, in water conservancy projects, and in the construction of railways and highways.

Collapse refers to the geological phenomenon of large mass of rocks or earth suddenly collapsing from the mountain or cliff as a result of gravitational force. Usually caused by weathering of rocks, penetration of rain or earthquakes, collapse often destructs buildings and blocks river course or transport routes.

Mud-rock Flow refers to the sudden rush of flood torrents containing large amount of mud and rocks in mountainous areas. It is found mostly in semi-arid hills or plateaus. High and precipitous topographic features, loose soil mass, heavy rains or melting water contribute to the mud-rock flow.

Land Subside refers to the geological phenomenon of surface rocks or earth subsiding into holes or pits as a result of natural or human factors. Land subside can be classified as karst subside and non-karst subside.

Environmental Accident refer to environmental events that suddenly, causing or maybe cause heavy casualties, major property losses, major threat and damage to the nation or a region's economic, social and political stability, and the events have a significant social impact and related to public safety.

X. Environmental Investment

Investment in Treatment of Environment Pollution refers to the fixed assets investment in the treatment of industrial pollution and in the construction of environment infrastructure facilities in cities and towns. It includes investment in treatment of industrial pollution, environment protection investment in environment protection acceptance project in this year, and investment in the construction of environment infrastructure facilities in cities and towns.

XI. Urban Environment

Length of Paved Roads at the Year-end refers to the length of roads with paved surface including squares bridges and tunnels connected with roads by the end of the year.   Length of the roads is measured by the central lines for vehicles for paved roads with a width of 3.5 meters and over, including roads in open-ended factory compounds and residential quarters.

Urban Bridges   refer to bridges built to cross over natural or man-made barriers, including bridges over rivers, overpasses for traffic and for pedestrian, underpasses for pedestrian, etc. Both permanent and semi-permanent bridges are included.

Length of Urban Sewage Pipes   refers to the total length of general drainage, trunks. branch and inspection wells, connection wells, inlets and outlets, etc.

Annual Volume of Water Supply   refers to the total volume of water supplied by water-works (units) during the reference period, including both the effective water supply and loss during the water supply.

Percentage of Urban Population with Access to Tap Water   refers to the ratio of the urban population with access to tap water to the total urban population. The formula is:

Percentage of Population with Access to Tap Water= Urban Population with Access to Tap Water /Urban Population ×100%

Daily Disposal Capacity of Urban Sewage   refers to the designed 24-hour capacity of sewage disposal by the sewage treatment works or facilities.

Length of Gas Pipelines   refers to the total length of pipelines in use between the outlet of the compressor of gas-work or outlet of gas stations and the leading pipe of users, excluding pipelines within gasworks, delivery stations, LPG storage stations, refilling stations, gas-mixing stations and supply stations.

Volume of Gas Supply   refers to the total volume of gas provided to users by gas-producing enterprises (units) in a year, including the volume sold and the volume lost.

Percentage of Urban Population with Access to Gas   refers to the ratio of the urban population with access to gas to the total urban population at the end of the reference period. The formula is:

Percentage of Population with Access to Gas = (Urban Population with Access to Gas / Urban Population) × 100%

Heating Capacity in Urban Area   refers to the designed capacity of heating enterprises (units) in supplying heating energy to urban users during the reference period.

Quantity of Heat Supplied in Urban Area   refers to the total quantity of heat from steam and hot water supplied to urban users by heating enterprises (units) during the reference period.

Length of Heating Pipelines   refers to the total length of steam or hot water pipelines for sources of heat to the leading pipelines of the buildings of the users, excluding internal pipelines in heat generating enterprises.

Consumption Wastes Transported   refers to volume of consumption wastes collected and transported to disposal factories or sites. Consumption wastes are solid wastes produced from urban households or from service activities for urban households, and solid wastes regarded by laws and regulations as urban consumption wastes, including those from households, commercial activities, markets, cleaning of streets, public sites, offices, schools, factories, mining units and other sources.

Ratio of Consumption Wastes Treated   refers to consumption wastes treated over that produced. In practical statistics, as it is difficult to estimate, the volume of consumption wastes produced is replaced with that transported. Its calculation formulae is:

Ratio= Consumption Wastes Treated / Consumption Wastes Produced×100%

Number of Vehicles under Operation at the Year-end refers to the total number of vehicles under operation by public transport enterprises (units) at the end of the year, based on the records of operational vehicles by the enterprises (units).

Area of Urban Green Areas refers to the total area occupied for green projects at the end of the reference period, including Park green land, protection green land, green land attached to institutions and other green land.

Park Green Land refers to the greening land, which having the main function of public visit and recreation, both having recreation facilities and service facilities, meanwhile having the comprehensive function of ecological improvement, landscaping disaster prevention and mitigation and other.

XII. Rural Environment

Rural Population refers to population living in towns and villages under the jurisdiction of counties.

Population Benefiting from Drinking Water Improvement Projects refer to population who have benefited from various forms of drinking water improvement projects.

Sanitary Lavatories refer to lavatories with complete flushing and sewage systems in different forms, and lavatories without flushing and sewage system where ordure is properly disposed of through high-temperature deposit process for making organic manure.

Households Using Public Lavatories refer to the number of households using public sanitary lavatories in the village without building their private sanitary lavatories.